油品储运实用技术培训教材

U0388750

储运机泵及阀门技术

中国石化管道储运有限公司　编

中国石化出版社

内 容 提 要

　　《储运机泵及阀门技术》是《油品储运实用技术培训教材》系列教材之一，其中，机泵专业部分主要内容包含原油管道泵的结构形式、离心泵的结构与性能参数、离心泵的安装与运行、离心泵的操作与维护、泵配套的高压电机与泵用过滤器、泵的监测与冲洗等辅助系统和润滑管理的相关专业知识；阀门专业部分主要内容包含阀门概述、原油管道常用阀门的结构特点、阀门的传动与密封形式、阀门的安装与试验、阀门的操作与维护保养、阀门的检修与故障处理，以及阀门配套的电动（电液联动）执行机构的相关专业知识。

　　本书是针对输油设备岗位操作人员进行员工岗位技能培训的必备教材，也是设备管理岗位专业技术人员必备的参考书，有助于相关专业人员了解和掌握设备结构和原理，提升设备操作、维护保养和常见故障的处置能力，丰富专业知识面。

图书在版编目（CIP）数据

储运机泵及阀门技术/中国石化管道储运有限公司编.
—北京：中国石化出版社，2019.11
油品储运实用技术培训教材
ISBN 978 - 7 - 5114 - 5484 - 3

Ⅰ.①储…　Ⅱ.①中…　Ⅲ.①石油产品 - 石油与天然
气储运 - 技术培训 - 教材　Ⅳ.①TE8

中国版本图书馆 CIP 数据核字（2019）第 210420 号

中国石化出版社出版发行

地址:北京市东城区安定门外大街 58 号
邮编:100011　电话:(010)57512500
发行部电话:(010)57512575
http://www.sinopec-press.com
E-mail:press@ sinopec.com
北京科信印刷有限公司印刷
全国各地新华书店经销

*

787 × 1092 毫米 16 开本 19 印张 436 千字
2020 年 1 月第 1 版　2020 年 1 月第 1 次印刷
定价:96.00 元

《储运机泵及阀门技术》
编写委员会

主　　编：高金初

副 主 编：刘万兴

编　　委：(按姓氏音序排列)

胡　斌　韩建军　刘乃银　李铁钉

倪　超　任　鹏　申学强　田　波

王长保　吴剑锋　尹　群　雍永鹏

游天明　赵　磊　朱万春

序

　　管道运输作为我国现代综合交通运输体系的重要组成部分，有着独特的优势，与铁路、公路、航空水路相比投资要省得多，特别是对于具有易燃特性的油气运输、资源储备来说，更有着安全、密闭等特点，对保证我国油气供应和能源安全具有极其重要的意义。

　　中国石化管道储运有限公司是原油储运专业公司，在多年生产运行过程中，积累了丰富的专业技术经验、技能操作经验和管道管理经验，也练就了一支过硬的人才队伍和专家队伍。公司的发展，关键在人才，根本在提高员工队伍的整体素质，员工技术培训是建设高素质员工队伍的基础性、战略性工程，是提升技术能力的重要途径。基于此，管道储运有限公司组织相关专家，编写了《油品储运实用技术培训教材》。本套培训教材分为《输油技术》《原油计量与运销管理》《储运仪表及自动控制技术》《电气技术》《储运机泵及阀门技术》《储运加热炉及油罐技术》《管道运行技术与管理》《储运 HSE 技术》《管道抢维修技术》《管道检测技术》《智能化管线信息系统应用》等 11 个分册。

　　本套教材内容将专业技术和技能操作相结合，基础知识以简述为主，重点突出技能，配有丰富的实操应用案例；总结了员工在实践中创造的好经验、好做法，分析研究了面临的新技术、新情况、新问题，并在此基础上进行了完善和提升，具有很强的实践性、实用性。本套培训教材的开发和出版，对推动员工加强学习、提高技术能力具有重要意义。

前　言

　　《储运机泵及阀门技术》为《油品储运实用技术培训教材》其中一个分册，该书为油品储运单位输油运行操作人员岗位技能培训类教材，在编写时主要考虑满足员工岗位技能提升和培训工作需要。本教材共有两部分十八章，第一部分为机泵技术，第一章到第九章，重点介绍了油品储运用泵的分类、结构、技术性能参数、安装与运行、操作与维护、配套的高压电机和过滤器、泵机组辅助系统、润滑管理等。第二部分为阀门技术，第十章到第十八章，重点介绍了阀门的分类、型号、结构特点及应用，传动与密封、安装与压力试验、操作与维护保养执行机构等，本书在总结和吸取多年经验的基础上，理论与实践相结合，具有很强的实操性，可作为油品储运管理人员及技术人员的工作参考用书。

　　本教材由中国石化管道储运有限公司高金初任主编，中国石化管道储运有限公司设备处刘万兴任副主编，第一部分第一章由李铁钉、申学强编写；第二章由刘乃银、游天明编写；第三章由任鹏编写；第四章、第五章、第七章由李铁钉编写；第六章由倪超编写；第八章由李铁钉、雍永鹏、胡斌编写；第九章由韩建军编写。第二部分第十章由尹群、赵磊编写，第十一章由尹群、吴剑锋、赵磊编写，第十二章由王长保编写，第十三章由尹群、田波编写，第十四章由尹群编写，第十五章由田波、吴剑锋编写，第十六章、第十七章由朱万春编写，第十八章附录由尹群编写。

　　由于本教材涵盖的内容较多，编写难度较大，编者水平有限，加之编写时间紧迫，书中难免存在错误和不妥之处，敬请广大读者提出宝贵意见和建议，以便修订时补充更正。

目 录

第一部分 机泵技术

第二部分　阀门技术

第一部分 机泵技术

第一章 泵

泵作为长输管道系统最主要的动力源，是长输管道行业最常见的设备。本章主要通过介绍长输管道系统常用泵及其结构特点，使读者对不同结构的泵有所了解，为后续设计选型、运行维护等夯实基础。

第一节 概 述

泵，是一种用来移动液体、气体或特殊流体介质的设备，是对流体做功的机械设备。它将原动机的机械能传递给介质，使介质增压后进行输送。泵主要用来输送水、油、酸碱液、乳化液、悬乳液和液态金属等液体，也可输送气体混合物、含悬浮固体物的液体。泵由叶轮、泵体、泵轴、轴承、密封环、填料函等部件组成。

原油长输管道行业应用较为普遍的泵为：离心泵、齿轮泵、螺杆泵等。泵的选型主要根据输送介质物理化学性能参数，输送介质需要的扬程、流量、汽蚀余量等工艺参数及其变化规律，确定合适泵的类型、型号和台数等。

原油长输管道行业常用泵类型，如表 1.1-1 所示。

表 1.1-1 原油长输管道行业常用泵类型及特点

类 型	特 点	用 途
离心泵	效率高，流量大，结构简单，性能平稳，容易操作	大型输油泵、消防泵、转油泵、雨水泵等
螺杆泵	吸入性能好，流量均匀连续，振动小，运送液体种类和黏度范围广	污油泵
齿轮泵	结构简单，自吸能力强，转速范围大，耐冲击性强	燃料油泵
柱塞泵	泄漏小，容积效率高，可以在高压下工作	减阻剂泵

第二节 泵的分类

一、按工作原理分类

(一) 容积式泵

依靠工作元件在泵缸内作往复或回转运动，使工作容积交替地增大和缩小，传递给被输送液体，达到输送液体通过阀门或管件直至排出管线所需压力的装置，称为容积式泵。

根据运动部件运动方式的不同又分为回转泵和往复泵两类。

根据运动部件结构的不同，往复泵又分为柱塞泵、活塞泵、隔膜泵；回转泵分为齿轮泵、滑片泵以及螺杆泵三种类型。

(二) 叶片式泵

叶片式泵是通过装有叶片的叶轮高速旋转带动液体，把机械能传递给输送液体，从而使液体带压达到输送目的。

根据泵的叶轮和流道结构特点的不同，叶片式泵又可分为以下几种类型。

离心泵：靠叶轮高速旋转形成的惯性离心力从而达到抽送液体介质的泵。

离心泵是利用叶轮高速旋转而使介质产生惯性离心力来工作的。离心泵在启动前，必须使泵壳和吸入管内充满液体介质，然后启动电机，使泵轴带动叶轮和液体介质做高速旋转运动，液体发生离心运动，被甩向叶轮外缘，经蜗形泵壳的流道流入泵的出口管路。

轴流泵：靠叶轮高速旋转产生的轴向推力从而达到抽送液体介质的泵。

混流泵：叶轮高速旋转既产生惯性离心力又产生轴向推力而抽送液体介质的泵。

旋涡泵：靠高速旋转叶轮对液体介质的作用力，在液体介质运动方向上，通过给液体介质冲量传递动能来实现输送液体的泵。

(三) 其他类型泵

喷射式泵：利用高压工作流体的喷射作用来输送流体的泵。

水锤泵：是一种以流水为动力，通过机械作用，产生水锤效应，将低水头能转换为高水头能的高级提水装置。

电磁泵：处在磁场中的通电流体在电磁力的作用下向一定方向流动的泵。利用磁场和导电流体中电流的相互作用，使流体受电磁力作用而产生压力梯度，从而推动流体运动的一种装置。实用中大多用于泵送液态金属，所以又称液态金属电磁泵。

泵的主要分类方式如图 1.2-1 所示。

从图 1.2-1 可以看出，离心泵仅仅是泵的一个小的分类，但离心泵具有结构简单、可靠性高、适应范围广等特点，按照 API 610 标准，离心泵又可细分为不同的结构形式，详见表 1.2-1。

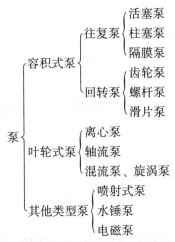

图 1.2 - 1 泵按工作原理分类图

表 1.2 - 1 离心泵的型号及分类

泵的型号			定向		型号编码
离心泵	悬臂式	挠性联轴器传动	卧式	底脚安装式	OH1
				中心线安装式	OH2
			有轴承架的立式管道泵	—	OH3
		刚性联轴器传动	立式管道泵	—	OH4
		共轴式传动	立式管道泵	—	OH5
			与高速齿轮箱成一整体	—	OH6
	两端支承式	单级和双级	轴向剖分式	—	BB1
			径向剖分式	—	BB2
		多级	轴向剖分式	—	BB3
			径向剖分式	单壳式	BB4
				多壳式	BB5
离心泵	立式悬吊泵	单壳式	通过扬水管排除	导流壳式	VS1
				蜗壳式	VS2
				轴流式	VS3
			独立排水管	长轴式	VS4
				悬臂式	VS5
		双壳式	导流壳式	—	VS6
			蜗壳式	—	VS7

二、按其他方式分类

泵还可以按泵轴位置分：立式泵、卧式泵。

按吸入口数目分：单吸泵、双吸泵。

按驱动泵的原动机分：电动泵、汽轮机泵、气动隔膜泵、柴油机泵。

按压力分：低压泵（低于2MPa）、中压泵（2~6MPa）、高压泵（高于6MPa）。

第三节　原油管道常用泵的结构形式

一、鲁尔 ZM 型离心泵

（一）概况

ZM 型离心泵是按照 API 610 标准进行设计和制造的，属于标准的 BB1 型离心泵，是一种水平布置单级双吸入式叶轮，重负荷的工艺和输送离心泵，是针对管道和加工工业的苛刻要求而开发的，根据流体力学和机械设计的状态构建。

性能参数：$Q = 150 \sim 10000 \text{m}^3/\text{h}$，$H = 16 \sim 400\text{m}$，介质温度 $-10 \sim 220℃$。

（二）型号示例

$$型号：\quad ZM \quad I \quad 440 \quad / \quad 05$$
$$代码：\quad (1) \quad (2) \quad (3) \quad \quad (4)$$

代码1：形式序列；代码2：转速代码；代码3：标准叶轮直径；代码4：流量识别码。

衍生型号 ZLM：扩流器类型泵在节能和环保方面具有明显的优势，设计出最优匹配流量叶轮的泵，也能够用来对现有的由于低流量或高流量条件而不能有效工作的泵进行改造，不需对泵壳、泵轴和密封等进行改变，泵的原始工作点能够通过重新回装原始叶轮得到恢复，可以极大地节约运行维护成本。

（三）结构及特点

ZM 型鲁尔泵的特点是可靠耐用，经过验证的模块化设计元素，减少部件的数量。根据其预期用途，按照严格的质量要求制造。经过验证的质量保证体系可确保符合设计、材料采购、加工、装配，测试和文件的要求，并具有适用其他规格的可能。

泵可带有扩流器的蜗壳是沿轴向水平分开的，这个结构形式允许在不拆除电机的情况下，拆卸上蜗壳和旋转零件，而下半部分蜗壳与连接管线仍然固定在机座上。可更换的壳体耐磨环可以防止蜗壳磨损。泵输送介质的吸入端和排出端布置在两侧面（侧进、侧出）。叶轮被设计为封闭式双吸入单级径向叶轮。在轴向间隙内，可更换的叶轮口环保护叶轮不受磨损。ZM 泵在结构上使得作用在转子上的轴向液动力最大可能地被平衡掉。泵转子两侧有轴承支承，转子的轴向力和径向力通过两端安装的相应轴承来限制。驱动端为径向支承滚动轴承，非驱动端是向心球轴承组成的止推轴承和径向支承滚动轴承。

油环润滑系统保证轴承在轴承箱中有可靠的润滑，恒定水平注油壶保证轴承箱油位保持在合理的水平位置。泵轴和蜗壳间由单作用平衡式旋转机械密封装置来密封，密封冲洗符合 API 610 PLAN 11 的规定。

（四）剖面简图

ZM 型离心泵剖面简图如图 1.3 – 1 所示。

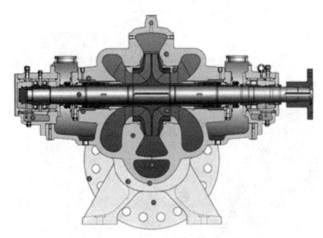

图 1.3 – 1 ZM 型离心泵剖面简图

（五）性能范围

ZM 型离心泵性能如图 1.3 – 2、图 1.3 – 3 所示。

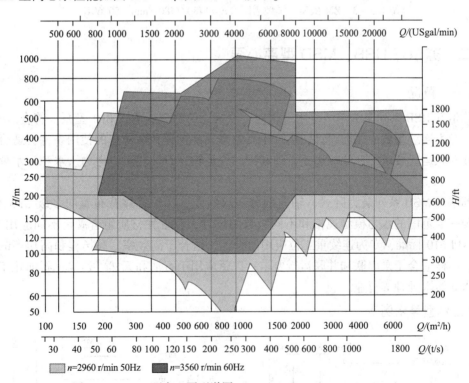

图 1.3 – 2 ZM 型离心泵型谱图（$n = 2960/3560 r/\min$、$50/60Hz$）

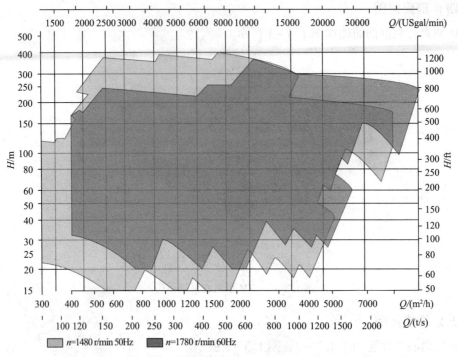

图 1.3 - 3 ZM 型离心泵型谱图（$n = 1480/1780 \text{r/min}$、50/60Hz）

二、苏尔寿 HSB、MSD 型离心泵

（一）概况

苏尔寿 HSB 系列泵为单级、水平轴向、双蜗壳的两端支承式 BB1 型泵，符合 API 610 标准，专为连续重载应用而设计，适合于高效率、高扬程和高功率的使用条件，适合于泵串联和并联运行要求，广泛应用于石油和天然气运输、石油化工、电力、水和污水处理等行业。

苏尔寿 MSD 系列泵为卧式、轴向剖分、双蜗壳、叶轮背靠背布置的多级 BB3 型泵。可实现一定范围的水力模型规格和不同级数的设计，以各种材质组合满足不同应用工况。符合 API 610 标准，专为连续重工位应用而设计，适合于高效率、高扬程和高功率的使用条件，同样适合于泵串联和并联运行要求；广泛应用于石油和天然气运输、石油化工、电力、水和污水处理等行业。

（二）型号示例

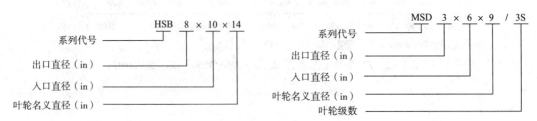

（三）结构及特点

HSB 系列泵符合 API 610 标准，在轴线位置水平剖分，便于上半壳体和转子部件的拆卸，并允许在不影响泵对中和不移动进出口管线的情况下进行检查和常规维护；整体密封腔适应于填料密封或机械密封，并在吸入压力下工作。大直径的泵轴和较短的轴承跨距最大限度地减少轴的变形和振动，可更换的水力部分满足特定的工作要求。

MSD 系列泵符合 API 610 标准，泵壳体轴向剖分，双蜗壳结构以平衡轴向力。泵吸入管和排出管以及泵体支脚均与下半壳体铸成一体。入口和出口法兰符合 ANSI 标准压力等级。泵壳做至少 1.5 倍泵最大工作压力的静水压试验。大轴径设计以传递所需的扭矩，并使轴的变形量最小，每个叶轮都和一个完全止推的分半环一起固定在轴上，并使用单键以传递扭矩。叶轮与轴之间的轻微过盈配合和指向分半环的水力轴向力一道使叶轮可靠地固定在轴上。所有叶轮均为闭式结构。首级叶轮可以是单吸或双吸结构。静耐磨环包括壳体口环、级间衬套、中间衬套、节流衬套和喉部衬套。MSD 泵优化的水力轴向力和径向力平衡设计以及低的径向力，延长了泵径向轴承和推力轴承的预期使用寿命。密封腔体与泵壳体铸成一体，承受入口压力。

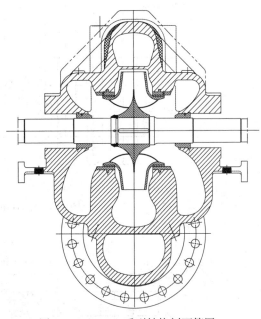

图 1.3 - 4 HSB 系列结构剖面简图

（四）剖面简图

HSB、MSD 系列泵剖面简图如图 1.3 - 4、图 1.3 - 5 所示。

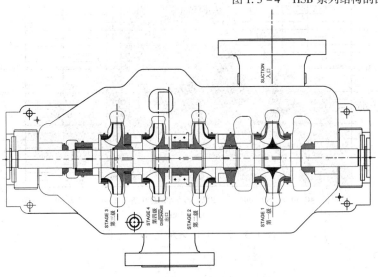

图 1.3 - 5 MSD 系列结构简图

（五）性能范围

HSB、MSD 系列泵 50Hz 型谱如图 1.3 - 6、图 1.3 - 7 所示。

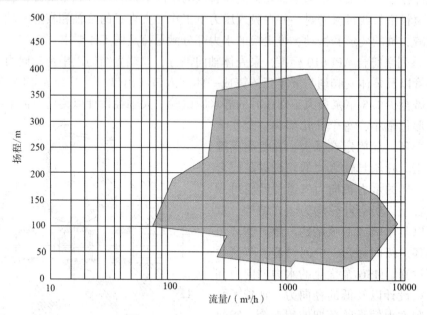

图 1.3 - 6　HSB 系列 50Hz 型谱图

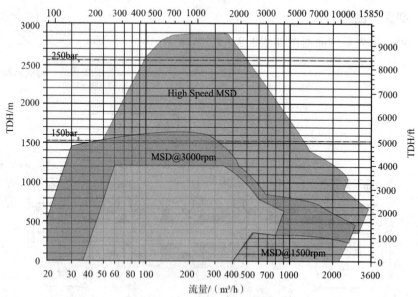

图 1.3 - 7　MSD 系列 50Hz 型谱图

三、福斯 DVS 型离心泵

(一)概况

DVS 型管线输油泵,由福斯公司生产,该泵的设计可在有限压头排量曲线部分实现最佳效率。DVS 型管线输油泵采用水平剖分单级双吸蜗壳型,带径向套筒轴承和一个双联推力球轴承,吸入和排放口形成同一条直线,设计用于管道输送、水务工程等用途,可以采用电机、蒸汽涡轮机、汽油或柴油机驱动器配合使用。该型泵的设计制造符合美国石油学会 API 610 最新版的要求。

主要性能范围:流量 Q_{max}:22700m³/h;扬程 H_{max}:510m。

(二)型号示例

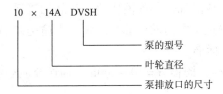

```
10 × 14A  DVSH
              ├─── 泵的型号
          ├─────── 叶轮直径
      ├─────────── 泵排放口的尺寸
```

(三)结构特点

泵的两个管口位于外壳下半部分,因此可允许拆除上半部分外壳和转动元件,不妨碍主要管道。吸入嘴和排出嘴的设计符合客户对任何类型的法兰连接的规格。泵壳进行静压测试1.5倍工作压力设计,或按规定对其进行更大压力的静压测试。填料箱的布置满足特定泵的操作条件。

转动元件由轴、叶轮、叶轮口环等组成;福斯泵上的完整转动元件可作为一个整体部件从泵壳上拆除或组装,现场可以检查各零部件的磨损、间隙和轴平直度。叶轮为封闭式设计,全面精加工,经过静动态平衡测试,为了创造最佳液压效率而设计,结合双蜗壳,具有较宽的高效区。叶轮的设计用于从最大输入功率至零功率产生连续曲线。

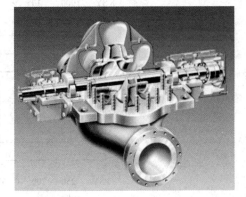

图 1.3 – 8 DVSH 型剖面简图

(四)剖面简图

DVSH 型剖面简图见图 1.3 – 8。

四、国产 KDY、KSY、KY、TSY 型离心泵

(一)概况

中开多级离心泵系列(KDY、KSY、KY)产品是湖南某泵业公司的主要产品,该系列产品是为了适应油田开发建设的需要。该产品系列具有设计合理、结构紧凑、效率高、高效区宽、抗气蚀性能好、运行平稳可靠、使用寿命长、故障低、监测控制系统可靠、安装维修方便等特点。该系列产品广泛应用于石油化工流程液体的输送、高压锅炉给水、合

成氨装置的贫液泵、乙烯装置用泵、各种远程输水场合、黄河引水工程、矿山井下排水、海水淡化工程、油田高压注水等。

KDY、KSY、KY系列卧式中开多级离心输油泵可保证使用寿命至少为30年，连续运转寿命至少为3年。该型泵的设计制造符合API 610标准。

该系列主要适用场合：陆地及海上油田的原油输送，长距离管线输送各种油类，码头油轮油类装卸，油库各种成品油的输送，各种污水、污油、渣油的输送，高压锅炉给水，合成氨装置的贫液泵，乙烯装置用泵，各种远程输水场合，矿山井下排水，海水淡化工程等。

性能范围：流量 $Q = 25 \sim 8000 \mathrm{m^3/h}$，扬程 $H = 60 \sim 1500 \mathrm{m}$，输送介质温度 $T = -40 \sim +200℃$，适用于固体颗粒含量不超过3%的液体及其他化学性质类似的液体输送。

TSY系列输油泵系湖南某泵业公司独立研制的一种单级双吸输油泵。主要用于长输管道或石油化工行业的原油、成品油或其他液体化工产品的输送；TSY系列输油泵由于其优良的吸入性能常被作为主输送泵之前的给油泵以弥补主输送泵的吸入性能，同时也可作为主输泵使用；符合API 610标准。

流量 $Q = 50 \sim 10000 \mathrm{m^3/h}$，扬程 $H = 10 \sim 260 \mathrm{m}$，输送介质温度不高于200℃。

（二）型号示例

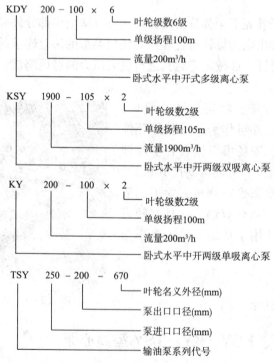

（三）结构及特点

KDY系列卧式中开多级离心泵，为专门研究开发的适用于调速运转、承压等级高、高效节能重载离心泵。泵体为卧式水平中开式结构，吸入口及吐出口均在泵轴心线下方，检修时无需移动管路和电机；泵体为中心线支承结构；泵压水室为双蜗壳结构以平衡径向力，消除或减少作用在转子上的交变应力，改善疲劳对轴的影响，延长泵的使用

水室采用半螺旋形，增加预旋，提高泵的抗气蚀性能；泵壳壁厚采用有限元进行强度分析计算，完全满足设计压力等级要求，同时留有保证安全的腐蚀余量；叶轮采用先进水力软件和 CFD 流体仿真分析软件进行水力设计，全流量范围内泵效率高，高效区域宽；转子为刚性转子，轴径充裕，安装在轴上的所有零配件随转子一起做动平衡，保证泵运转可靠、稳定振动小；首级叶轮为单吸时，泵级数为偶数，叶轮背对背布置；首级叶轮为双吸时，泵级数为奇数，除首级叶轮外其余叶轮背对背布置，保证轴向力完全平衡；泵高压端设减压腔，与吸入端通过平衡管进行连接，用以平衡高压端密封腔压力，降低机械密封腔压力，改善机械密封工作环境，延长密封使用寿命。

TSY 系列采用中开式结构，泵吸入口和吐出口均固定在泵座上，可以很好地吸收来自管线的力和力矩，采用高性能的双吸叶轮使轴向力减少到最低限度，可靠的密封设计确保设备运行的密封性能，轴承采用标准化设计，非强制润滑方式降低了用户维护管理成本，提供完善的泵机组检测系统。

（四）结构简图

KDY 型首级双吸中开多级离心泵结构见图 1.3 – 9。

KDY 型首级单吸中开多级离心泵结构见图 1.3 – 10。

KSY 型两级首级双吸中开离心泵结构见图 1.3 – 11。

KY 型两级首级单吸中开离心泵结构见图 1.3 – 12。

TSY 型卧式单级双吸中开离心泵结构（底脚支承）见图 1.3 – 13。

TSY 型卧式单级双吸中开离心泵结构（近中心线支承）见图 1.3 – 14。

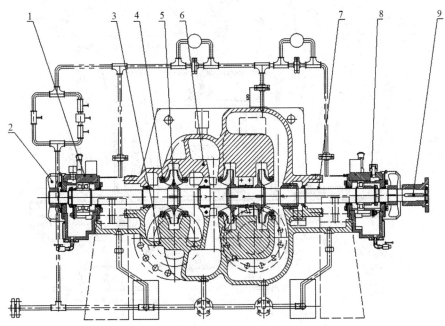

图 1.3 – 9　KDY 型首级双吸中开多级离心泵结构图

1—后轴承部装；2—风扇；3—泵座；4—口环；5—首级叶轮；6—泵盖；

7—机械密封部装；8—前轴承部装；9—联轴器

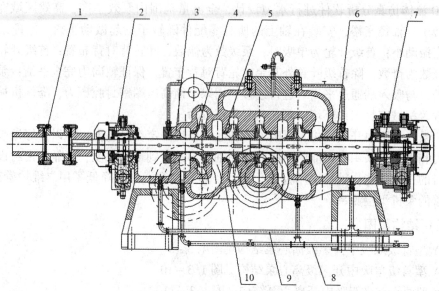

图 1.3-10　KDY 型首级单吸中开多级离心泵结构图

1—膜片联轴器；2—前轴承体部装；3—泵盖；4—转子；5—叶轮口环；6—机械密封；
7—后轴承部装；8—放油管；9—排污管；10—泵座

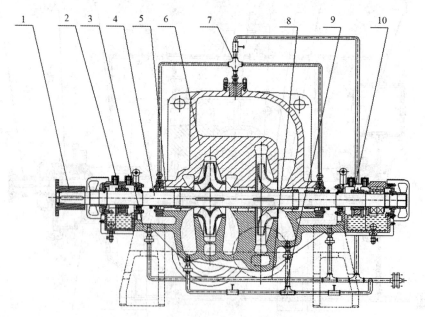

图 1.3-11　KSY 型两级首级双吸中开离心泵结构图

1—膜片联轴器；2—前轴承体部装；3—泵体；4—转子；5—机械密封部装；6—泵盖；
7—排气管路；8—排污管路；9—排空管路；10—后轴承体部装

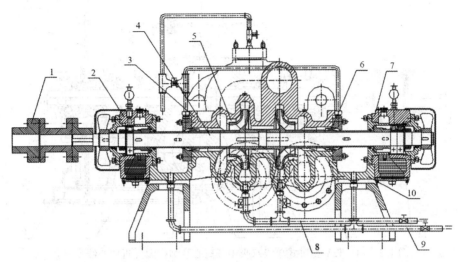

图 1.3 - 12　KY 型两级首级单吸中开离心泵结构图

1—联轴器；2—前轴承部装；3—泵盖；4—转子总成；5—叶轮口环；6—机械密封；

7—后轴承部装；8—放油管；9—排污管；10—泵座

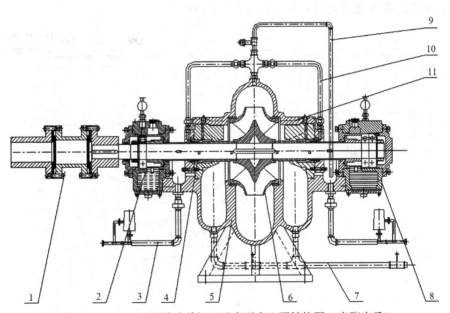

图 1.3 - 13　TSY 型卧式单级双吸中开离心泵结构图（底脚支承）

1—膜片联轴器；2—前轴承体部装；3—排污泄漏系统；4—机械密封部装；5—泵体；6—叶轮；

7—排污管路；8—后轴承体部装；9—排气管路；10—密封冲洗管路；11—泵盖

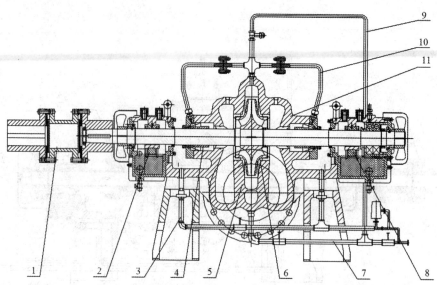

图1.3-14 TSY型卧式单级双吸中开离心泵结构图（近中心线支承）

1—膜片联轴器；2—前轴承体部装；3—排污泄漏系统；4—机械密封部装；5—泵体；6—叶轮；7—排污管路；8—后轴承体部装；9—排气管路；10—密封冲洗管路；11—泵盖

（五）各种形式的泵型谱图

各种形式的泵型谱图见图1.3-15～图1.3-18。

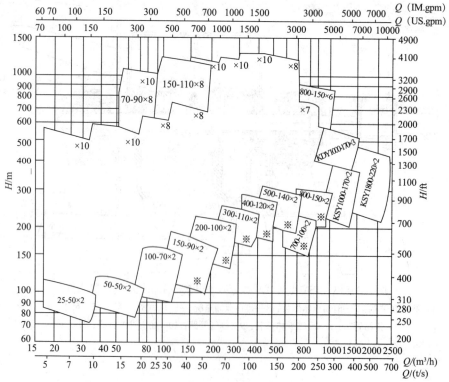

图1.3-15 KDY、KY、KSY系列泵型谱图（2980r/min）

带※泵模型含有奇数级

·14·

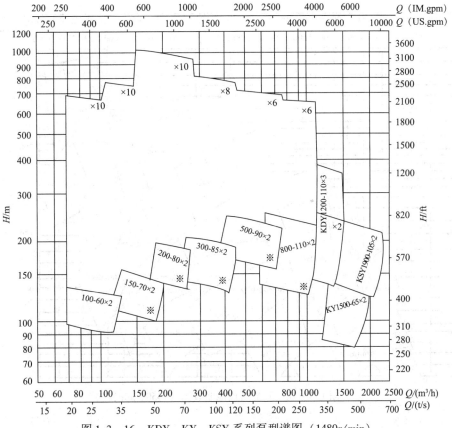

图 1.3－16　KDY、KY、KSY 系列泵型谱图（1480r/min）

带※泵模型含有奇数级。

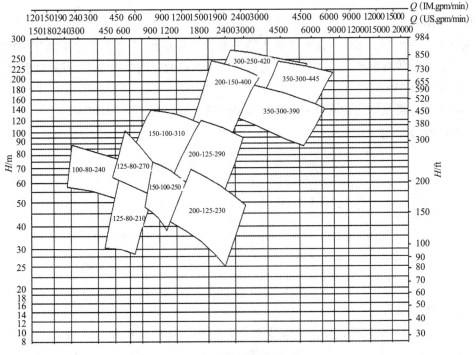

图 1.3－17　TSY 型性能曲线图（2900r/min）

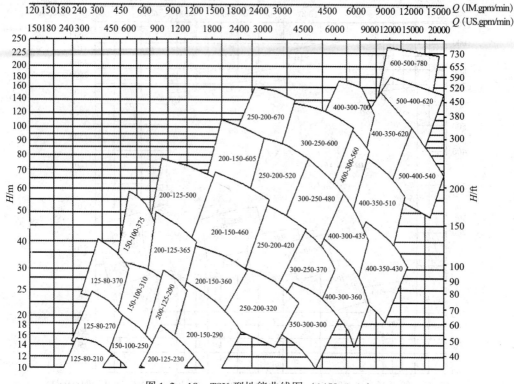

图 1.3 – 18   TSY 型性能曲线图 （1450r/min）

五、国产 GK（S）型离心泵

（一）概况

浙江某公司生产的 GK、GKS 型管线输油泵，主要适用于输送温度不高于 80℃ 的原油、汽油、柴油等石油产品及其他不含杂质、无腐蚀性的介质。该型泵的设计制造符合美国石油学会 API 610 的要求。

额定工况性能范围为：流量 $Q = 25 \sim 5000 \text{m}^3/\text{h}$，扬程 $H = 35 \sim 1080 \text{m}$。

（二）型号示例

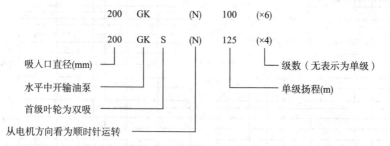

（三）结构及特点

GK、GKS 型泵为水平中开、单级或多级离心泵，叶轮对称布置，轴向力基本平衡，其中 GKS 型泵首级叶轮为双吸；65GK 型泵、80GK 型泵、100GK 型泵为水平中开、导叶式多级离心泵；GK 型泵为水平中开、卧式，单级或多级，单吸离心泵，叶轮采用双口环，轴向力基本平衡；GKS 型泵为水平中开，卧式，单级或多级双吸离心泵，采用双吸叶轮，轴向力自身基本平衡；GK，GKS 型泵的进、出口法兰位于泵体两侧，水平布置，轴封为机械密封，密封冲洗管路上可设有旋涡分离器，能确保密封冲洗液的清洁度，延长密封使用寿命，泵转子可由滚动球轴承支承，也可由径向滑动轴承支承，当由径向滑动轴承支承时，泵的剩余轴向力由推力球轴承承受。

泵的转向：从原动机方向看泵，泵为逆时针方向旋转，也可以根据用户要求泵的转向改为顺时针方向旋转（泵型号中加"N"）；GK、GKS 型泵还可以根据用户要求配置各种控制传感器。

（四）结构简图

GKS 型单级泵结构见图 1.3 - 19。

GK 型单级泵结构见图 1.3 - 20。

GKS 型多级泵结构见图 1.3 - 21。

GK 型多级泵结构见图 1.3 - 22。

65、80、100GK 型泵结构见图 1.3 - 23。

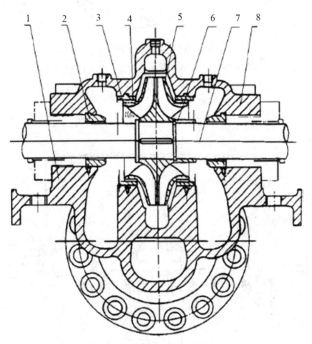

图 1.3 - 19 GKS 型单级泵结构图

1—泵体；2—衬套；3—泵体密封环；4—叶轮密封环；5—叶轮；

6—轴套；7—轴；8—泵盖

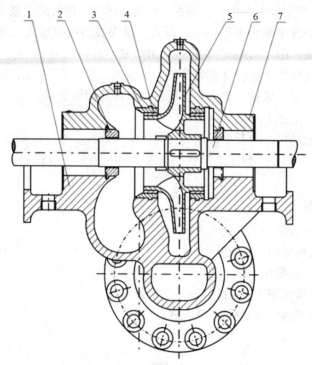

图 1.3 - 20 GK 型单级泵结构图

1—泵体；2—衬套；3—泵体密封环；4—叶轮密封环；

5—叶轮；6—轴；7—泵盖

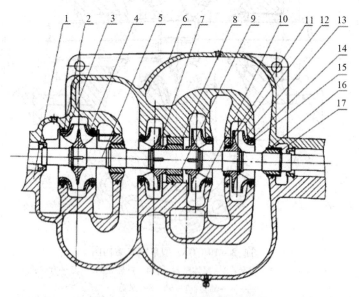

图 1.3 - 21 GKS 型多级泵结构图

1—泵体；2—首级叶轮密封环；3—首级叶轮密封环；4—首级叶轮环；5—轴；

6—泵盖；7—第二级叶轮；8—级间环；9—级间套；10—第四级叶轮；11—后泵体密封环；

12—后叶轮密封环；13—第三级叶轮；14—次级泵体密封环；15—次级叶轮密封环；

16—泄压环；17—泄压套

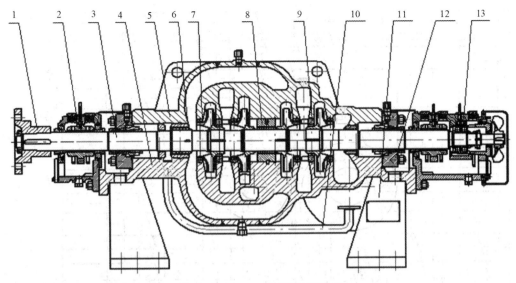

图 1.3 – 22 GK 型多级泵结构图

1—加长联轴器部件；2—轴承部件甲；3—转子部件；4—泵体；5—泵盖；6—泄压套；
7—泵体密封环155；8—级间环；9—泵体密封环125；10—泄压管部件；11—泵支承座；
12—机械密封部件；13—轴承部件乙

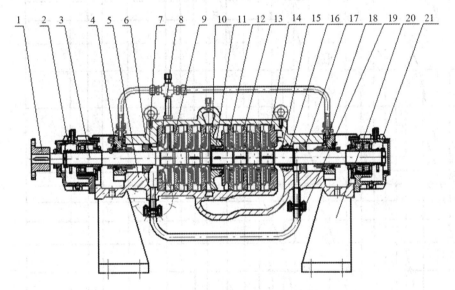

图 1.3 – 23 65、80、100GK 型泵结构图

1—联轴器部件；2—轴承部件甲；3—转子部件；4—机械密封部件；5—泵体；6—泵盖；7—喉部衬套甲；
8—吸入盘；9—导叶；10—出水导叶；11—中间泄压环；12—反向末级导叶；13—反向导叶；14—反向吸入盘；
15—泄压环；16—泄压套；17—喉部衬套乙；18—冲洗管部件；19—平衡管部件；20—泵支座；21—轴承部件乙

（五）性能曲线

性能曲线见图1.3 – 24。

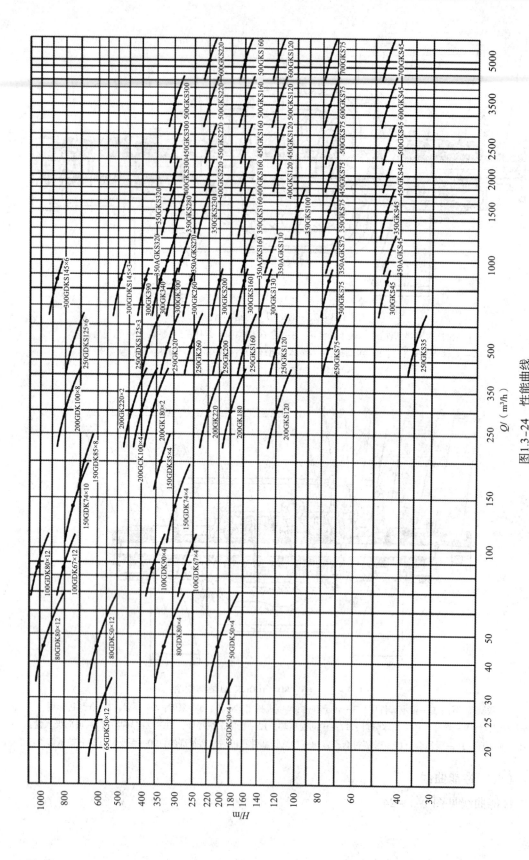

图1.3-24 性能曲线

六、国产 2HSM 型螺杆泵

（一）概况

2HSM 型螺杆输送泵，通常适用于温度不高于 380℃ 的原油、渣油、沥青、液化气等石油石化液体的输送。该型泵的设计制造符合美国石油学会 API STD 676 回转式容积泵的要求。额定工况性能范围为：流量 $Q = 1 \sim 2000 \mathrm{m^3/h}$，压差 $H = 0.1 \sim 6.4 \mathrm{MPa}$。

（二）型号示例

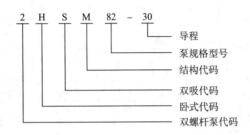

（三）结构及特点

2HSM 系列双螺杆泵是一种外啮合的螺杆泵，它利用相互啮合、互不接触的两根螺杆来抽送介质。在泵的工作过程中，主动螺杆与从动螺杆及与泵体之间形成密封腔，随着主动螺杆的旋转，带动从动螺杆运动，液体随着密封腔一起作轴向运动，平稳而又连续地输送到泵的出口处。由于泵工作过程中密封腔容积不变，所以泵供给液体时不会产生脉动。采用两段螺纹对称的设计，可以有效地平衡轴向力，确保泵在短时间内具备干运转的能力。

根据双吸式双螺杆泵的原理，外置轴承的双螺杆泵，通过轴承定位确保两根螺杆在泵体内互不接触，齿侧之间保持恒定的间隙，螺杆外圆与衬套内圆面也保持恒定间隙不变。这种结构的优点是大大拓宽了双螺杆泵的使用范围，即除了输送润滑性良好的介质外，还可输送非润滑性介质、各种黏度的介质以及具有腐蚀性（酸、碱等性质）的液体，也可输送气体和液体的混合物，即气液混输，这是双螺杆泵非常独特的优点之一。

螺杆泵具有以下主要特点：

（1）无搅拌、无脉动、平稳地输送各种介质，由于泵体结构保证泵的工作元件内始终存有泵送液体作为密封液体，因此泵有较强的自吸能力，且能气液混输；

（2）黏度适应范围广，介质黏度可达 $3 \times 10^6 \mathrm{mm^2/s}$；

（3）拆装方便、维修简单、高效节能；

（4）工作元件间无接触，可夹带一定量的细小颗粒（如：高岭土等）；

（5）可选择不同安装方式（立式或卧式）；

（6）允许输送各种非润滑性介质；

（7）具有同步齿轮，轴承外置，允许短期干运转；

（8）改变转速来调节流量，输出压力保持稳定；

（9）各种驱动方式均可使用。

储运机泵及阀门技术

（四）结构简图

螺杆泵结构简图见图 1.3 – 25。

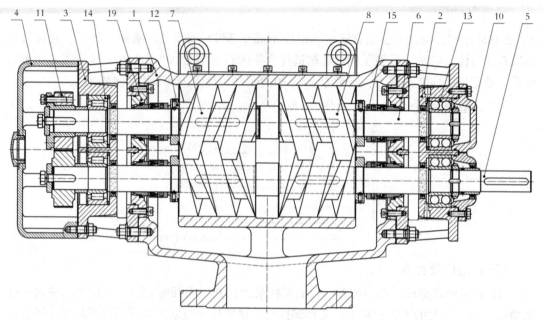

图 1.3 – 25 螺杆泵结构简图

1—泵体；2—前轴承座；3—后轴承座；4—齿轮箱；5—主动轴；6—从动轴；
7—左螺旋套；8—右螺旋套；9—密封函体；10—轴承压盖；11—齿轮；12—螺旋套螺母；
13—双列角接触球轴承；14—单列圆柱滚子轴承；15—机械密封

（五）性能曲线

性能曲线见图 1.3 – 26。

七、国产 KCB、2CY 型齿轮泵

（一）概况

天津某公司生产的 KCB、2CY 型齿轮输油泵，适用于输送各种油类，如原油、柴油、润滑油。使用铜齿轮可输送低闪点液体，如汽油、苯等。介质温度不超过 70℃，如需使用耐高温泵，可配用耐高温材料。不含固体颗粒和纤维物、无腐蚀性的润滑油、重油、工业轻油和食油等油类都可输送。适用于油库、码头、船舶。该型泵的设计制造符合美国石油学会 API STD 676 回转式容积泵的要求。

额定工况性能范围为：流量 $Q = 1 \sim 50\,\text{m}^3/\text{h}$，压差 $H = 0.1 \sim 2.0\,\text{MPa}$。

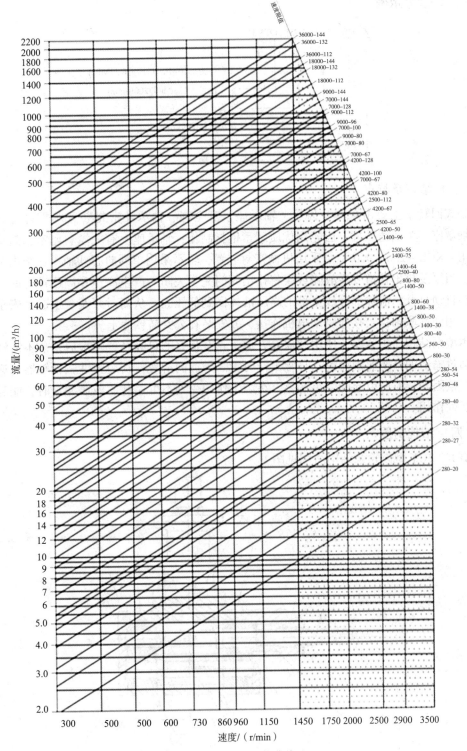

图 1.3 - 26 性能曲线

（二）型号示例

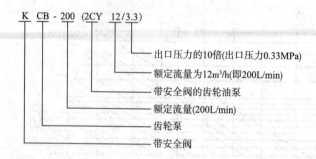

```
K  CB - 200 (2CY  12/3.3)
```

- 出口压力的10倍(出口压力0.33MPa)
- 额定流量为12m³/h(即200L/min)
- 带安全阀的齿轮油泵
- 额定流量(200L/min)
- 齿轮泵
- 带安全阀

（三）结构及特点

卧式回转泵主要由泵体、齿轮、轴承座、安全阀、轴承及密封装置等零件组成；泵体、轴承座等为灰铸铁件，齿轮用优质碳素钢材制作；轴承座上有一填料函室，起轴向密封作用，KCB-200-960型泵采用机械密封装置，轴承采用单列向心球轴承；泵内装有安全阀，当泵及排出管道发生故障或误将排出阀门完全关闭而产生高压和高压冲击时，安全阀就会自动打开，泄除部分或全部的高压液体回到低压腔，从而对泵及管道起到安全保护作用；用弹性联轴器直接与驱动电机连接，并安装在公共铸铁底上。

本型泵结构简单紧凑，使用和保养方便；具有良好的自吸性，每次启泵前不需灌入液体；通过输送的介质实现润滑，日常工作时无需另加润滑液；利用弹性联轴轴器传递动力可以补偿因安装时所引起的微小偏差，在泵工作中受到不可避免的液压冲击时，能起到良好的缓冲作用。

（四）结构简图

KCB、2CY 型齿轮泵结构简图见图 1.3-27。

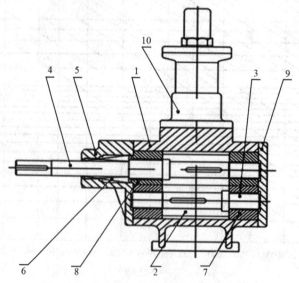

图 1.3-27　KCB、2CY 型齿轮泵结构简图

1—泵体；2—齿轮；3—从动轴；4—主动轴；5—轴封体；6—机械密封；
7，8—滑动轴承；9—侧盖；10—安全阀

（五）性能曲线

性能曲线见图 1.3 - 28。

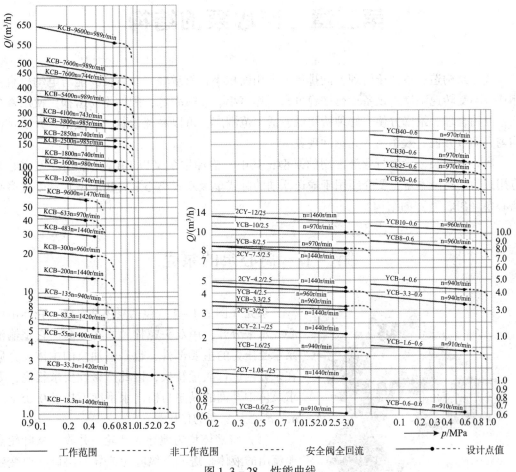

图 1.3 - 28　性能曲线

思考题

1. 简述泵的分类方法。
2. 离心泵的主要工作原理是什么？
3. 简述 HSB 型离心泵的结构与特点。
4. 简述 KDY 型离心泵的结构与特点。
5. 简述 2HSM 型螺杆泵的结构与特点。
6. 350GKSN200 型、KDY500 - 140 ×3 型泵的代码是什么含义？
7. 14 ×14 ×17.5A HSB 型、DVSH14 ×18 型、ZMII630/06 型泵的代码是什么含义？

第二章 离心泵的结构

离心泵构造简单便于管理；同排量下占用面积小，重量轻安装方便；能与电动机直接相连，不受转速限制；设备运行平稳可靠、噪声小、故障率低；配件不易磨损，使用寿命长；结构合理、维修方便、修理费用低、适用范围广；可以高速运行，排量大；介质排出均匀、调节方便、效率高、无脉冲现象。

离心泵是长输管道行业最常用的泵型，其中，输油主泵又以 BB1 型和 BB3 型离心泵应用最为广泛。本章主要介绍用于输送原油的卧式单级双吸离心泵（BB1 型）和卧式多级离心泵（BB3 型）的结构。

第一节 离心泵的泵壳

图 2.1 - 1 输油泵外形图

泵壳（图 2.1 - 1）包括泵体和泵盖，壳体由中心线水平分开，用双头螺栓紧固在一起。它是输油泵承受压力的主要部件，也是输油泵的主体。介质在泵壳内进行能量转换，因此严密性要求很高，要求泵体中开面的纵向与横向水平度不超过 0.05mm/m。离心泵泵壳的作用是：

（1）将液体均匀地导入叶轮，并收集从叶轮高速流出的液体，送入下级叶轮或导向出口（改变液体的流动方向）；

（2）实现能量转换，变动能为压能；

（3）连接其他零部件，起到支承固定作用，并与安装轴承的托架相连接，通常采用铸铁、铸钢来铸造泵壳，泵壳的加工精度和铸造精度是提高泵效和降低转子轴向力的关键。

一、吸入室

输油泵吸入管接头与叶轮入口的空间叫吸入室。它是液体进入输油泵过程的第一个构件，液体流经吸入室后才进入叶轮入口。吸入室的作用是以最小的流动损失，引导流体平稳地进入叶轮，并且要求液体在叶轮进口处具有均匀的速度分布。

吸入室设计的好坏直接影响到泵的汽蚀性能。输油泵的吸入室多数都设计成半螺旋形吸入室（图 2.1 -2）。这种吸入室的截面是逐渐减小的，可使进液导管中的液流加速，使液体在进入叶轮前产生预旋，虽然降低了泵的扬程但可以消除泵轴后面的漩涡区，能使液流均匀地进入叶轮。

二、流道

输油泵壳体内的流道截面一般是由小到大呈螺旋形，所以叫蜗壳式，流道的铸造要求光洁对称，上下流道连接处不允许有错口，如果是多级泵级间的流道可以是内流道（流道铸在壳体内）也可以是外流道（用带法兰的管子与壳体连接）。流道的作用是：

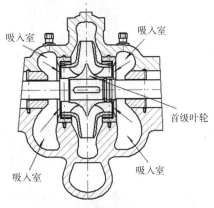

图 2.1 - 2　半螺旋形吸入室

（1）将液体均匀地导入叶轮，并收集从叶轮高速流出的液体，送入下级叶轮或导向出口（改变液体的流动方向）；

（2）实现能量转换，变动能为压能。

第二节　离心泵的转子

转子主要由叶轮、泵轴、轴套以及套装在轴上的零部件组成。转子是输油泵的核心，是提供压力能的关键部件。它的主要作用是通过高速旋转，在离心力的作用下给液体提供能量。正确选择转子的结构以及制造、装配质量，是关系到泵是否能够达到低振动、低噪声和高稳定性的重要因素，也是确保输油泵安全运行的关键。

一、叶轮

（一）叶轮的结构和材料

叶轮一般由前盖板、后盖板、叶片和轮毂组成，在前后盖板之间装有叶片并形成流道，在叶轮中心的一侧（单吸）或两侧（双吸）有平行于主轴且以主轴中心为圆心的环形入口。它是输油泵转子部件的核心，也是过流部件的核心。叶轮是离心泵唯一直接对液体做功的部件，泵通过叶轮对液体做功，它直接将驱动机输入的机械能传给液体并转变为液体静压能和动能，使其能量增加。叶轮转速高、出力大，其中叶片起到了主要作用。

一般情况下，在叶轮转速不大于 3000r/min，泵配套电机的功率在 2500kW 以内时，叶轮与轴的配合可以采用动配合，用键来传递扭矩，键都是对称布置的，这样是为了避免产生转子不平衡和轴变形。叶轮的固定方式有卡环固定方式和轴套固定方式两种（图 2.2 - 1、图 2.2 - 2）。叶轮在装配前要经过动、静平衡实验。叶轮上的内外表面要求光滑，以减少摩擦损失。输油泵所使用的叶轮，它的加工方法一般采用铸造和焊接两种方法，材料通常有铸铁 HT20 ~ 40、HT25 ~ 47，铸钢 ZG15、ZG25，不锈钢 1Cr13、2Cr13、1Cr18Ni9Ti 等材料。

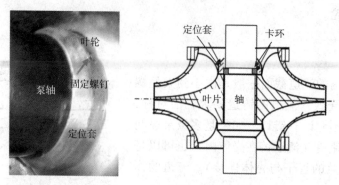

图 2.2-1 卡环固定方式的叶轮

图 2.2-2 轴套固定方式的叶轮

（二）叶轮的分类方法

$$
叶轮
\begin{cases}
按液体流出的方向分
\begin{cases}
径流式叶轮：液体沿垂直方向流出 \\
斜流式叶轮：液体沿倾斜方向流出 \\
轴流式叶轮：液体沿轴线方向流出
\end{cases} \\
按吸入的方式分
\begin{cases}
单吸叶轮：从一侧吸入液体，前后盖板不对称 \\
双吸叶轮：从两侧吸入液体，前后盖板对称
\end{cases}
\end{cases}
$$

大排量的输油泵大都采用双吸叶轮，叶片的分布形式也有两种：一种是对称式，另一种是交错式（图2.2-3）。

图 2.2-3 叶片对称式分布的叶轮和交错式分布的叶轮

采用交错布置叶片的叶轮能有效降低泵的轴功率，且在设计工况和大流量工况下能提高泵的效率，但泵的扬程有所降低；交错布置叶片有助于减小叶轮内汽蚀的严重程度，改善泵内部液体流动特征，降低叶轮出口液流的噪声。通过调整叶片出口边形状，增加叶片后盖侧的包角，可明显降低吸入室轴频和泵出口叶频脉动的幅值，减轻叶轮出口处压力场和速度场与下游静止部件发生周期性相互作用的危害。

二、泵轴

泵轴要求有足够的强度和刚度；泵轴的作用主要是传递动力，支承叶轮保持在工作位置上正常运转。轴上装有轴承、轴向密封等零部件。由于泵轴用于传递动力，且高速旋转，泵轴的材质一般根据输送介质的性质来确定，在输送无腐蚀性介质的泵中，一般用45钢制造，并且进行调质处理。在输送原油等弱腐蚀性介质的泵中，泵轴材料用40Cr和40CrMo，或碳素结构钢且调质处理。在防腐蚀泵中，即用于输送酸、碱等强腐蚀性介质的泵上，泵轴材质一般为1Cr18Ni9、1Cr18Ni9Ti等不锈钢。输油泵泵轴轴颈的圆柱度和圆度不大于0.02mm，轴颈处的直线度不大于0.015mm，轴中部直线度不大于0.05mm，若超过标准，可用机械法调直，不允许用加热的方法调直。

三、轴套

轴套的作用主要是固定和定位叶轮，并保护主轴不受磨损和腐蚀，轴套与密封件共同组成泵壳与轴之间的密封。因为多级泵泵轴较长，轴承之间的跨度大，转子在高速旋转时线性变形较大，而且叶轮级数多转子不平衡力就大，所以轴套与级间套等内部密封部位就容易磨损，轴上安装轴套，更换轴套比更换轴方便、经济。一般多级离心泵的转子多数是采用轴套来固定叶轮，这样可以把每个叶轮之间的位置通过轴套的尺寸准确定位。轴套与轴之间采用键来传递扭矩，通常轴套两端采用两个圆螺母固定在泵轴上。轴套的端面必须与轴中心线垂直，端面垂直度为0.01~0.02mm，轴套组装后要对转子进行径向跳动检查，转子各部位跳动值不大于0.05mm，如果超差可转动调整套进行调整。轴套的材料一般用45钢制造，并且进行调质处理，也可以用与泵轴相同的材料或2Cr13（图2.2-4）。

图2.2-4 轴套

案例2-1：输油泵机械密封室密封环与泵轴之间冲刷腐蚀。

（1）某输油泵累计运行近7×10^4h，发现泵两端机械密封室密封环内径已被冲刷磨损成喇叭口状，驱动端与非驱动端机械密封室密封环内径正常值为$\phi 91$mm，磨损后驱动端机械密封室密封环内径为 $\phi94mm$，增大 3mm，非驱动端机械密封室密封环内径为 $\phi94.5mm$，增大 3.5mm。与机械密封室密封环部位对应的轴正常值为 $\phi89mm$，磨损后驱动端轴径为 $\phi88.5mm$，减小 0.5mm。非驱动端轴径为 $\phi85.9mm$，减小 3.1mm。如不及时解决问题，泵轴及卸压套将由于磨损严重而报废。如图 2.2-5 所示。

图 2.2-5　冲刷腐蚀图

（2）故障原因分析：输油泵入口压力经常出现负压或低于额定入口压力的现象，因出口压力与入口压力差增大，机械密封腔内的流速加快，机械密封室密封环与泵轴之间只有 0.15mm 的半径间隙，轴在高速旋转下带动机械密封室密封环内液体做高速旋转运动，当机械密封室密封环内液体流出机械密封室密封环时，由于压力急剧下降使液体流速发生急剧变化，造成液体对泵轴和机械密封室密封环出口的冲刷腐蚀。

（3）处理方法：泵轴修复一般采用三种方案：电镀修复；补焊修复；热喷涂修复。因为泵轴冲刷腐蚀比较严重电镀修复的镀层无法得到修复要求的厚度，补焊修复又存在无法避免的热应力变形现象，所以采用热喷涂修复的方法进行修复是最佳方案。因为热喷涂温度远远低于泵轴材料发生热应力变形的温度，又能达到修复要求的厚度。在修复过程首先必须采用与泵轴相应的材料（铬 13 硬度等级 28）进行喷涂作业，且涂层厚度及部件变形都必须符合要求，喷涂结束后要对泵轴进行精磨，达到轴的技术等级要求。

（4）修复后的泵轴如图 2.2-6 所示。

图 2.2-6　修复后的泵轴示意图

第三节　离心泵的轴承

支承部分的主要作用是减少泵轴旋转时的阻力，它由轴承座和轴承两大部分组成。轴承座是用来支承轴承的，由于一个轴承可以选用不同的轴承座，而一个轴承座同时又可以选用不同类型的轴承，因此，轴承座的品种很多。离心式输油泵所采用的轴承座一般都是整体式轴承座和剖分式轴承座，铸造轴承座的材料一般是灰口铸铁、球墨铸铁、铸钢、不锈钢等。

轴承是套在泵轴上支承泵轴的构件，承受径向和轴向载荷。轴承的主要功能是：在轴和孔之间起支承作用而传递负荷，或起定位作用而限制轴对于座孔的轴向位移。根据轴承结构的不同，输油泵机组安装的轴承主要有滑动轴承（轴瓦）、滚动轴承两大类。滚动轴承一般使用润滑脂作为润滑剂，加油要适当，一般为轴承室空间的 $1/3 \sim 1/2$ 的体积，滑动轴承一般使用润滑油作润滑剂，加油到看窗的 $1/2 \sim 2/3$ 位置。

一、滑动轴承

滑动轴承中承受径向负荷的轴承称为径向滑动轴承，承受推力负荷的轴承称为推力滑动轴承，既承受径向负荷同时也承受推力负荷的轴承称为混合滑动轴承。滑动轴承的润滑状态有流体润滑、混合润滑、边界润滑等。在流体润滑上还分为动力学（动压）和静力学（静压）两种。

动压润滑轴承：是指借助在轴承内部摩擦面间产生的压力流体所形成润滑油压力膜，使轴瓦两摩擦面完全脱离。即由压力流体支承负荷。

静压润滑轴承：是指由轴承外部用泵打入压力润滑油，以支承负荷，也可称为外部压力流体润滑。

（一）滑动轴承的结构及主要特点

在滑动摩擦下工作的轴承叫滑动轴承。滑动轴承的组成结构为：轴被轴承支承的部分称为轴颈，与轴颈相配的零件称为轴瓦。为了改善轴瓦表面的摩擦性质而在其内表面上浇铸的减摩材料层称为轴承衬。

滑动轴承的最大特点是运转中在一定的速度下能产生油楔力，而且转数越高油楔力也越大，油膜刚度也越好。其他优点是：耐用寿命长，负荷能力随速度的增加而增加，工作平稳、可靠、低噪声。在液体润滑条件下，滑动表面被润滑油分开而不发生直接接触，可以大大减小摩擦损失和表面磨损，油膜还具有一定的吸振能力，静止时不致由于赫兹接触压力造成材料疲劳。滑动轴承的缺点是：启动摩擦阻力较大。油膜中的最高压力、最高温度和最小油膜厚度，这其中任何一项如果超过界限时都会造成轴承材料疲劳、磨损或烧结。

（二）滑动轴承的润滑形态

（1）流体润滑：这种轴承的负荷靠润滑油膜来承受，是最理想的润滑形态，轴承寿命为半永久性。

（2）边界润滑：处于流体润滑和半干润滑之间的润滑，有一层极薄的油膜，轴瓦的最大凸点有相互接触的现象，这种状态时常发生在启动或停止时。这时发生磨损，有可能发生烧结（研瓦）。

（3）半干润滑：整个轴承不能维持最低限的连续油膜，只有滑动面的凹部存有润滑油，摩擦面已发生相互接触（研瓦）。

（4）无油润滑（干摩擦）：除固体润滑外没有任何润滑剂的干摩擦，是一种干式轴承摩擦的状态，容易造成轴承烧结。

（三）滑动轴承的分类

滑动轴承
- 按载荷方向分
  - 径向轴承
  - 止推轴承
  - 径向止推联合轴承
- 按润滑状态分
  - 流体（液体、气体）润滑轴承
  - 边界润滑轴承
  - 固体润滑轴承
- 按承载方式分
  - 流体膜承载
    - 静压轴承（液体、气体）
    - 动压轴承（液体、气体）
  - 边界膜承载（边界润滑轴承）
  - 固体膜承载（固体润滑轴承）
  - 其他（静电轴承、磁力轴承）
- 按润滑剂分
  - 液体（润滑油、水、液态金属等）
  - 气体（空气、氢、氩、氦等）
  - 半固体（润滑脂）
  - 固体（二硫化钼、石墨、酞菁染料等）
- 按轴瓦材料分
  - 金属轴承
  - 粉末冶金轴承
  - 非金属轴承
- 按轴承形状分
  - 球形轴承
  - 筒形轴承
    - 带挡边筒形轴承
    - 不带挡边筒形轴承

（四）滑动轴承的材料

滑动轴承材料应具备摩擦系数小，导热性能好，热膨胀系数小，耐磨、耐腐蚀、抗胶合能力强，有足够的机械强度和可塑性等特性。常用的滑动轴承材料有轴承合金、铸钢、耐磨铸铁、不锈钢等。

输油泵机组所用的轴瓦材料一般都是不锈钢、铸钢、耐磨铸铁、铜基合金，轴承衬材料都是采用轴承合金。轴承合金有锡锑轴承合金和铅锑轴承合金两类，锡锑轴承合金的优点是摩擦系数小，塑性高，耐磨性、抗胶合性、跑合性好，与油的吸附性强，适用于重载、高速情况下的轴承。缺点是价格贵，机械强度较差。铅锑轴承合金的各方面性能与锡锑轴承合金相近，但这种材料较脆，不宜承受较大的冲击载荷，适用于中速、中载荷的轴承。

（五）输油泵常用的滑动轴承

离心式输油泵所采用的滑动轴承一般都采用流体动压轴承，外观形状有筒形和外球面形两种，其中：HSB、MSD 型离心泵采用的是球形流体动压滑动轴承，KDY、KSY、TSY 型离心泵采用的是筒形流体动压滑动轴承。型号示例如下。

内径 10mm、球径 22mm、长度 14mm 的 7 级标准球轴承标记为：

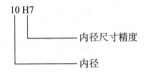

内径 20mm、外径 26mm、挡边直径 32mm、长度 25mm 的 7 级筒轴承标记为：

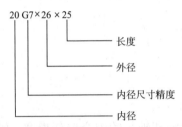

流体动压轴承的优缺点：

（1）结构简单，加工方便；

（2）运转平稳，流体膜能吸收冲击；

（3）在流体润滑条件下使用寿命长；

（4）静止时不会因赫兹压力造成材料应力疲劳；

（5）因弹性膜作用承载能力大；

（6）接触区出口油膜产生狭窄部，所以减少润滑油侧漏；

（7）油膜厚度受转速、润滑油温度和轴瓦表面粗糙度影响较大；

（8）高速运转时，在轴振幅周围会产生油漩涡加速轴承磨损；

（9）流体动压轴承是属于薄油膜滑动轴承，它启动阻力较小，但容易产生边界润滑。

滑动轴承的安装注意事项：轴瓦安装前要检查轴瓦规格尺寸是否符合要求，检查并处理轴瓦内外表面有无毛刺、碰磨、划伤。轴瓦应使用相应设计黏度的润滑油，润滑油应定期检查，当出现变质情况时应更换。轴瓦应使用设计配套的甩油环，甩油环安装时，甩油环底部倾入润滑油液面以 2～3mm 为宜。轴瓦合金脱落或有裂纹时必须更换。长期停运的轴瓦应首先手动在轴瓦上注入润滑油，才能盘车启动。轴瓦修刮过程中严禁使用砂纸等可能脱落硬质颗粒物的材料。对于有设置绝缘层的轴瓦，在安装维修时应对轴瓦外表面的绝缘层进行检查和保护，防止绝缘层的破坏，同时应检查维护轴瓦固定销的绝缘及温度测温探头的绝缘。

（六）流体动压滑动轴承的润滑

流体动压滑动轴承内孔横截面为圆形，当轴在滑动轴承中顺（逆）时针旋转时，轴颈中心会偏离轴承孔中心，两中心的距离就是该轴瓦的偏心距，用 α 表示，并且在连心线右

（左）侧形成收敛楔形的间隙，左（右）侧形成发散楔形的间隙。在旋转轴的带动下润滑油进入收敛楔形的间隙中，使润滑油产生液体动压力，获得承载能力。其工作状态如图 2.3-1 所示。

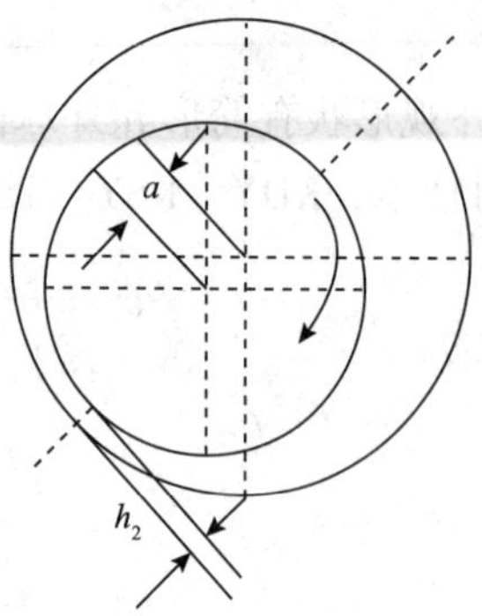

1. 最小油膜厚度

轴颈和轴承最近处的油膜厚度称为最小油膜厚度，如图 2.3-1 中的 h_2。最小油膜厚度是轴承特性系数（S'）和轴承宽径比（$\dfrac{L}{D}$）的函数，其中：L 是轴承宽度；D 是轴直径；轴承特性系数 S' 是由索莫菲尔值演变的公式计算：

$$S' = \frac{Wm^2}{\eta nD^2} \times 10^9 \tag{2.3-1}$$

图 2.3-1 轴瓦工作示意图

式中　W——总负荷，N；

m——轴与轴承的间隙比（$\dfrac{2c}{D}$）；

n——轴转速，r/min；

D——轴直径，mm；

η——润滑油黏度，mPa·s；

轴的偏心率（e）取决于轴和轴承的中心偏移程度，当轴和轴承中心一致时 $e=0$，随偏心的增大而接近于 $e \leqslant 1$。

$$e = \frac{a}{c} \tag{2.3-2}$$

式中　e——轴的偏心率；

a——轴和轴承的偏心距，mm；

c——轴瓦的半径间隙，mm。

由式（2.3-2）根据图 2.3-1 可以演变成：

$$h_2 = c(1-e) \tag{2.3-3}$$

式中　h_2——最小油膜厚度，mm。

偏心率 e 可根据轴承特性系数与轴承宽径比的关系曲线图（图 2.3-2）查出。

2. 动压滑动轴承的供油方式

动压滑动轴承的供油方式有压力供油、油环供油、油浴和飞溅供油等多种。离心式输油泵的供油方式主要采用油环供油方式和压力供油方式。

油环供油方式：是利用套在泵轴上的甩油环，通过旋转把润滑油从油池中带到摩擦副上，由于甩油环的转动是靠与轴的摩擦带动的，当油环转动时它不但和轴发生摩擦还和油池里的润滑油摩擦，油环的工作状态取决于这两个摩擦的比例。所以当油环发生变形或改变润滑油黏度以及润滑油油位都会影响甩油环的工作状态，甩油环的圆度不超过 0.10mm，润滑油的油位不能太高也不能过低，每台输油泵所使用的润滑油型号和油位产品说明书中都有规定。一般为甩油环底部侵入润滑油液面 2~3mm 为宜。压力供油方式：它包括辅助润滑油泵、轴头泵、冷却过滤器、油箱以及润滑油管路和附件及冷却水系统。当输油泵机组在启动前或停运前 0.5~1min 由辅助油泵向机组供油。当机组启动后，轴头泵开始工作，这时润滑油压力会增高达到设定值，通过电接点压力表控制继电器停止辅助油泵供油，这时就由轴头泵正常供油。当输油泵机组停运时，由于轴头泵停止供油，润滑油压力开始下降，达到设定值时，通过电接点压力表控制继电器启动辅助油泵。由于辅助油泵和轴头泵互为备用并自动切换，这样就能确保机组轴承的润滑。

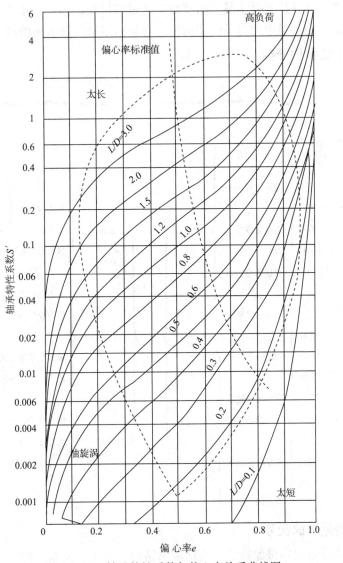

图 2.3 - 2 轴承特性系数与偏心率关系曲线图

二、滚动轴承

（一）滚动轴承的组成结构及主要特点

滚动轴承是将运转的轴与轴座之间的滑动摩擦变为滚动摩擦，从而减少摩擦损失的一种精密的机械元件。滚动轴承一般由内圈、外圈、滚动体和保持架四部分组成，内圈的作用是与轴相配合并与轴一起旋转；外圈作用是与轴承座相配合，起支承作用；滚动体是借助于保持架均匀地将滚动体分布在内圈和外圈之间，其形状大小和数量直接影响着滚动轴承的使用性能和寿命；保持架能使滚动体均匀分布，防止滚动体脱落，引导滚动体旋转起润滑作用。由于滚动轴承自身运动的特点，使其摩擦力远远小于滑动轴承，可减少消耗在摩擦阻力的功耗，因此节能效果显著。采用滚动轴承可以省去巴氏合金材料的熔炼、浇铸及刮瓦等一系列复杂且技术要求甚高的维修工艺过程以及供油、供水冷却系统，因此维修量大大减少；缺点是：噪声大，承受载荷低、容易因滚动接触表面的疲劳而失效。

（二）滚动轴承的分类

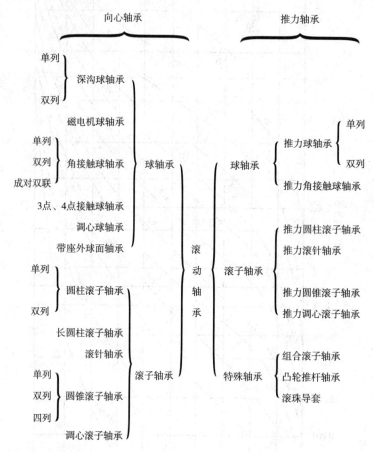

（三）滚动轴承的代号

滚动轴承代号是用字母加数字来表示轴承结构、尺寸、公差等级、技术性能等特征的产品符号。轴承的代号由三部分组成：前置代号、基本代号、后置代号。基本代号是轴承代号的基础。前置代号和后置代号都是轴承代号的补充，只有在遇到对轴承结构、形状、材料、公差等级、技术要求等有特殊要求时才使用，一般情况可部分或全部省略。基本代号表示轴承的基本类型、结构和尺寸。它由轴承类型代号、尺寸系列代号、内径代号构成。

（1）轴承类型代号用数字或字母表示不同类型的轴承。

（2）尺寸系列代号由两位数字组成。前一位数字代表宽度系列（向心轴承）或高度系列（推力轴承），后一位数字代表直径系列。尺寸系列表示内径相同的轴承可具有不同的外径，而同样的外径又有不同的宽度（或高度），由此用以满足各种不同要求的承载能力。

（3）内径代号表示轴承公称内径的大小，用数字表示。

（四）输油泵常用的滚动轴承

输油泵常用的滚动轴承主要有深沟球轴承（单列）、角接触球轴承（单列）、四点接触球轴承、内圈无挡边圆柱轴承（单列）、内圈单挡边圆柱轴承（单列）等几种规格，每种型号的代码、具体用途见表2.3－1，每种型号的主要优缺点如下。

深沟球轴承（单列），主要用于承受径向载荷，也可承受一定的轴向载荷。当轴承的径向游隙加大时，具有角接触球轴承的功能，可承受较大的轴向载荷，而且适用于高速旋转，轴承摩擦系数小，振动与噪声也较低。该类轴承不耐冲击，不适应承受较重载荷。

角接触球轴承（单列），成对配置的角接触球轴承用于同时承受径向载荷与轴向载荷的场合，也可以承受纯径向载荷和任一方向的轴向载荷。其外圈滚道边没有锁口，可以与内圈、保持架、钢球组件分离，因而可以分别安装。

四点接触球轴承，可以承受径向负荷、双向轴向负荷，能限制两个方向的轴向位移，但比现规格的双列角接触球球轴承占用的轴向空间少，不宜承受以径向力为主的负荷。

内圈无挡边圆柱轴承（单列），轴承内、外套圈，保持架和滚子可分离，轴承安装拆卸方便，在一定范围内允许轴相对于轴承箱作双向的轴向位移，即可以承受轴由热膨胀引起的长度变化，故适用作为非定位轴承。其能承受较大的径向载荷，但不能承受轴向载荷。

内圈单挡边圆柱轴承（单列），与内圈无挡边圆柱轴承的优缺点相近，只允许轴相对轴承箱作单向的轴向位移。

表2.3－1　离心泵机组常用的滚动轴承

轴承名称	品牌与型号	型号说明	泵厂家及型号
深沟球轴承（单列）	SKF 62226/C3（基本代号／辅助代号）	6－深沟球轴承 2－宽度系列为2 2－直径系列为2 26－轴承内径为26×5＝130mm C3－游隙符合标准规定的3组	鲁尔泵 ZMⅡ530/06 型泵用电机，电机型号 1LA1502－4HE60－Z 和 1LA1500－4HE60－Z
	FAG 6312（基本代号）	6－深沟球轴承 3－直径系列为3 12－轴承内径为12×5＝60mm 宽度系列为0的可以不标注	浙江佳力 250GKS80A 型输油泵
	SKF 6213/C3（基本代号／辅助代号）	6－深沟球轴承 3－直径系列为3 13－轴承内径为13×5＝65mm C3－游隙符合标准规定的3组	沈阳方大250SHS400LK型输油泵
	SKF 6218/C3（基本代号／辅助代号）	6－深沟球轴承 2－直径系列为2 18－轴承内径为18×5＝90mm C3－游隙符合标准规定的3组	沈阳方大 500SHS660 及 350SHS660 型输油泵

轴承名称	品牌与型号	型号说明	泵厂家及型号
深沟球轴承（单列）	基本代号 SKF 6222/C4 品牌 辅助代号	6 - 深沟球轴承 2 - 直径系列为 2 22 - 轴承内径为 22 × 5 = 110mm C4 - 游隙符合标准规定的 4 组	浙江佳力 250GKS80A 型输油泵用电机，电机型号为 YB2 4503 - 2W
角接触球轴承（单列）	基本代号 SKF 7311 BECBP 品牌 辅助代号 基本代号 SKF 7315 BECBP 品牌 辅助代号 基本代号 SKF 7315 BECBM 品牌 辅助代号	7 - 角接触球轴承 3 - 直径系列为 3 11 - 轴承内径为 11 × 5 = 55mm 15 - 轴承内径为 15 × 5 = 75mm BE - 接触角为 40° 的 BE 型轴承 CB - 通过配组轴承，在背对背或面对面的配置时，轴向游隙为普通组 塑玻璃纤维增强尼龙 6.6 保持架，滚动体引导 M - 铜合金实体保持架	沈阳方大 250SHS402LK 型输油泵 沈阳方大 250SHS403LK 型输油泵 苏尔寿 HSB14 × 14 × 16.5 型输油泵及 HSB14 × 14 × 23 型输油泵
	基本代号 SKF 7317 BECBM 品牌 辅助代号 基本代号 SKF 7320 BECB 品牌 辅助代号	7 - 角接触球轴承 3 - 直径系列为 3 17 - 轴承内径为 17 × 5 = 85mm 20 - 轴承内径为 20 × 5 = 100mm BE - 接触角为 40° 的 BE 型轴承 CB - 通过配组轴承，在背对背或面对面的配置时，轴向游隙为普通组 M - 铜合金实体保持架	德国鲁尔 ZM I 375/06 型输油泵 德国鲁尔 ZM IP 375/07 型输油泵
四点接触球轴承	基本代号 QJ 316N2MA/C2 辅助代号	QJ - 4 点接触球轴承 3 - 直径系列为 3 16 - 轴承内径为 16 × 5 = 80mm N2 - 外圈上带两个止动槽的四点接触球轴承 MA - 黄铜实体保持架，外圈引导 C2 - 游隙符合标准规定的 2 组	湖南天一 KDY400 - 120 × 4 型输油泵 湖南天一 KDY500 - 140 × 5 型输油泵
	基本代号 QJ 314N2MA/C2L 辅助代号 基本代号 QJ 317N2MA/C2L 辅助代号	QJ - 4 点接触球轴承 3 - 直径系列为 3 14（17）- 轴承内径为 14（17）× 5 = 70（85）mm N2 - 外圈上带两个止动槽的四点接触球轴承 MA - 黄铜实体保持架，外圈引导 C2L - 缩窄的游隙范围，相当于标准规定的 2 组游隙范围的下半部分	湖南天一 KDY300 - 100 × 5 型输油泵 湖南天一 KDY420 - 144 × 5 型输油泵

续表

轴承名称	品牌与型号	型号说明	泵厂家及型号
内圈无挡边圆柱轴承（单列）	基本代号 SKF NU 1030 ML 品牌　辅助代号	NU－内圈无挡边圆柱轴承 1－宽度系列为1 0－直径系列为0 30－轴承内径为30×5＝150mm ML－体式窗式黄铜保持架，内圈或外圈引导	德国鲁尔ZM Ⅱ 630/08 型输油泵
	基本代号 SKF NU 219 ECM 品牌　辅助代号	NU－内圈无挡边圆柱轴承 O－宽度系列为O（不标注） 2－直径系列为2 19－轴承内径为19×5＝95mm EC－轴承采用加强滚子，以提高负载能力 M－铜合金实体保持架	德国鲁尔ZLM IP 530/06E 型输油泵 浙江佳力 250GKS80A 型输油泵 佳木斯 YK400－2 型电机
	基本代号 NU 2220 ECML/C3 辅助代号	NU－内圈无挡边圆柱轴承 2－宽度系列为2 2－直径系列为2 20－轴承内径为20×5＝100mm EC－轴承采用加强滚子，以提高负载能力 ML－一体式窗式黄铜保持架，内圈或外圈引导 C3－游隙符合标准规定的3组	德国鲁尔ZM Ⅱ 530/06 型输油泵 德国鲁尔ZM Ⅱ 630/07 型输油泵
	基本代号 SKF NU 317ECJ/C3 品牌　辅助代号	NU－内圈无挡边圆柱轴承 3－直径系列为3 17－轴承内径为17×5＝85mm EC－轴承采用加强滚子，以提高负载能力 J－冲压钢保持架，滚动体引导，不经过硬化 C3－游隙符合标准规定的3组	德国鲁尔ZM Ⅰ 375/06 型输油泵 德国鲁尔ZM IP 440/05 型输油泵
内圈单挡边圆柱轴承（单列）	基本代号 NSK NJ 228 EMC3 品牌　辅助代号	NJ－内圈单挡边圆柱轴承 2－直径系列为2 28－轴承内径为28×5＝140mm E－经过改进或稍作改变的内部设计，外形尺寸相同。 M－铜合金实体保持架。 C3－游隙符合标准规定的3组	石家庄水泵厂20SH－10 型输油泵

案例2－1： 案例输油泵轴承箱端面润滑油渗漏。

1. 故障发生过程

美国福斯DVSH14×14型泵，流量2800m³/h，扬程120m，转速2965r/min，轴径95mm。总运行时间为14000h，未进行过大修。2016年3月，该泵在正常运行期间发生驱动端轴承箱润滑油泄漏，无法维持正常运行。经厂家技术人员对相关配件的测绘制作和改进，均未有效解决泄漏问题，泄漏主要存在于靠近联轴器一侧挡油圈 3 到 4 点钟方向。

2. 故障原因分析

（1）观察所替换下的原"挡油圈"，在配合面处并未发现明显缺陷。基本排除挡油圈因自身缺陷导致泄漏的原因。

（2）"挡油圈"通过 O 形圈实现与泵轴的第一道密封，通过凸台沟槽配合实现与轴承箱端盖的第二道密封。通过泄漏观察发现，润滑油自"挡油圈"3 到 4 点钟外圆处甩出，排除 O 形圈与泵轴结合处泄漏的可能。

（3）测量驱动端轴颈三点跳动值分别为：0.005mm、0.005mm、0.002mm，处于正常范围内，排除轴跳动原因导致泄漏。

（4）观察轴瓦，有偏磨和研瓦现象，可能导致轴瓦与轴间隙不合格的情况，通过压铅法和塞尺测量间隙，得到表 2.3 - 2 数据。

表 2.3 - 2 轴瓦与轴间隙测量数据

	顶间隙/mm	左侧间隙/mm	右侧间隙/mm
原被替换轴瓦	0.1450	0.09	0.07
后替换轴瓦	0.1506	0.04	0.13

两轴瓦顶间隙均满足要求，但后替换轴瓦右侧间隙超标，而右侧间隙恰恰正对"挡油圈"泄漏位置，且下轴瓦内两侧凸台已磨平，间隙过大可能导致瓦与轴间油膜形成过程中油受压向两侧喷出，喷出的润滑油可能直接作用到挡油圈与轴承箱侧端面配合处，因油量大无法及时从回油孔排出，最终导致润滑油被甩出，这是导致润滑油泄漏的主要原因。

（5）观察轴承箱中开面，手触模边缘有毛刺感，局部有残留胶体，且上、下两半轴承箱体仅通过中间部位两颗螺栓紧固，两侧位置易产生间隙，不排除中开面不平导致轴承箱密封不严的情况。

（6）对甩油环圆度进行测量，无明显变化，但与甩油环接触处泵轴表面有划痕缺陷，可能导致甩油环甩油状态发生改变，过多的油被甩出到上轴承箱盖内表面并沿表面流至"挡油圈"内圈表面处，而"挡油圈"内圈凸出轴承箱盖内端面 4.5mm 左右，受离心力影响，润滑油易直接进入沟槽配合处最终被甩出。

（7）轴承测温仪表在前期更换轴瓦过程中因操作不规范而受损变形，探头直径为6.5mm，下瓦插孔直径约 7.5mm，配合相对紧凑，插头的变形导致下轴瓦在日常工作中受斜向力，由于这个斜向力使瓦产生偏摩，造成轴瓦侧隙超标。

3. 故障处理方法

（1）利用刮刀，对轴瓦内外表面进行刮研修复，保证轴瓦与轴、瓦座的接触面满足要求。

（2）在轴瓦两侧增加新设计的挡油环，起到阻挡因轴瓦磨损产生的润滑油侧漏，防止瓦与轴间喷出的润滑油直接作用于"挡油圈"与轴承箱端面密封处，并使侧漏出来的润滑油能直接进入轴承箱。

（3）对中开面残留物进行清除，利用研磨平台和平面刮刀对轴承座上、下壳的中开面进行找平，装配时采用涂抹密封胶。

（4）对泵轴与甩油环接触处采用 800 目以上砂纸进行打磨抛光。

（5）对两侧"挡油圈"进行改造，将凸出轴承箱内端面的约 5mm 内圈根据轴旋向分别加工正、反锥面螺纹，使"挡油圈"随泵轴旋转时螺纹旋向总是朝向轴承箱内侧，这样滴落在其表面的润滑油便会随螺纹旋转流回轴承箱内。

（6）在原轴承箱与"挡油圈"内表面配合沟槽内加入羊毛毡圈，避免沟槽内因存油较多排油孔来不及排油导致润滑油甩出的现象。

（7）校正弯曲的轴承测温仪表，对下轴瓦仪表插孔扩孔至直径约 10mm，避免其受斜向力而影响轴瓦运行间隙。

第四节　离心泵的密封

离心泵的密封分为内密封和外密封两种。内密封是泵内高低压腔的密封，即转动的叶轮和泵壳之间，多级泵级间隔板与轴套之间，密封腔与叶轮入口之间，通过很小的间隙，以达到减少泄漏的目的。外密封是转子的轴伸部分与固定的泵壳间的密封，即轴端密封。

一、高低压腔的密封

主要是利用缝隙小来增加液体流动阻力减少渗漏，达到密封的作用。这部分密封是泵转子与泵体间的密封，分别是叶轮与泵体间的口环密封、隔板与轴套间的密封、平衡装置与泵体间的密封、密封腔密封套与轴套之间的密封。它们都属于缝隙漏损，漏损量与缝隙的大小和两侧压差有关。离心式输油泵泵内的高低压腔密封一般都采用平口环（a）、角式口环（b）、迷宫式口环（c）和凹槽式口环（d）四种，如图 2.4 - 1 所示。

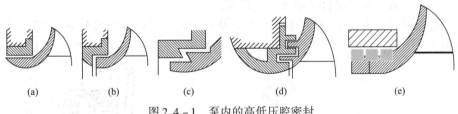

(a)　　　　(b)　　　　(c)　　　　(d)　　　　(e)

图 2.4 - 1　泵内的高低压腔密封

长输管道离心泵的泵内高低压腔密封及介绍。

平口环：叶轮口环与泵体口环的泄漏间隙是水平的。它结构简单，但漏损较大，并且漏损液会冲向吸入口，造成液流漩涡。角式口环：叶轮口环与泵体口环的泄漏间隙有一个90°的转角。它漏损较小并可减少液流对吸入口的冲击，这是因为它的径向间隙大于轴向间隙，液流在径向间隙内流速减慢，产生的涡流就小，但制造较困难而且所占泵内空间也大。迷宫式口环：在叶轮口环和泵体口环端面上加工成相互交错的凹凸槽。它密封效果好，但结构复杂，制造技术要求高难度大，仅在大型高压离心泵上使用。凹槽式口环：是在叶轮口环上加工出凹槽，与平口式泵体口环配对就叫平口式凹槽口环，与角式泵体口环配对就叫角式凹槽口环。密封效果优于平口和角式口环，但制造技术要求高难度大。输油泵内所采用的高低压腔密封一般是级间隔板和密封腔密封套是采用平口式，叶轮口环和泵体口环采用平口式密封环、角式密封环和凹槽式密封环，如图 2.4 - 2 所示。

图 2.4 - 2　输油泵泵内的高低压腔密封

叶轮进口与泵壳间的间隙过大会造成泵内高压区的油经此间隙流向低压区，影响泵的输量，降低效率；间隙过小会造成叶轮与泵壳摩擦产生磨损。为了增加回流阻力减少内漏，提高泵效以及延长叶轮和泵轴的使用寿命，密封环的间隙保持在 0.25 ~ 1.10mm 为宜。

二、轴端密封

泵转子的轴伸部分和固定泵壳间的密封叫做轴端密封，简称轴封。轴封的作用是防止液体从泵中漏出，同时也防止外部空气进入泵内。轴封是泵的重要部分，它的工作可靠性是保证泵能否正常运行的关键，如果轴封选择不当，离心泵不但渗漏增大，还可能引发设备事故。离心泵的轴封一般有四种：填料密封、机械密封、胶碗密封和螺旋密封。常用的轴端密封为填料密封和机械密封。

（一）填料密封

填料密封是中小型离心泵中最常见的密封结构，它是由填料函、填料、水封环和填料压盖等组成。压盖与泵体填料函部分用螺栓连接。

密封是靠填料变形后和轴（轴套）外圆表面及填料函内孔的接触来实现密封，如图 2.4 - 3所示。因此，可用调整压盖紧力来保证密封的严密性。填料压的松紧要适当，一般

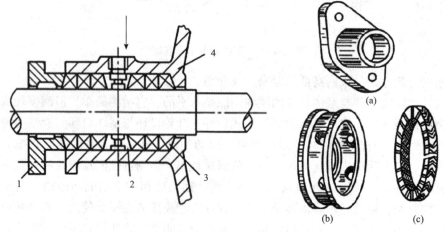

图 2.4 - 3　填料密封结构

1—填料压盖；2—水封环；3—填料；4—填料函

要求渗漏量为 30～60 滴/min。为了防止外部空气顺轴进入泵内，通常采用从泵的出口用管子向填料函处接入正压密封介质，用介质防止空气进入，所以在安装填料时要注意水封环的位置，水封环要对准液封孔，介质压力用阀门控制。常用的密封填料有浸油石棉填料、石墨填料、聚四氟乙烯纤维填料等。

（二）机械密封

机械密封是指由至少一对垂直于旋转轴线的端面在流体压力和补偿机构弹力（或磁力）的作用以及辅助密封的配合下，保持贴合并相对滑动而构成的防止流体泄漏的装置。

德国鲁尔 ZM、ZMIP、ZLM、ZLMIP、ZIMP 等型号的输油泵，HSB 型苏尔寿输油泵，美国福斯 DVSH、DVS 型输油泵，湖南天一 KDY、TSY 等型号输油泵，沈阳方大 SHS 型输油泵，浙江佳力 GKSN、GKS 等型号输油泵，主要采用单端面平衡型集装式机械密封，机械密封的型号有：201A－090/092、SHB/115－E、HSP－100S/C、UCPW、UHTW、CM1B、LTJ－QZ 等，如图 2.4－4 所示。

 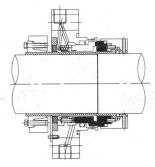

(a) 201A-090/092型机械密封（鲁尔泵用机械密封）

 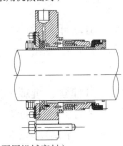

(b) HSP-100S/C型机械密封（苏尔寿泵用机械密封）

 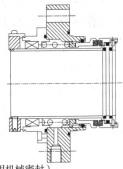

(c) UCPW型机械密封（福斯泵用机械密封）

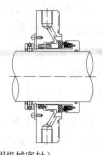

(d) LTJ-QZ型机械密封（国产泵用机械密封）

图2.4 – 4　输油泵常用机械密封结构图

1. 机械密封的结构特点

从结构特点看，机械密封形式多种多样，但它主要由以下4个基本单元组成，见图2.4 – 5：

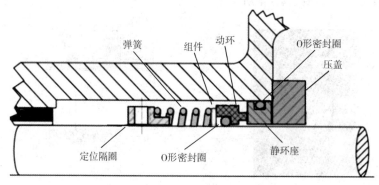

图2.4 – 5　机械密封部件图

（1）密封单元：由动环和静环组成的密封端面，这是机械密封的核心。

（2）缓冲补偿单元：以弹簧为主要元件而组成的缓冲补偿机构，它是维持机械密封正常工作的重要条件。

（3）传动单元：由轴套、键或固定销钉组成的传动机构，它是实现动环随轴一起旋转的可靠保证，也是实现动密封的前提条件。

（4）辅助密封单元：由动环密封圈和静环密封圈等元件组成，它是解决密封端面之外的、有泄漏可能的部位之辅助性密封机构，是机械密封不可缺少的组成要素。

2. 机械密封的工作原理（以 ZLMIP440 – 05 型输油泵用密封为例）

机械密封工作时，由密封流体的压力和弹性元件（如弹簧或波纹管，或波纹管及弹簧组合构件）的弹力等引起的轴向力使动环和静环互相贴合并相对运动，由于两个密封端面的紧密配合，使密封端面之间的交界（密封界面）形成一微小间隙，当带压介质通过此间隙时，形成极薄的液膜，产生阻力，阻止介质泄漏，同时液膜又使得端面得以润滑。这层液体膜具有流体动压力与静压力，起着润滑和平衡压力的作用，同时产生长期的密封效果。

输油泵所安装的机械密封多为单端面平衡型集装式机械密封，动静环一般采用碳化硅或硬质合金，密封套、密封压盖等多采用40Cr材质，弹簧采用C – 276合金弹簧材质。密封的轴向固定方式一般采用在密封套上安装锁环的方式。

3. 机械密封的分类、特点及应用

（1）机械密封的种类很多，按弹簧元件旋转或静止可分为：

旋转式：是弹簧装置随轴旋转，结构简单，径向尺寸小。应用较广，常用于轴径较小，转速较低（线速度低于 20m/s）的场合。

静止式：弹簧装置不随轴转动，不受离心力的影响，对介质没有强烈搅动，结构复杂。用于轴径较大，高速（线速度高于 20m/s）及液体不能搅动的场合。

（2）按静环位于密封端面内侧或外侧可分为：

内装式：静环装入密封端盖内侧，端面面向主机工作腔，摩擦副受力状态好，泄漏量小，润滑性好，但弹簧在介质中易受腐蚀。常用于介质无强腐蚀性及不影响弹簧性能的场合。

外装式：静环装入密封端盖外侧，端面背向主机工作腔，对密封元件腐蚀性小，便于观察、安装及维修，但介质压力低时，密封不稳定，泄漏量比内装式大。适用于强腐蚀，高黏度，易结晶介质以及介质压力较低的场合。

（3）按介质在端面引起的卸载情况可分为：

平衡式：能使介质作用在密封端面上的压力卸荷，降低端面上的摩擦和磨损，减少摩擦热，承载能力强，性能稳定，但结构复杂，成本较高。在中、高压条件下使用，通常介质压力可达 0.5MPa 以上。

非平衡式：不能使介质作用在密封端面上的压力卸荷，但结构较简单，径向尺寸小。用于低压条件，在介质压力小于 0.7MPa 时广泛应用。

（4）按弹性元件分为：

弹簧压缩式：弹性元件为弹簧。大多数机械密封都是采用弹簧压缩式，它应用广、型号多、结构特点各有特色。上面介绍的机械密封都属于这一类密封。

波纹管式：弹性元件为波纹管，波纹管型密封在轴上没有相对滑动，对轴无摩擦，跟随性好。金属波纹管弹力较大，本身能代替弹性元件，聚四氟乙烯波纹管耐蚀性好，但弹力小需配置弹簧。橡胶波纹管价格便宜，使用温度受橡胶材料的限制，而且需要配置弹簧。波纹管型密封适用范围广，一般用在 −200 ~ 600℃ 的条件下。金属波纹管可在高、低温下使用，聚四氟乙烯波纹管可用于各种腐蚀介质中，橡胶波纹管使用广泛，使用条件与橡胶本身材料有关。

（5）按密封腔压力分为：超高、高、中、低压机械密封。

4. 机械密封的形式和布置方式

（1）机械密封的密封形式

根据机械密封通用规范 GB/T 33509—2017 规定，密封形式分为 Ⅰ、Ⅱ、Ⅲ、Ⅳ、Ⅴ、Ⅵ、Ⅶ型 7 种，如表 2.4 –1 所示。

表 2.4 - 1 密封形式

密封形式	A 型	B 型
Ⅰ型密封为内装、弹簧、非平衡型	(a)旋转式	(b)静止式
Ⅱ型密封为内装、弹簧、平衡型	(a)旋转式	(b)静止式
Ⅲ型密封为内装、弹簧、旋转式、橡胶波纹管		
Ⅳ型密封为内装、弹簧、静止式、聚四氟乙烯波纹管		
Ⅴ型密封为外装、弹簧、旋转式、聚四氟乙烯波纹管		
Ⅵ型密封为内装、金属波纹管、集装式、辅助密封件为 O 形橡胶圈	(a)旋转式	(b)静止式

续表

密封形式	A 型	B 型
Ⅶ型密封为内装、金属波纹管、集装式、辅助密封件为柔性石墨	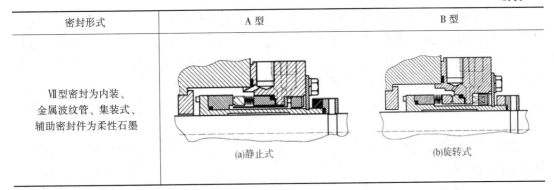 (a)静止式	(b)旋转式

（2）机械密封的布置方式

密封布置方式也有 3 种：分别是布置方式 1、布置方式 2、布置方式 3。

布置方式 1：每套集装式密封中有一对密封端面。

布置方式 2：每套集装式密封中有两对密封端面，且两对密封端面之间的压力低于密封腔压力。

布置方式 3：每套集装式密封中有两对密封端面，且阻封流体由外部引入到两对密封端面间，其压力高于密封腔压力。

5. 机械密封的泄漏通道所采用的密封方式

集装式机械密封内部的液流泄漏通道，见图 2.4-6，图中 A、B、C 三处是常见的密封内部泄漏通道。A——动静环之间的泄漏通道；B——动环与密封轴套之间的泄漏通道；C——静环与压盖之间的泄漏通道。为了防止液体从这些通道中泄漏，这些泄漏通道所采用的密封方式有以下几种。

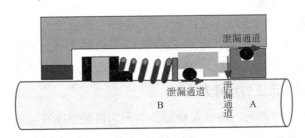

图 2.4-6　集装式机械密封内部的液流泄漏通道

（1）动环与静环端面之间的密封：机械密封的主要密封点也叫主密封。当腔内有较高压力时，压力使动静环端面闭合，液体进入端面间润滑；无压力时，弹簧作用力保持端面闭合。当泵运行时密封动环是在不断旋转，所以该点密封是动密封。为了防止动密封面高点接触，减少摩擦和生热，根据 JB/T 1472—2011《泵用机械密封》规定，动静环端面平面度不大于 0.0009mm，硬质材料表面粗糙度值 R_a 不大于 $0.2\mu\text{m}$，软质材料表面粗糙度值 R_a 不大于 $0.4\mu\text{m}$。动静环的组对材料根据 GB/T 33509—2017《机械密封通用规范》规定，耐清水、油及其他腐蚀性介质的机械密封宜采用硬对软密封面材料组对，常用的组对材料有碳化硅对碳石墨、碳化钨对碳石墨等。耐固体颗粒介质、高黏度介质的机械密封宜采用硬对硬密封面材料组对，常用的组对材料有碳化硅对碳化硅、碳化硅对碳化钨、碳化钨对碳化钨等。

（2）动环与密封轴套之间的密封（二次密封）：动环与密封轴套之间一般是相对静止的，所以该点的密封是静密封点。采用的密封形状一般分为O形圈、楔形环、波纹管3种基本形式，其中波纹管又分为橡胶波纹管、金属波纹管（成型波纹管、焊接波纹管）、聚四氟乙烯波纹管3种。当动环作为补偿环时，由于摩擦面磨损动环连同动环密封圈在弹簧推动下，沿轴向产生微小移动，所以该点的密封结构形式可分为推进式和非推进式两种基本类型。

推进式二次密封（图2.4-7）：当液体和弹簧压力推动端面向前补偿磨损时，O形圈随端面向前移动。

推进式二次密封优点：不易突然损坏，能承受较高压力，零件材料选择面宽，现场维修方便。缺点：有时出现阻滞（当O形圈隔离较好时发生的概率很低），需要轴套表面极其光滑，最高使用温度只有大约260℃。

非推进式二次密封（图2.4-8）：波纹管伸长能够补偿密封面磨损，波纹管尾部与轴保持静止。

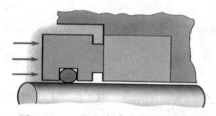 

图2.4-7 推进式二次密封原理图　　图2.4-8 非推进式二次密封原理图

非推进式二次密封优点：不会出现阻滞现象，可以在较高的温度下使用。缺点：动静环不易对中，承受压力较低。

（3）静环与压盖之间的密封（三次密封）：静环与压盖之间是相对静止的，所以该点的密封是静密封点。采用的密封形状一般分为以下四种形式：O形圈（橡胶），矩形环（聚四氟乙烯、石墨），杯环（橡胶），平垫（聚四氟乙烯、压缩纤维）。

6. 机械密封的端面比压的计算方法

机械密封的端面比压即表示固体接触部分的平均接触强度（kgf/cm²）。端面比压p_s是决定机械密封的密封性能及运行寿命的重要技术指标，也是改进机械密封结构的重要依据。各种形式的机械密封其端面比压均可从密封面轴向载荷和总承载的平衡方程而得，如图2.4-9所示。

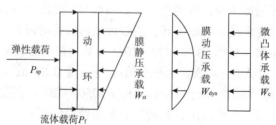

图2.4-9 密封面轴向载荷和总承载能力图

密封面轴向总载荷：

$$P = P_{sp} + P_f = p_s A + p_t B \qquad (2.4-1)$$

式中 P——密封面轴向总载荷，N；

P_{sp}——为弹性载荷，N；

P_f——流体载荷，N；

p_s——弹簧比压，MPa；

A——接触面面积，mm^2；

B——有效作用面积，mm^2；

p_t——介质压力，MPa。

密封面轴向总承载：

$$W = W_{st} + W_{dyn} + W_c$$
$$= p_{st}A + p_{dyn}A + p_c A$$
$$= p_m A + p_c A \qquad (2.4-2)$$

式中 W——密封面轴向总承载，N；

W_{st}——膜静压承载，N；

W_{dyn}——膜动压承载，N；

W_c——微凸体承载，N；

p_{st}——膜静压，MPa；

p_{dyn}——膜动压，MPa；

A——接触面面积，mm^2；

p_m——膜压，MPa；

p_c——端面比压，MPa。

当机械密封处于稳定的工作状态时，密封面轴向总载荷等于密封面轴向总承载，即 $P = W$。由公式（2.4-1）和公式（2.4-2）可得出：

$$p_s A + PB = p_m A + p_c A \text{ 或 } p_s + P\frac{B}{A} = p_m + p_c$$

令：

$$\lambda = \frac{p_m}{p_s}, \quad \kappa = \frac{B}{A}$$

得出：

$$p_c = p_s + (\kappa - \lambda) p_t \qquad (2.4-3)$$

式中 p_s——弹簧比压，MPa；

p_t——介质压力，MPa；

p_m——膜压，MPa；

λ——膜压系数；

κ——面积比。

从公式（2.4-3）中可以看出密封端面比压主要取决于弹簧比压 p_s、介质压力 p_t、面积比 κ、膜压系数 λ。当密封在正常运行时，密封端面会不断磨损，转轴也会沿轴向左右窜动，所以在实际运行中，密封补偿环以及 O 形密封圈在外负荷的作用下，会发生微小的轴向位移，同时由于系统不稳定，可能导致密封高频率地重复上述情况，使 O 形圈微动加剧。这时机械密封的端面比压可能在 $[p_s + (\kappa - \lambda)p_t - p_f] \sim [p_s + (\kappa - \lambda) + p_f]$ 的范围内变化，p_f 为摩擦比压。

摩擦比压计算公式：

$$p_f = \frac{F_f}{A} \tag{2.4-4}$$

式中　p_f——摩擦比压，MPa；

　　　F_f——移动环移向固定环时密封圈在滑动面上所受的摩擦力，N；

　　　A——接触面面积，mm^2。

弹簧比压的大小直接影响机械密封的密封性能，当机械密封在启动、停车、运转时，它必须克服辅助密封的最大阻力，当密封端面磨损时，必须可以推动动环轴向移动，使密封端面保持贴合。

弹簧比压的计算方法：弹簧比压 p_s，是指弹性力作用在密封端面单位面积上的压力。弹簧比压的计算公式：

$$p_s = \frac{K_q h n}{\frac{\pi}{4}(D_2^2 - D_1^2)} \tag{2.4-5}$$

式中　K_q——弹簧刚度，N/mm；

　　　h——弹簧压缩量，mm；

　　　n——弹簧数量；

　　　D_2——静环密封面外径，mm；

　　　D_1——静环密封面内径，mm。

平衡比 κ 的计算方法：平衡比 κ 也叫面积比，它是流体压力作用于补偿环上，使补偿环趋于闭合的有效作用面积 B 与密封接触面积之比，当忽略 p_s 和 p_t 项时叫做载荷系数。它表示介质产生的比压在摩擦副上的卸荷程度，反映了密封端面的承载能力。κ 平衡比的计算公式：

$$\kappa = \frac{D_2^2 - d^2}{D_2^2 - D_1^2} \tag{2.4-6}$$

式中　D_2——静环密封面外径，mm；

　　　D_1——静环密封面内径，mm；

　　　d——平衡直径，是流体压力作用在补偿环辅助密封圈处的轴径，mm。

$\kappa < 1$ 的机械密封叫平衡型机械密封；$\kappa \geqslant 1$ 的机械密封叫非平衡机械密封。

膜压系数 λ 的计算方法：膜压系数也叫反压系数。它是密封端面间流体膜平均膜压 p_m 与密封流体压力 p_t 之比，它反映了机械密封在被密封流体压差作用下端面间流体膜承载能力的大小。由公式（2.4-3）可知，对于平衡式机械密封，在平衡比 κ 很小的情况下，p_t 一项就对端面比压的计算值有很大的影响。所以说 λ 的取值直接关系密封端面比压的大小，对密封性能影响很大。膜压系数的大小主要取决于密封端面间介质膜压力的变化情况，而密封介质的性质、密封端面的尺寸、线速度、温度和密封表面的摩擦状态都会影响介质膜压力的变化。对于全液膜的液相密封，忽略转速、动能静压能的转换只考虑流体的流动摩擦损失时，λ 膜压系数的计算公式为：

$$\lambda = \frac{r_2^2}{r_2^2 - r_1^2} - \frac{1}{2\ln\frac{r_2}{r_1}} \tag{2.4-7}$$

令 $\frac{r_1}{r_2} = R$（半径比），$\lambda = \frac{1}{1-R^2} - \frac{1}{2\ln\frac{1}{R}}$

式中　r_1——动环端面内径的一半（半径），mm；

　　　r_2——动环端面外径的一半（半径），mm；

　　　R——半径比。

随着半径比 R 的增大，压膜系数减小。当半径比 R 接近于 1 时，压膜系数趋近于0.5，在零泄漏及允许的泄漏特性范围内压膜系数 λ >0.5。

密封消耗功率的计算方法：密封消耗功率主要由两部分组成；一是旋转部件对介质的搅拌功率；二是密封的摩擦消耗功率。即：

$$N = N_r + N_f \tag{2.4-8}$$

式中　N——密封消耗功率，kW；

　　　N_r——旋转部件对介质的搅拌功率，kW，大约只占总消耗功率的0.2%~0.6%，跟
　　　　　　介质的黏度、泵的转速有关，计算难度大，常用平均系数1.05代替；

　　　N_f——密封的摩擦消耗功率，kW。

密封摩擦消耗功率的基本计算公式为：

$$N_f = FV \tag{2.4-9}$$

式中　F——端面摩擦力，N；

　　　V——密封面平均线速度，m/s。

代入 $F = fSP_c$，公式（2.4-9）变成：

$$N_f = fSP_c V \tag{2.4-10}$$

式中　f——端面摩擦系数；

　　　S——端面面积，mm^2；

　　　P_c——端面比压，MPa。

7. 机械密封的优缺点

（1）机械密封的可靠性高。机械密封的可靠性要比软填料密封更高，在长周期的运行中机械密会表现出稳定的密封状态，只有极小量的泄漏。机械密封的泄漏量，按照统计数据来看只有软填料密封的百分之一，可见机械密封的可靠性更好。

（2）机械密封的使用寿命长。在中性液体类介质中的工作时间可达 2 年以上，在油类介质中的工作时间能达到 1 年以上，而在化学类介质的环境中也能工作长达半年以上。

（3）机械密封的摩擦性能好。机械密封的摩擦功率小，对轴承和轴套的磨损小，一般来说机械密封的摩擦功率消耗在软填料密封摩擦消耗的一半以下，而对轴承和轴套基本不会形成磨损。

（4）机械密封的适应范围广。机械密封的材质决定了机械密封能够适应高温、低温、高压、高转速的工作环境。机械密封具有抗腐蚀能力，可用于腐蚀性介质、含磨粒介质的

密封工作。另外，机械密封的抗振动能力强，对振动、偏摆和倾斜的反应不敏感。

（5）机械密封的工艺要求高。机械密封与软填料密封相比，对制造工艺的要求更高、设计结构也更为复杂。因此机械密封的安装和更换都要求操作人员具有一定的技术水平。机械密封的这一特点决定了它的售价高、一次性投资额高且事故处理的难度较大。

案例 2 - 2：案例机械密封过热结焦引起的跑油故障

1. 故障发生过程

某单位管线 ZLM IP440 - 05 型输油泵，投产以来由于泵用机械密封容易结焦，运行时间最长的只有987h，最短的只有138h，如图2.4 - 10 所示。

图 2.4 - 10　机械密封结焦示意图

将原机械密封解体后发现有下列情况：

（1）动静环严重磨损，端面上有许多放射状细微裂纹；

（2）静环边缘碎裂；

（3）密封压盖冲洗环孔被冲蚀扩大；

（4）动静环端面严重结焦，形成硬块，造成静环无法进行补偿。

2. 机械密封运行相关参数

输送介质为高黏度原油，当温度在 20 ~ 30℃ 时输送的原油其运动黏度为 1470 ~ 770m²/s，目前使用的机械密封冲洗方案为 API plan 11，从泵出口引流经节流孔板后对密封腔进行冲洗，形成一个密封循环冷却系统。原密封的具体参数如下：介质，原油；温度，10 ~ 60℃；压力，<100bar；转速，2950r/min。

3. 故障原因分析

针对以上故障现象组织技术力量对其进行分析，鲁尔泵密封原配为进口德国杰特拉密封，该密封设计特点比较独特，具体有以下几个方面：

（1）端面比压大。杰特拉 TYP201 密封为变工况、高压重载系列密封，特别适合于长距离而且输送介质经常发生改变的高压油泵，如成品油管线上经常需要在汽油和柴油间切换输送，而且压力高达 10MPa，消耗的功率转换成端面的摩擦热导致端面温度高，如没有强有力的冲洗方案和介质导热性匹配，极易导致原油等黏度稍高，在介质导热性变差这样的介质中轻烃组分在密封端面液膜中汽化，液膜剩下的重质组分逐渐沉积焦化。

（2）载荷系数高。TYP201 密封设计的载荷系数为 0.7，这个参数典型地用于轻烃类介质的场合，特别是高压工况更是如此。在全压下运行，介质压力施加于端面的贴合力太大，也是加重密封发热的原因之一。

（3）动静环端面宽。动环与静环配对为摩擦副，其中必有一个窄环，而 TYP201 密封的窄环为8mm，远宽于一般密封的4mm，在端面比压一样的情况下，摩擦面越宽，功率消耗越大。

（4）原油与成品油在物性上有本质的区别。原油成分复杂，进口油和国产油组分差异大，含硫，黏度高，导热性差。这几个特点准确地概括了原油的物性，所以适用于成品油的 TYP201 密封的参数，对原油却不是最适合的，必须加以修正。

4. 处理方法

经计算得端面比压 $p_c = 1.18$MPa，无论什么形式的机械密封，其密封性标准都是用最小的端面比压 p_{c_1} 来衡量，最小的端面比压 $p_{c_1} \geq 0.125$，$p_t = 0.75$MPa，$p_c > p_{c_1}$，所以该密封端面比压较高，密封容易产生高温结焦。

从分析就可以看出，该密封的结焦问题出在密封端面温度高上，而本质是密封消耗的功率太大，在原油冲洗的配合下，没有将多余的热量带走，解决问题的办法就是将密封消耗的功率降下来。

密封消耗掉的功率最终是以热量的方式散失掉，所以要求密封设计时要控制消耗功率小于动静环组对材料的耐热极限。由密封的摩擦消耗功率公式 $N_f = fsp_cV$ 得出，当泵的工作转速确定后，密封面平均线速度 V 可变动的范围很小，当忽略了 V 项时，密封消耗掉的功率主要取决于变动的端面比压 p_c 和密封动环端面面积 S，将 Sp_c 作为整体来考虑。由端面比压 p_c 的计算公式：$p_c = p_s + (\kappa - \lambda) p_t$ 得出，当介质黏度越小，其值越大。这时 Sp_c 可变形为 $SP_s + s(\kappa - \lambda)p_t$，$SP_s = F$ 弹簧力，它就是弹簧提供的总弹力，决定了密封安装后盘车的手感，要盘车手感轻松，减少弹簧即可，但太小，密封的抗干扰能力差（颗粒，压力变动等因素）；$S(\kappa - \lambda)p_t$ 在密封介质确定后 λ 为常数，密封面几何参数设计确定后 S 和 κ 为常量，所以正常使用时一套密封的功率消耗只跟 p_t 有关，该值越大，功率消耗越大。设计工作压力在 10MPa 的密封用于 2MPa，和设计用 2MPa 密封消耗功率是一样的，前提条件是密封的几何尺寸如端面面积大小、弹簧力大小、载荷系数一样。

根据以上分析，从以下几个方面做了相应的改进：

（1）改变动环端面内外径尺寸，由 120mm、136mm 改为 122mm、130mm；

（2）设定新机械密封的端面比压略高于密封最小端面比压（0.75MPa），设定为 0.76MPa，经计算得出改造后的新机械密封的弹簧个数为 15 个。改进后的密封参数见表 2.4-2。

表 2.4-2 改进后的机械密封参数表

参 数	数 值
动环端面外径 D_2/mm	130
动环端面内径 D_1/mm	122
静环 O 形圈内径 d/mm	125
介质压力/MPa	6
每套密封弹簧数 n	12
弹簧刚度 K_q	2.63
压缩量 h/mm	4

5. 结论

改造后的密封消耗功率较改造前密封消耗功率减少67%。装机后连续运行10034h，寿命至少为改造前密封的8倍，消除了主输泵密封结焦的隐患，改造前后对比见图2.4-11。

图 2.4-11　机械密封改造示意图

第五节　离心泵的平衡

离心泵转子上的不平衡力有径向和轴向两种，随着泵级数增多、扬程增大，由于各级叶轮上的轴向力的积累，作用在泵转子上的径向力和轴向力会更大，危害也越明显。若泵转子上的径向力和轴向力不能充分平衡，必将会引起转子的振动和轴向窜动，导致离心泵无法正常运行。因此在离心泵的设计过程中，必须采用合适的平衡方式将径向力和轴向力予以平衡。

一、转子的径向力及平衡

转子上的径向不平衡力主要有液流对转子产生的径向不平衡力和转子本身由于质量不平衡产生的径向不平衡力。不平衡的径向力可使转子在运行中产生振动及挠度，甚至会使口环、级间隔板、轴（轴套）和其他转子配合处产生研磨，发生损坏，因此，消除或减少径向力，减轻对轴的破坏作用，是非常重要的。

（一）液流径向力产生的原因

泵的导流机构是按设计流量配合一定的叶轮设计的，因此，在额定流量下运行由于叶轮周围过流室中的液体的速度和压力分布是均匀的，此时不会产生径向力，即作用在转子上的径向力合力为零。当流量小于额定流量时，泵壳的流道截面显得过大，使液体流速减小，而叶轮出口液流的绝对速度反而增加，且方向发生变化，两股液流相遇时会发生碰撞，由于碰撞叶轮内流出的液体速度会下降到蜗壳中液体的速度，把它的部分动能转换成压力能，使过流室内的液体压力上升，液体从压出室隔舌到扩散管进口的流动中，不断受到流出叶轮的液体的撞击，压力就不断上升，于是破坏了泵壳内的液体压力的轴对称分布。同样当流量大于额定流量时，过流室内的液体流速增加，而自叶轮流出的液体流速反而减少，两股液流相碰撞，使过流室内液流压力不断减低，于是破坏了压力分布的均匀性。压水室内压力分布的不均匀使液体流出叶轮的速度也不均匀，压力大的地方叶轮流出的介质少，反之就多，引起叶轮周围动反力的不对称。动反力是液体沿泵轴向进入叶轮，沿叶轮径向或斜向流出。液流通过叶轮其方向之所以变化，是因为液体受到叶轮作用力的结果。反之，液体给叶轮一个大小相等、方向相反的反作用力，该力即为动反力，指向叶轮后面。

（二）动反力的计算方法

径向力的方向通常可近似地估计，对比转速 $n_s = 120 \sim 300$ 的离心泵，当 $Q < Q_d$ 时，约为 $70° \sim 120°$，指向泵舌；当 $Q > Q_d$ 时，约 $280° \sim 310°$，背向泵舌。动反力的大小常用斯捷潘诺夫公式计算：

$$F = 0.36\left(1 - \frac{Q^2}{Q_d^2}\right)HB_2D_2\rho g \qquad (2.5-1)$$

式中　F——作用在叶轮上的径向力，N；

　　　H——设计扬程，m；

　　　B_2——包括轮盘和轮盖在内的叶轮出口宽度，m；

　　　ρ——液体密度，kg/m^3；

Q、Q_d——分别为泵的实际流量和设计流量，m^3/s；

　　　g——取9.8。

（三）液流产生的径向力平衡方法

在单级水平中开式离心泵中，一般是把入口做成左右对称的双蜗室，出口做成上下对称的双出口，这样可以使泵在所有工况下，保持叶轮周围形成两个压力分布彼此对称的流道，所产生的径向力相互抵消，达到平衡。

1. 叶轮为偶数的多级水平中开式离心泵的径向力平衡方法

一般采用相邻两个蜗室布置成相差 $180°$ 的办法来平衡径向力，如图2.5-1所示。这样使作用于相邻两级叶轮上径向力的方向相差 $180°$，可以相互抵消，但是，这两个力不在垂直于轴线的同一平面内，所以会产生一个力偶，其力臂等于两个叶轮间的距离。此力偶需要由另外两级叶轮径向力组成的力偶来平衡，或由轴承的支反力组成的力偶来平衡。

图2.5-1　偶数多级水平中开式离心泵蜗室布置图

2. 叶轮为奇数的多级水平中开式离心泵的径向力平衡方法

首级叶轮采用双吸式叶轮，首级叶轮的进出口蜗室采用双蜗室对称分布，以后其他各级采用每一对蜗室错开180°。

二、转子的轴向力及平衡

（一）作用在转子上的轴向力

离心泵在运转时，在其转子上产生一个很大的作用力，由于作用力方向与泵轴的轴心线平行，所以称它为轴心力。转子上产生的轴向力主要是由叶轮前、后盖板因压力不对称引起的盖板力和由动量变化而产生的轴向分力以及因转子本身质量不对称引起的离心力组成的。

1. 盖板力的产生、大小及方向

离心泵在运转时，液体以 p_1 压力进入叶轮，在叶轮中获得能量后，以升高了的压力 p_2 排出叶轮，在叶轮的前、后盖板和泵体之间的间隙内都充满了有压液体，即后盖板的前侧受到吸入压力 p_1 的作用，而后侧面受到排出压力 p_2 的作用。在叶轮密封环半径 R_c 以上部分的叶轮两侧压力分布近似相等，彼此抵消。但在 R_c 以下部分左侧的压力为吸入压力 p_1，而右侧的压力为 p_2，显然 $p_2 > p_1$，这个压力差为单级叶轮的压力差，方向指向叶轮吸入口。

盖板力可根据下列经验公式计算：

$$A_1 = \pi \left(R_c^2 - R_h^2 \right) \gamma HKi \qquad (2.5-2)$$

式中　R_c——叶轮口环处的平均半径，mm；

　　　R_h——叶轮轮毂半径，mm；

　　　H——单级叶轮的扬程，mm；

　　　i——泵叶轮数；

　　　γ——液体重度，N/m³；

　　　K——实验系数，与比转速有关；当 $n_s = 60 \sim 250$ 时，$K = 0.6$，当 $n_s = 150 \sim 250$ 时，$K = 0.8$。

2. 动量变化引起的轴向分力 A_2 的产生、大小及方向

当液体进入叶轮时，是沿轴线方向，而液体在出叶轮时，则是沿叶轮半径方向或斜向，这种速度方向的变化就产生了动量的变化。按动量定理可知，由动量变化而产生的轴向分力 A_2 其方向与改变力方向相反，是背向叶轮入口的，其大小可根据动量定理由下式计算：

$$A_2 = \rho Q_t v \qquad (2.5-3)$$

式中　ρ——液体的密度，kg/m³；

　　　Q_t——离心泵的理论体积流量，$Q_t = \dfrac{Q}{\eta_k}$，η_k 为泵效，m³/s；

　　　v——叶轮入口处流体的轴向速度，m/s。

如果不考虑因质量不平衡产生的轴向力，那总的轴向力是以上两种轴向力的合力：即 $A = A_1 + A_2$，一般情况下 A_1 很大，A_2 较小，所以叶轮上轴向力的方向总是指向吸入口，只

有在启动时，由于泵内正常压力还没有建立，所以反力 A_2 的作用比较明显，离心泵启动时转子向后窜，就是这个原因造成的。

（二）轴向力的平衡方法

1. 采用双吸式叶轮以及叶轮对称布置的方法

单级泵一般都采用双吸式叶轮来平衡轴向力，由于双吸式叶轮两侧对称，所受压力相同，所以轴向力可以达到平衡，但实际上由于叶轮两侧口环漏损不同，仍然有残余不平衡轴向力存在，需要止推轴承来消除。采用双吸叶轮还可以提高泵的汽蚀性能。多级离心泵，当叶轮级数为偶数时采用背靠背对称安装；当叶轮级数为奇数时，首级叶轮采用双吸式叶轮，其他叶轮采用单吸式叶轮，入口相对或相背对称安装，见图2.5-2。

图 2.5 - 2　奇数叶轮布置图

2. 采用开平衡孔和平衡管的方法

单级单吸式离心泵一般采用平衡孔来平衡轴向力。平衡孔是在叶轮后盖板与吸入口对应的地方沿圆周开几个回流孔，使该处液体能回流到叶轮入口，使叶轮两侧液体压力达到平衡。同时在叶轮后盖板与泵壳之间，添设口环，直径与前盖板口环的直径相等。因为液体流经平衡孔时有一定的压力降，所以前、后盖板的液体压力差不可能全部消除，约有总轴向力的10%~15%还需要由止推轴承来消除。多级离心泵一般采用平衡管来平衡轴向力。

平衡管以叶轮对称布置并采用机械密封的5级中开式离心泵为例，在泵两端的密封腔处用管子连接，两端密封腔与叶轮入口之间设置密封腔密封套，高压端机械密封腔内的压力等于吸入室中的压力加平衡管的阻力损失和低压端机械密封腔的阻力损失，高压端密封腔密封套左侧腔体压力，因为它接近三级叶轮入口，所以它的压力接近于前两级叶轮作用产生的压力之和。如此作用在高压端机械密封套上的压差就会形成一个指向右边的力，起到平衡轴向力的作用。它还有一个作用是对离心泵两端的机械密封进行冲洗降温及润滑。

3. 采用平衡叶片平衡转子轴向力的方法

在叶轮的后盖板的背面安装几条径向筋片见图2.5-3，当叶轮旋转时，筋片强迫叶轮背面的液体加快旋转，离心力较大，使叶轮背面的液体压力显著下降，从而使叶轮两侧压力达到平衡。这种方法的平衡程度取决于平衡叶片的尺寸和叶片与泵体的间隙。在参数选择适合时，可以使轴向力达到完全平衡，但当平衡叶片尺寸确定后，偏离设计工况时，轴向力就不能完全平衡了。所以一般采用这种方法也有残余的轴向力存在，还需要止推轴承来平衡。采用平衡叶片需要消耗功率而降低泵效。

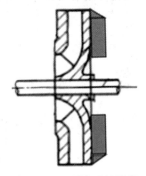

图 2.5 - 3　平衡叶片平衡
转子轴向力示意图

但使用平衡叶片时叶轮背面形成低压区，可以改善轴封的工作条件，减少摩擦。

4. 采用止推轴承承载轴向力

这种方法只能平衡少量的轴向不平衡力，所以它只能与其他平衡方法合用。

5. 采用平衡鼓平衡轴向力的方法

在多级泵末级叶轮的后面，装一圆柱形的平衡鼓，平衡鼓的右边为一平衡室，通过平衡管将平衡室与第一级叶轮前的吸入室连通，因此，平衡室中的压力 p_s 很小，等于吸入室中液体压力与平衡管中阻力损失之和。平衡鼓的左面是最后一级叶轮的背面泵腔，腔内压力 p_3 是很高的。平衡鼓外圆表面与泵体上的平衡套之间有很小的间隙，所以可保持平衡鼓两侧有一个很大的压力差（$p_3 - p_s$），用这一液体压力差所产生的轴向力来平衡指向吸入口的轴向力。平衡鼓两侧的压力差可以用下列经验公式来计算：

$$p_3 - p_s = [H - (1 - K)H_1]\rho g \qquad (2.5-4)$$

式中　$p_3 - p_s$——平衡鼓前、后的压力差，Pa；

　　　　H——泵的总扬程，m；

　　　　H_1——一级叶轮的扬程，m；

　　　　K——实验系数，取 $0.6 \sim 0.8$；

　　　　ρ——液体密度，kg/m^3。

作用在平衡鼓上的平衡力 F 为：

$$F = (p_3 - p_s) \times \frac{\pi}{4} \times (D_b^2 - d_h^2) \qquad (2.5-5)$$

式中　F——平衡力，N；

　　　　D_b——平衡鼓外径，m；

　　　　d_h——轮毂直径，m；

平衡力 F 应等于计算所得的泵转子轴向力，由此确定平衡鼓的尺寸。为了减少泄漏，平衡鼓外圆面和泵体平衡套内圆之间的径向间隙应尽量小，通常为 $0.2 \sim 0.3mm$。为了减少密封长度，增加阻力，减少泄漏，平衡鼓和衬套可做成迷宫形式。因为平衡鼓尺寸是按设计工况计算的，在其他工况下轴向力不能完全平衡，因此，仍需装设双向止推轴承来平衡残余的轴向力。

6. 采用平衡盘平衡轴向力的方法

在多级泵末级叶轮的后面，安装一个平衡盘装置，见图 $2.5-4$。

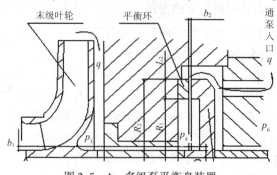

图 $2.5-4$　多级泵平衡盘装置

这种平衡盘机构中除了轴套与泵体之间有一个径向间隙 b_1 之外，在平衡盘与泵体之间还有一个轴向间隙 b_2，平衡盘的后面和吸入口相通，这样，径向间隙前的压力就是末级叶轮背面的压力 p_3。而平衡盘后的压力 p_6 则接近泵的入口压力，在多级泵中，平衡盘机构两边的压差 $p_3 - p_6$ 是很大的，液体受这个压差的作用，流过径向间隙，压力下降到 p_4，再流过轴向间隙，压力下降到 p_6，最后流到泵的入口。在平衡盘上，由于两侧存在着压力差 $p_4 - p_6$，所以有一个向后的力作用在平衡盘上，就形成了轴向平衡力。当叶轮上的轴向力大于平衡盘的平衡力时，泵转子就会向前移动，使轴向间隙 b_2 减小，增加液体的阻力损失，因而就减少了泄漏量 q，泄漏量减少后，液体流过径向间隙的压力下降就减少了。从而提高了平衡盘前面的压力 p_4。压力 p_4 的上升，就增加了平衡盘上的平衡力，转子不断向前移动，平衡力就不断增加，到某一个位置，平衡力和轴向力相等，达到平衡。当轴向力小于平衡力时，转子将向后移动，移动一定距离后，轴向力和平衡力达到了平衡。但是，由于惯性，运动着的转子不会立刻停止在新的平衡位置上，还要继续移动，轴向间隙继续变化，例如继续变小，平衡力就会超过轴向力而阻止转子继续移动直到停止。可是转子停止移动的位置并非平衡位置，此时平衡力超过轴向力，使转子又向后移动，又开始了从不平衡到平衡的矛盾运动，使转子回到平衡位置。当然，转子还是要离开平衡位置的，离心泵在工作中，工作点是经常变化的，轴向力也就经常变化，转子就会经常发生轴向移动，以达到新的平衡。综上所述，平衡盘的平衡状态是动态的，也就是说，泵的转子是在某一平衡位置左右作轴向脉动，当工作点改变时，转子会自动地移到另一平衡位置上去作轴向脉动，所以说平衡盘具有自动平衡轴向力的特点。

（三）质量不对称引起的不平衡的处理方法

1. 转子静不平衡余量的调整方法

将安装好的转子放在调整好的静平衡架上，推动叶轮使其缓慢转动，待自然静止后在它的正下方作一记号。重复转动若干次，若自然静止的位置不一致，说明该转子基本处于平衡状态。若每次自然静止后，原来记号的位置保持不变，说明静平衡工艺具有一定的准确性，记号位置就是不平衡量的所在处。然后在记号位置的相对部位，粘上一定重量的橡皮泥，是橡皮泥重量 M 对旋转中心产生的力矩，恰好等于不平衡量 G 对旋转中心产生的力矩，此时叶轮便获得了静平衡。去掉橡皮泥，称出其质量，然后在不平衡位置去除适当的材料（标准：切去的厚度不大于原壁厚的 $1/3$，同时保证与盖板圆滑过渡），直至叶轮在任何角度都能自然静止（标准：叶轮外径为 $301 \sim 400$mm 时其不平衡值不大于 6g，叶轮外径为 $401 \sim 500$mm 时其不平衡值不大于 8g，叶轮外径为 $501 \sim 700$mm 时其不平衡值不大于 15g）。

2. 转子动不平衡余量的调整方法

将转子及相应附件吊到硬支承动平衡机上，采用正确的方法使转子与动平衡机进行连接，首先选用全速的 $1/2$ 转速进行旋转，观察两个罗盘上的亮点，确定不平衡量的角度、位置然后进行打磨、调整，直至符合技术要求为止。再选用全速的 $2/3$ 转速进行旋转，观察两个罗盘上的亮点，确定不平衡量的角度、位置然后进行打磨、调整，直至符合技术要求为止。最后选用全速对转子进行校正，直至完全符合技术要求为止。

转子做动平衡的条件：在 GB 9239 标准中规定，凡刚性转子如果不能满足做静平衡的盘状转子的条件，则需要进行两个平面来平衡，即动平衡。只做动平衡的转子条件如下（平衡精度 G0.4 级为最高精度，一般情况下泵叶轮的动平衡精度选择 G2.5）：对单级泵、两级泵的转子，凡工作转速 ≥1800r/min 时，只要 $D/b<6$ 时，应做动平衡。对多级泵和组合转子（3 级或 3 级以上），不论工作转速多少，应做组合转子的动平衡。允许不平衡量的计算公式：

$$m_{per} = M \times G \times \frac{60}{2\pi \times r \times n} \times 10^3 \tag{2.5-6}$$

式中　m_{per}——允许不平衡量，g；

　　　M——代表转子的自身质量，kg；

　　　G——代表转子的平衡精度等级，mm/s；

　　　r——代表转子的校正半径，mm；

　　　n——代表转子的转速，r/min。

思考题

1. 简述离心泵泵壳的主要作用。
2. 离心泵的转子主要由哪几部分组成？各有什么作用？
3. 离心泵机械密封室密封环与泵轴之间冲刷腐蚀产生的主要原因和处理方法是什么？
4. 采用交错布置叶轮叶片有何特点？
5. 滑动轴承的主要分类方式有哪几种？
6. 滚动轴承的主要分类方式有哪几种？
7. 滚动轴承的代号由哪几部分组成？
8. 机械密封主要由哪几个基本单元组成？
9. 机械密封过热结焦的主要原因是什么？如何进行处理？
10. 离心泵轴向力的平衡方法有哪几种？
11. 判断转子是否需要做动平衡测试的要求是什么？

第三章　离心泵的技术性能参数

离心泵的应用非常广泛，是在液体输送应用方面最为常用的通用机械设备，具有很多其他种类泵送设备不具备的技术特点，比如输送的流体连续均匀无脉动，对介质所含颗粒等杂质不敏感，容易实现大流量、高扬程、长距离输送，在设备维修和管理方面比较简单等。

第一节　离心泵的工作参数

没有压力，介质也就无法有效输送。简单来讲，泵体内介质自吸入到排出，就是实现了一个能量增加的过程，也就是通过安装在轴上面的叶轮将高速旋转的动能转化为压力能的过程。叶轮流道内介质在叶片间的吸入端甩出到排出端的过程中，动能和压力能均增加，在介质进入到泵体的扩压室后，随着体积增加和介质速度的降低，介质的部分动能继续转化为压力能，使得介质输送需要的压力能得以实现。对正常运行的离心泵而言，其性能参数主要有流量、扬程、转速、功率、效率、允许汽蚀余量等。

一、流量

流量体现的是泵输送介质的能力，流量是在设计公司设计选型中特别重要的一个参数，除了泵的型号外，也与介质的黏度、温度、驱动设备的转速等都有直接关系。流量是单位时间内泵所输出的液体量，常分为体积流量 Q 和质量流量 Q_m 两种。

体积流量用 Q 表示，单位：m^3/s，m^3/h 等。

质量流量用 Q_m 表示，单位：t/h，kg/s 等。

质量流量和体积流量的关系为：

$$Q_m = \rho Q \qquad\qquad (3.1-1)$$

式中　ρ——液体的密度，kg/m^3。

例 3-1：某台泵流量 $60m^3/h$，求输油时每小时输油量？原油的密度 ρ 为 $800kg/m^3$。

解：$Q_m = \rho Q = 60 \times 800 \left[(m^3/h) \cdot (kg/m^3) \right] = 48000kg/h = 48t/h$。

二、压力差（扬程）

压力差是指单位体积的介质经由泵得到的有效能量（单位 MPa），是介质经过泵后获得的能量增加量。此能量增加量与泵吸入压力之和，为泵的排出压力。泵吸入压力由介质的状态所决定，因此，压力差是泵能否达到要求的排出压力，完成输送的主要因素。压力差 Δp 表示为：

$$\Delta p = (p_2 - p_1) \tag{3.1-2}$$

式中　Δp——泵的压力差，MPa；

　　　p_1——泵入口压力，MPa；

　　　p_2——泵出口压力，MPa。

扬程 H 表示介质经过泵后的能量增加量，扬程为单位质量的介质经过泵后获得的有效能量，单位为 m。扬程为：

$$H = \frac{p_2 - p_1}{\rho g} + \frac{u_2^2 - u_1^2}{2g} + (z_2 - z_1) \tag{3.1-3}$$

式中　u_1——泵吸入口流速，m/s；

　　　u_2——泵排出口流速，m/s；

　　　z_1——泵入口压力表基准面至泵基准面的垂直距离，m；

　　　z_2——泵出口压力表基准面至泵基准面的垂直距离，m；

　　　g——重力加速度。

除非进行泵性能试验，一般可应用下式进行换算：

$$H = \frac{p_2 - p_1}{\rho g} \tag{3.1-4}$$

扬程是泵的关键参数，直接影响泵的排出压力，泵的扬程有以下要求。

（1）正常操作扬程。正常输油工况下，泵的排出压力和吸入压力所确定的扬程。

（2）最大需要扬程。输油工况发生变化，可能需要的最大排出压力（吸入压力未变）时的扬程。扬程应为需要的最大流量下的扬程。

（3）额定扬程。是额定叶轮直径、额定转速、额定吸入和排出压力下的扬程。是由泵厂确定并保证达到的扬程，且应等于或大于正常操作扬程。一般取其值等于最大需要扬程。

（4）关闭扬程。流量为零时的扬程。为最大极限扬程，一般以此扬程下的排出压力确定泵体等承压件的最大允许工作压力。

扬程是泵的关键特性参数，泵厂应随泵提供泵流量–扬程曲线。

三、吸入压力

指进入泵的介质压力，泵吸入压力值必须大于介质在泵送温度下的饱和蒸气压，低于饱和蒸气压泵将产生汽蚀。

泵的扬程取决于泵的转速和叶轮直径，当吸入压力变化时，泵的排出压力随之而变化。泵的吸入压力不能超过其最大允许吸入压力值，以免泵的排出压力超过允许最大排出压力，造成泵超压损坏。

泵的铭牌上都注明泵的额定吸入压力值，以控制泵的吸入压力。

四、汽蚀余量

为防止泵发生汽蚀，在其吸入介质具有的能量（压力）值的基础上，再增加的附加能量（压力）值。称此附加能量为汽蚀余量。

多采用增加泵吸入端介质的标高，即利用液柱的静压力作为附加能量（压力），单位以米液柱计。在实际应用中有必需汽蚀余量 $NPSH_r$ 和有效汽蚀余量 $NPSH_a$。

（1）必需汽蚀余量 $NPSH_r$。指的是介质经过泵入口部分后的压力降，数值是由泵本身决定的。数值越小表示泵入口部分的阻力损失越小，$NPSH_r$ 是汽蚀余量的最小值。

（2）有效汽蚀余量 $NPSH_a$。泵机组安装调试后，实际得到的汽蚀余量，取决于泵的安装条件，与泵本身无关。

$NPSH_a$ 值须大于 $NPSH_r$。一般为 $NPSH_a \geqslant NPSH_r + 0.5\mathrm{m}$。

五、转速

转速是泵轴每分钟的转速，转速用 n 表示，单位是 r/min。

六、功率

功率指的是轴功率，即电机传给泵轴的功率，用 N 表示，单位为 W；单位时间内泵对介质所做的功称为有效功率，用 P_e 表示。

$$P_e = \rho g Q H = \gamma Q H \tag{3.1-5}$$

式中　ρ——介质的密度，$\mathrm{kg/m^3}$；

　　　γ——介质的重度，$\mathrm{N/m^3}$；

　　　Q——泵的流量，$\mathrm{m^3/s}$；

　　　H——泵的扬程，m；

　　　g——重力加速度，$\mathrm{m/s^2}$。

七、效率

效率是离心泵的轴功率与有效功率之差，是在泵内损失的功率，其大小可用效率衡量。离心泵的有效功率与轴功率的比值即为该泵的效率，用 η 表示。

八、比转速和汽蚀比转速

比转速，用 n_s 表示，是最大直径叶轮和在给定转速下，在最佳效率点流量时，涉及泵性能的指数，比转速定义公式如下：

$$n_s = 3.65 \frac{n\sqrt{Q}}{H^{3/4}} \tag{3.1-6}$$

式中　n_s——比转速，无因次；

　　　Q——单吸泵的流量，$\mathrm{m^3/s}$，双吸泵用 $Q/2$ 代入；

　　　H——单级泵扬程，m，多级泵用 H/i 代入，i 指级数；

　　　n——转速，r/min。

汽蚀比转速，用 C 表示，是在最大直径叶轮和给定转速下，在最佳效率点的流量时计算的，涉及泵的吸入性能的指数；汽蚀比转速是衡量一台泵对内部回流的敏感程度的评估标尺，汽蚀比转速定义公式如下：

$$C = \frac{5.62 n\sqrt{Q}}{NPSH_r^{3/4}} \tag{3.1-7}$$

式中　　　　C——汽蚀比转速，无因次；

Q、n、$NPSH_r$——设计点（或最高效率点）的参数值。

第二节　离心泵的特性曲线

一、特性曲线

离心泵特性曲线表示离心泵各特性参数之间的关系，见图 3.2 - 1。特性曲线由泵性能试验得到，一般使用常温清水进行试验，并换算到泵额定转速下的参数值，绘制成泵特性曲线。因原油与清水性质不同，需对泵的特性参数进行换算。

根据离心泵的特性曲线可以选择满足需要的离心泵。离心泵的流量 - 扬程（$Q - H$）曲线，一般分为平坦形、陡降形和驼峰形三种，见图 3.2 - 2。平坦形 $Q - H$ 曲线特点为在流量发生变化时，扬程（当吸入压力一定时，即为排出压力）的变化较小。陡降形特性曲线适用于介质中含有固体颗粒等工况，当流量变化很小时，扬程（排出压力）升高的较多，可依靠此压力打通堵塞的管路。驼峰形特性曲线为不稳定特性曲线，在相同的扬程下可能出现两种不同的流量值，泵运行不稳定，在生产中最好不选用此类离心泵。

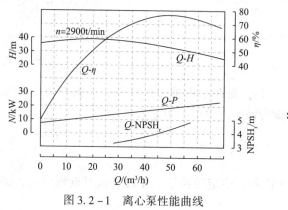

图 3.2 - 1　离心泵性能曲线　　　　　　　　图 3.2 - 2　离心泵 $Q - H$ 曲线

二、比例定律

离心泵流量、扬程和功率与转速的关系见式（3.2 - 1）~式（3.2 - 3）

$$\frac{Q'}{Q} = \frac{n'}{n} \qquad (3.2 - 1)$$

$$\frac{H'}{H} = \left(\frac{n'}{n}\right)^2 \qquad (3.2 - 2)$$

$$\frac{P'}{P} = \left(\frac{n'}{n}\right)^3 \qquad (3.2 - 3)$$

式中　　　　n'——变化后的泵转速值；

Q'、H'、P'——泵转速变化后的流量、扬程与功率。

上述的关系式称作离心泵比例定律。据此绘制的离心泵特性曲线如图3.2-3所示，可查得一台离心泵在不同转速下的各性能参数的关系，以及泵转速的允许变化范围。

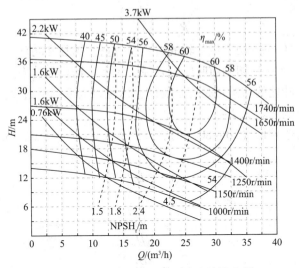

图 3.2-3 离心泵不同转速的特性曲线

三、切割定律

当离心泵叶轮的出口直径 D_2 切削变小时，离心泵的流量、扬程均发生变化，其特性曲线移向原直径叶轮的特性曲线的下方，切削量越大（D_2越小），特性曲线（图3.2-4）下移越远。

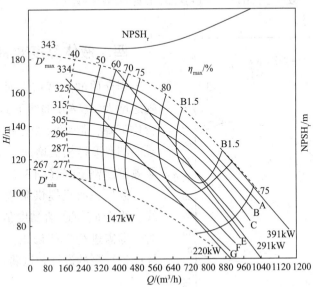

图 3.2-4 离心泵叶轮切割的通用特性曲线

叶轮出口直径的切割量与泵特性值的关系称为离心泵的切割定律，如下式：

$$\frac{Q}{Q'} = \frac{D_2}{D_2{'}} \tag{3.2-4}$$

$$\frac{H}{H'} = \left(\frac{D_2}{D_2{'}}\right)^2 \tag{3.2-5}$$

$$\frac{P}{P'} = \left(\frac{D_2}{D_2{'}}\right)^3 \tag{3.2-6}$$

式中　$D_2{'}$、Q'、H'、P'——切割后叶轮的直径、流量、扬程和功率；

　　　　D_2、Q、H、P——切割前叶轮的直径、流量、扬程和功率。

应用切割定律对叶轮的切割量是有限制的，以免泵效率降低过多。叶轮出口直径允许切割量对泵效率的影响见表3.2-1。

当离心泵的比转速较低（30~80）时，按式（3.2-7）~式（3.2-9）计算可提高计算的准确性。

$$\frac{Q'}{Q} = \frac{D_2{'}}{D_2} \tag{3.2-7}$$

$$\frac{H'}{H} = \left(\frac{D_2{'}}{D_2}\right)^2 \tag{3.2-8}$$

$$\frac{P'}{P} = \left(\frac{D_2{'}}{D_2}\right)^3 \tag{3.2-9}$$

表3.2-1　叶轮出口直径允许切割量对泵效率的影响

比转速	≤60	60~120	120~200	200~300	300~350	350以上
允许切削量/%	20	15	11	9	7	0
效率	每切小10%，效率下降1%		每切小4%，效率下降1%		—	

注：叶轮外圆的切割一般不允许超过本表规定的数值，以免泵的效率下降过多。

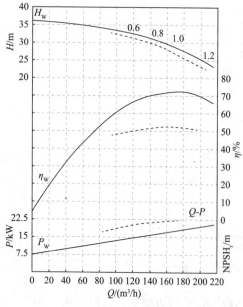

图 3.2-5　液体黏性对特性曲线的影响
图中虚线表示介质黏度增大后的性能曲线

四、液体黏度对特性的影响

当介质的黏度增大时，水力摩擦损失也随之增大，$Q-H$ 曲线下移，即泵的流量和扬程均下降，但泵的关死扬程几乎不变。同时泵的圆盘摩擦损失增加，泵的输入功率增大，泵效率急剧下降（图3.2-5）。

泵厂一般只提供泵输送清水时的性能曲线，当介质的运动黏度值大于 $2 \times 10^{-5}\ \text{m}^2/\text{s}$ 时，即需进行性能修正，换算为输送清水时性能进行泵的设计和试验。

五、工作范围

离心泵特性曲线（$Q-H$ 曲线）上的每一个点都表示泵的一个运行工况，但泵效率最高工况点只有一个点，称作最佳工况点。

离心泵的额定工况点以及输油生产正常操作工况点均应选在泵的最佳工况点附近,离心泵要求泵的正常操作工况点在泵的额定工况点和最佳工况点之间。

当泵的运行工况点远离最佳工况点时,泵的效率将下降,耗能增大,经济性差。一般以泵效率降低 5% ~ 8% 时,泵的对应流量即为该泵最佳工况范围的边界流量。边界流量的最大值 Q_{max} 和最小值 Q_{min} 与最高工况点流量 Q_n 的关系如下:

$$Q_{min} = 0.6Q_n \qquad (3.2-10)$$

$$Q_{max} = 1.2Q_n \qquad (3.2-11)$$

离心泵的叶轮经切割可得到该泵的叶轮族,其直径最大者为出口直径未经切削的原始叶轮,直径最小者为切割量达到允许值的叶轮,与之对应的 $Q-H$ 曲线和各叶轮相似工况点抛物线之间所包围的面积,即图 3.2-6 中 A、B、C、D 四点间的区域,为离心泵的工作范围。如泵的工况点超出工作范围,当流量过小时,离心泵的排量将不连续,同时伴有温度升高、噪声增大、振动值超高等,其极限最小流量一般为 (0.2 ~ 0.4) Q_n (功率大于 100kW、比转速 n 大于 150 时取最大值);当流量过大时,离心泵可能发生汽蚀和过流,极限最大流量一般为 (1.25 ~ 1.35) Q_n。

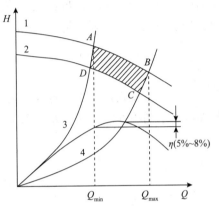

图 3.2-6 离心泵的工作范围
1、2—最大和最小叶轮直径的 $Q-H$ 曲线;
3、4—相似工况点的管路特性曲线

对于离心泵的效率降低,技术人员通常很难察觉,根据离心泵的性能曲线,泵在设计工况点运行是效率最高的,至少不可以偏离最佳效率区间。但对于运行周期较长的泵而言,因为机械磨损、汽蚀、冲刷、腐蚀等诸多原因导致离心泵的机械性能下降,体现在叶轮内部叶片和流道等不在原设计尺寸,叶轮口环密封间隙增大,叶轮轮盘及轮盖分别与泵体间的间隙增大,叶轮和叶轮之间的级间轴套与泵体密封环的间隙增大,密封底套间隙增大,轴承支承变化导致的转子和壳体同心度偏移等。效率的降低除了导致驱动设备的能耗增加外,还导致泵的实际运行的性能曲线降低。也就是流量和压力都远低于设计值,最终体现出来的同样是泵的失效。

例 3-2:某单位的消防泵为立式多级离心泵,日常运行无噪声和振动等异常,按照设备管理制度每周启泵一次,以确保消防系统正常备用,在一次模拟储罐着火的消防演习中,消防泵出水不正常。

原因分析:经全面拆检,内部各间隙为标准值的 2 倍,叶轮和导叶的冲刷腐蚀均非常严重,但因运转小时数达不到大修标准,该泵 5 年内未大修。该泵在每周的运行中,感觉出水量和压力正常,即判断为消防泵正常。但实际上没有在额定工况点进行验证,只是让泵在小流量下运转,故直观看起来压力正常。但在消防演习时,泵的机械性能下降表现出来的效率下降暴露出来,也就是压力达不到设计要求。

解决方案:①将泵及时大修。②每次测试时检查出口阀关死点位置的出口压力表压力指示,与性能曲线中的零流量压力值对比。

第三节　离心泵的运行调节

离心泵的工作原理是把电动机高速旋转的机械能转化为介质的动能和势能，是一个能量传递和转化的过程。根据这一特点可知，离心泵的工况点是建立在泵和管道系统能量供求关系的平衡上的，只要两者之一的情况产生变化，其工况点就会发生变化。工况点的变化由两方面引起：①管道特性曲线发生变化，如阀门节流；②泵本身的特性曲线发生变化，如变频调速、切削叶轮、泵串联或并联。

一、阀门节流

节流调节就是在管线上通过安装阀门、孔板等改变阀门的开度大小来改变管线阻力，从而改变泵扬程性能曲线，如图 3.3－1 所示。

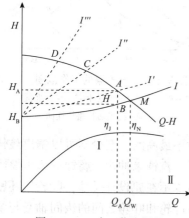

图 3.3－1　出口节流调整

节流调节理论上可在泵的出口管路上，也可以在泵的进口管路上，但实际中常只在出口管路上，因为在进口管路上易使泵发生汽蚀。

泵出口节流调节，其实质是改变出口管路上的阻力损失，从而改变装置扬程性能曲线来改变工作点。如图 3.3－1 所示，当阀门全开时，阻力最小，工作点为 M，当出口阀门关小时，由于阻力增加，装置扬程性能曲线由 I 变成 I'，工作点由 M 移至 A 点，流量由 Q_w 减小到 Q_A。如果继续关小阀门，装置扬程性能曲线变为 I''、I'''……，工作点移至 C、D……，流量将继续减小到 Q_C、Q_D……，达到了调节流量的目的。

节流调节方法简单、易行、可靠，并且可以在泵运行中动态下随时改变，故被广泛地应用在中小型泵中的调节。但很明显，节流调节时很不经济，并且只能在小于设计流量一方调节，当阀门全开时工作点为 M，流量为 Q_M，扬程为 H_M，相应损失的功率为：

$$\Delta P = \frac{Q_A \Delta H \rho g}{1000} \quad (\text{kW}) \tag{3.3－1}$$

二、变速调节

据如下比例定律式有：

$$\frac{Q_P}{Q_m} = \frac{n_P}{n_m} \text{ 或} \frac{Q_1}{Q_2} = \frac{n_1}{n_2} \tag{3.3－2}$$

$$\frac{H_P}{H_m} = \left(\frac{n_P}{n_m}\right)^2 \text{ 或} \frac{H_1}{H_2} = \left(\frac{n_1}{n_2}\right)^2 \tag{3.3－3}$$

$$\frac{P_P}{P_m} = \left(\frac{n_P}{n_m}\right)^3 \text{ 或} \frac{P_1}{P_2} = \left(\frac{n_1}{n_2}\right)^3 \tag{3.3－4}$$

可以看出泵的性能随转速的变化而变化，从而达到调节的目的。变速调节是改变泵性能曲线来改变泵的工作点。如图 3.3 - 2 所示，当转速为 n_1 时，工作点为 1，流量为 Q_1，当转速增加到 n_2 时，工作点为 2，流量为 Q_2，此时，$n_2 > n_1$，$Q_2 > Q_1$。当转速减少到 n_3 时，工作点为 3，流量为 Q_3，此时，$n_3 > n_1$，$Q_3 > Q_1$。

计算时，可通过比例定律式计算出所需要的流量、扬程时的转速是多少。

变速调节的优点是没有附加损失，比较经济，常用于使用直流电动机、汽轮机、内燃机为原动机的泵。

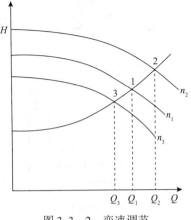

图 3.3 - 2　变速调节

对原动机为异步电动机的变速方法有：对大功率泵加液力偶合器或齿轮变速箱来实现，费用较高；对中小功率泵可用皮带传动来实现。还可以用变频、串级等方法来改变异步电动机的转速，而且是动态的无级变速，所以在中小型泵中被广泛使用。

变速调节一般只用于降速调节，不得随意提高转速，以免造成设备损坏。在降速调节时，泵的效率会有所下降，转速降低一般不得低于 50%，否则会使泵的效率降低太多。

三、切削叶轮

切削叶轮就是将叶轮外径 D_2 进行车削。如图 3.3 - 3 所示，当叶轮外径改变后，与原叶轮在几何形状上并不相似，改变量不大时，可近似地认为叶片切削前后出口角 β_2 不变。叶轮切削后，泵的效率有所下降，尤其是切割量较多时，效率下降较大，并且计算误差也较大。所以泵叶轮切削有一定的限制，常按表 3.2 - 1 进行。

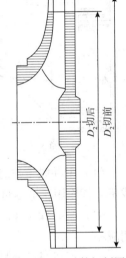

图 3.3 - 3　叶轮切割图

切割后，泵的流量、扬程同时下降，假如需要流量保持不变、只改变泵扬程，则需采用如下切割经验公式：

$$Q' = Q \frac{H}{H'} = \left(\frac{D_2}{D_2'}\right)^{2.5} \qquad (3.3 - 5)$$

用式 (3.3 - 3) 计算结果，泵的运行点会向大流量方向移动。

切割叶轮外径调节简单、可靠、经济，其缺点是叶轮切割后，不能再恢复泵的形状，并且不能在动态下改变。切割叶轮外径调节要注意如下事项。

(1) 切割叶轮外径计算公式比较适合蜗壳式泵，对导叶式的透平泵误差较大，效率下降较多，采用较少。如果一定要采用，则只切割叶轮的叶片，不切割前、后盖板。同时，可用下面经验公式来估算：

$$Q' = Q \qquad (3.3 - 6)$$

$$\frac{H}{H'} = \left(\frac{D_2}{D_2'}\right)^{2.5 \sim 4} \qquad (3.3 - 7)$$

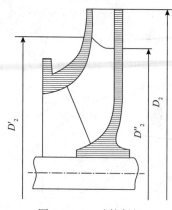

图 3.3 - 4　叶轮斜切

式中 2.5～4 值的选取以 $(D_2 - D_2')/D_2$ 的值大小来选取，小值取小值，大值取大值。$(D_2 - D_2')/D_2$ 值也不宜太大，一般 $(D_2 - D_2')/D_2 < 5\%$ 为宜。

（2）对中高比转速泵切割后，前后盖板流线相对长度相差较大，引起叶轮出口产生涡流，最好采用斜切的方法，如图 3.3 - 4 所示。

（3）叶轮切割后，破坏了原叶轮的静平衡，所以切割后需重新做叶轮平衡试验。

四、泵并联

泵并联是指采用两台或两台以上的泵出口向同一管线输送介质的工艺流程，能够增加流量，图 3.3 - 5 为泵并联的性能曲线。图中曲线 Ⅰ、Ⅱ 为两台同性能泵的性能曲线，并联工作时的性能曲线为 Ⅰ + Ⅱ，Ⅲ 为泵管路特性曲线，M 点即为泵并联工作点，此时流量为 Q_M，扬程为 H_M。

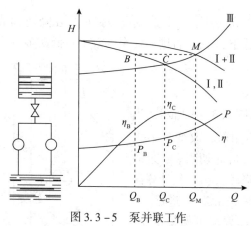

图 3.3 - 5　泵并联工作

并联工作的特点是：总扬程不变，即 $H_M = H_B = H_I = H_{II}$；总流量为两台泵之和，即 $Q_M = Q_I + Q_{II} = 2Q_B$。与单泵运行相比，两台泵并联后的总流量 Q_M 小于单泵运行时流量的 2 倍，大于单泵运行时的流量 Q_C。并联后单泵运行流量 Q_B 小于并联前单泵运行流量 Q_C，并联后单泵运行扬程大于并联前单泵运行扬程，这是因为管道摩擦损失随流量的增加而增大了，需提高泵的扬程来克服增加的损失，故 $H_B > H_C$，流量就相应减少了。

泵并联工作时的注意事项如下：

（1）泵并联工作时最好是泵的扬程相同或相差较小，以避免扬程小的泵发挥作用很小或不发挥作用，应尽量采用两台同性能的泵并联工作；

（2）泵并联工作时，泵的进出口管路基本上要对称相同，以避免管路阻力大的台泵作用减小；

（3）通过泵的流量 $Q_B = Q_m/2$ 来选择，而不以 Q_C 来选择，否则泵并联不能在最高效率点工作；

（4）泵的配用功率要注意，如果单台泵运行用流量为 Q_C 来选择配用功率，以防原动机超功率；

（5）为达到并联后增加较多流量的目的，应选取较为陡直性能曲线的泵；

（6）为达到并联后增加较多流量的目的，装置扬程特性曲线越平坦越好，也就是应增加出口管路直径，减小阻力系数以适应并联后能增大流量的需要。

五、泵串联

泵的串联工作就是将第一台泵的出口与第二台泵的入口相连接，以增加扬程，常用于长距离输送管路。图 3.3 - 6 所示为相同性能泵串联工作的特性曲线，曲线 Ⅰ、Ⅱ 为两台泵的性能曲线；曲线 Ⅰ + Ⅱ 为串联工作时的性能曲线，是将单泵的性能曲线在同一流量下把扬程迭加起来得到的。与装置扬程特性曲线 Ⅲ 相交于 M 点，M 点即为泵串联的工作点，流量为 Q_M，扬程为 H_M。

串联后每台泵的运行工况点为 B 点，在 B 点的流量 $Q_Ⅰ = Q_Ⅱ$，扬程为 $H_Ⅰ$、$H_Ⅱ$。泵串联特点是流量相同，即 $Q_M = Q_Ⅰ = Q_Ⅱ$，总扬程为每台扬程的总和，即 $H_M = H_Ⅰ + H_Ⅱ$。

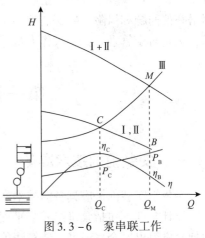

图 3.3 - 6　泵串联工作

泵串联工作后所产生的总扬程小于单泵运行时扬程的 2 倍，大于串联前单泵运行的扬程；泵串联工作后总流量比单泵运行时大。泵串联后，虽然扬程成倍增加，但管路的阻力损失并没有成倍地增加，故富余的扬程促使流量增加。泵串联适用于同时需要提高扬程和流量的场合。

泵串联工作时的注意事项如下：

（1）两台泵的额定点流量最好相同或相差较小，因而最好采用两台相同性能的泵进行串联工作，避免容量较小的泵发生过负荷或不起作用，反成为阻力；

（2）串联工作时，后面的泵承受的压力较高，需考虑泵的强度；

（3）串联工作时，后面的泵进口压力较高，所以选择轴封时，要注意进口压力对轴封的影响；

（4）串联工作启动泵时，应首先将两台泵的出口阀门关闭，先启动前面一台泵，然后打开前面泵的出口阀门，再启动后面的泵，缓缓打开后面泵的出口阀门。

思考题

1. 什么叫汽蚀余量？

2. 什么是水泵的汽蚀现象？产生原因及危害？

3. 有一台泵，它的流量 $Q = 200\text{m}^3/\text{h}$，扬程 $H = 20\text{m}$，轴功率 $P = 13.5\text{kW}$，电机配用功率 $P_{配} = 18.5\text{kW}$，效率 $\eta = 81\%$，叶轮直径 $D_2 = 260\text{mn}$。现需扬程 17.5m，如采用切割叶轮方法来调节，应切割叶轮外径到多少？切割后泵的流量和轴功率如何变化？

4. 比转速和汽蚀比转速公式是怎么定义的？

5. 离心泵的功率损失包含哪些部分？

6. 如何保证离心泵入口流量的稳定？

7. 简述如何根据离心泵的技术特点选用离心泵？

第四章 离心泵的安装与运行

离心泵安装质量的好坏，直接影响后期机泵能否长满优运行，尤其是机组安装涉及隐蔽工程，一旦安装不合格，整改难度大，整改费用高昂；对于机组的试运，是确保发现机组潜在的问题和风险，确保将其问题解决在萌芽阶段。本章介绍的安装和试运行规范要求，无论对于管理人员、操作人员等均十分重要，应该熟练掌握相关的技术要求。

第一节 离心泵的安装

一、安装前的技术准备

泵机组安装前，应具备的技术文件如下：

设计文件，包括泵机组安装平面图、基础图和相关专业施工图齐全；产品技术文件，包括泵机组出厂合格证书、装箱清单、质量证明文件和质量检查记录、泵机组试验报告及使用说明书、泵机组总装配图、主要零部件和易损件图等；泵机组安装前应编制安装技术文件，配齐相关的建筑物结构、工艺管线等图纸。

现场准备方面，基础应施工完成并具备安装条件，机组的进场道路、场地满足机组进场和吊装的要求，当前，机组趋向于大型化，特别需要注意机组的运输和消防道路畅通，必要时需向当地主管部门申请报备运输许可。

二、基础的验收与处理

泵机组的基础有以下三种功能：根据生产工艺的要求，把泵机组牢固地固定在一定的位置上（符合设计的标高和设计的中心线位置）；承受泵机组的全部重量，以及工作时由于作用力所产生的负荷，并将它均匀地传递到土壤中去；吸收和隔离由于动力作用所产生的振动，防止发生共振现象。上述功能必须要求基础有足够的强度、刚度和稳定性；能耐介质的腐蚀；不发生下沉、偏斜和倾覆；能吸收和隔离振动，同时又要节省材料及费用。基础质量差，不仅影响泵机组的正常运行，而且常常使设备的寿命缩短。

对基础外观检查，混凝土基础不得有裂纹、蜂窝、空洞、露筋等缺陷。按照基础设计文件和泵机组产品技术文件，复测基础位置和几何尺寸，基础的尺寸及位置允许偏差应符合表 4.1 - 1 的规定。

表 4.1-1　设备基础主要尺寸和位置允许偏差　　　　　　　mm

序　号	项　目		允许偏差
1	基础坐标位置（纵、横轴线）		10
2	基础各不同平面标高		0，-10
3	基础平面外形尺寸		±20
4	凸台上平面外形尺寸		0，-10
5	凹穴尺寸		0，+20
6	基础上平面的水平度（包括地平上需安装设备部分）	每米	5
		全长	10
7	垂直度	每米	5
		全长	10
8	预埋地脚螺栓	顶端标高	0，+20
		中心位置	±2
		中心距（在根部和顶部两处测量）	±2
9	预埋地脚螺栓孔	中心位置	10
		深度	0，+20
		孔壁垂直度（全深）	10

基础应做如下处理：

铲出麻面，麻点深度宜不小于 10mm，密度以每平方分米内有 3~5 个点为宜，表面不应有油污或疏松层；放置垫铁或支持调整螺钉用的支承板处（至周边约 50mm）的基础表面应铲平；地脚螺栓孔内的碎石、泥土等杂物和积水，必须清除干净。预埋地脚螺栓的螺纹和螺母表面的灌浆料应清理干净，并对螺栓进行妥善保护。

三、垫铁的制作与安装

（一）垫铁制作要求

每一垫铁组的最小面积应能承受设备的分布负荷，其面积可按公式（4.1-1）计算：

$$A = C\frac{W_1 + W_2}{P} \tag{4.1-1}$$

式中　A——垫铁面积，mm^2；

　　　C——安全系数，宜为 1.5~3；

　　　W_1——设备的重量加在该垫铁组上的载荷，N；

　　　W_2——地脚螺栓拧紧后，分布在该垫铁组的压力（可取螺栓的预紧力），N；

　　　P——基础或地坪混凝土的单位面积抗压强度（可取混凝土设计强度），MPa。

A 值计算出后，可按表 4.1-2 选用比 A 值大的垫铁，斜垫铁和平垫铁的材料宜采用普通碳素钢。

表 4.1-2 斜垫铁和平垫铁的规格和尺寸

垫铁类型								垫铁面积/mm²
斜垫铁/mm					斜垫铁/mm			
代号	l	b	c	a	代号	l	b	A
斜 1	100	50	≥5	4	平 1	100	50	5000
斜 2	120	60	≥5	6	平 2	120	60	7200
斜 3	140	70	≥5	8	平 3	140	70	9800
斜 4	160	80	≥5	10	平 4	160	80	12800
斜 5	200	100	≥5	10	平 5	200	100	20000

斜垫铁的斜面应采用机械加工，斜面粗糙度应不大于 12.5μm，斜度宜为 1/20～1/10，对于重心较高或振动较大的设备斜度宜为 1/40。垫铁表面应平整，无氧化皮、飞边等。

典型的斜垫铁、平垫铁如图 4.1-1 所示。

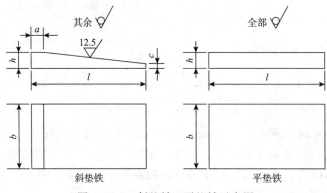

图 4.1-1 斜垫铁、平垫铁示意图

（二）垫铁安装要求

垫铁组顺序自上而下依次应为斜垫铁和平垫铁，每组垫铁不宜超过 3 块，高度宜为 30～70mm。斜垫铁应配对使用，斜面向上，搭接长度不应小于垫铁长度全长的 3/4，其相互间的偏斜角不应大于 3°。大型设备主要负荷的垫铁组宜使用平垫铁。

设备底座上带有调整顶丝的宜用顶丝找平，顶丝下应垫一块顶板使其受力均匀，也可用敲击斜垫铁的方法调整、找平。设备找平后，平垫铁应露出设备底板外缘 10～30mm，斜垫铁应露出 10～50mm，垫铁伸进设备支座底面的长度应超过设备地脚螺栓位置，且应保证设备支座受力平衡。

在设备最终找正、对中，并经检查确认无松动现象后，应采用焊接将各层垫铁彼此焊接牢固，垫铁与设备底座之间不应焊接。垫铁点焊时，不应将焊接的正负极与设备底座或设备相连，正负极线应在焊接处搭接良好后开始施焊。焊接固定后应填写记录。

设备厂家有要求时，垫铁应按其技术文件要求的位置及数量安装。无要求时垫铁组布置应符合下列规定：

（1）在地脚螺栓两侧各放置一组，应尽量使垫铁靠近地脚螺栓。当地脚螺栓间距超过500mm时，其间应增加垫铁组，垫铁组间距应小于500mm且均匀对称布置；

（2）当地脚螺栓间距小于300mm时，可在各地脚螺栓的同一侧放置一组垫铁；

（3）有加强筋的设备底座，垫铁应垫在加强筋下部。若设备底座的底面与垫铁接触宽度不够时，应使底座坐在垫铁组承压面的中部；

（4）垫铁应直接放置在基础上，与基础接触应均匀，其接触面积应不小于50%。平垫铁顶面水平度允许偏差应为2mm/m，各垫铁组顶面的标高应与设备底面实际安装标高相符。

（三）无垫铁安装要求

无垫铁安装可采用设备上已有的安装用顶丝来找平、找正设备；若设备底座上没有安装找平、找正调整顶丝，可采用临时支承法，用千斤顶或临时垫铁进行调整找平，布置的位置和数量应根据泵组的重量、底座的结构确定，并用微膨胀混凝土灌注并随即捣实二次灌浆层。

二次灌浆层达到设计强度的75%以上后方允许松掉设备顶丝，并应取出千斤顶、临时垫铁等临时支承件，同时应复测设备的水平度，检查地脚螺栓的紧固程度，空洞应采用与二次灌浆同样的微膨胀混凝土填实。

砂墩垫铁安装方式应满足下列要求：

（1）安装时，宜在设备基础表面安放垫铁位置放置铁盒，在铁盒内制作水泥砂墩，在砂墩上面安放垫铁，把设备底座安放到垫铁上找平并进行基础灌浆，达到设计强度的75%以上后应取出垫铁；

（2）应采用微膨胀混凝土等灌浆材料浇筑设备基础，宜用水准仪等找平各个垫铁表面，用一组斜垫铁调节设备的水平度；

（3）基础表面与设备底座之间的距离宜为100~150mm。

四、地脚螺栓安装

地脚螺栓在孔中的位置应垂直无倾斜。地脚螺栓任一部分与孔壁的间距不应小于20mm，设备底座边缘至外模距离不应小于80mm。安装地脚螺栓及支承板前应对其进行除油、除锈及除漆处理；外露螺纹部分应涂油脂。拧紧螺母后，螺栓应露出螺母，露出长度宜为3~5个螺距。

五、输油泵组的找正找平

有地脚螺栓预留孔的泵组，就位后应先进行找正、初调平，初调平合格后，及时对地脚螺栓预留孔进行灌浆处理。

基础的尺寸、位置、标高应符合设计要求，泵与基础纵横中心线的允许偏差应为±5mm；泵与基础标高的允许偏差应为±5mm，定位基准面水平度允许偏差为±0.15mm/m。

调平使用的水平仪精度不应低于0.02mm/m。在泵的进出口或泵的中分面测水平度，其允许偏差应符合表4.1-3的规定。

表 4.1 - 3　离心泵水平度允许偏差

方向		允许偏差/（mm/m）
纵向		±0.05
横向	整体安装	±0.10
	分体安装	±0.05

调平测量基准点宜在泵轴端面的加工面上，或泵组厂商指定的位置。

调整泵组水平度时，应均匀调整泵组底部的调平螺栓或垫铁组，应使泵组的重量均匀地分散在全部调平螺栓或垫铁组上。

六、地脚螺栓预留孔灌浆及二次灌浆

地脚螺栓预留孔灌浆应符合下列要求：

（1）在地脚螺栓孔灌浆前应进行联轴器初对中作业及检查，初对中应能达到盘车的条件；

（2）预留孔灌浆前，灌浆处应清洁湿润，灌浆采用细石混凝土时，其混凝土强度应比基础混凝土强度高一级；

（3）混凝土灌浆捣实时，不应使地脚螺栓倾斜或使设备产生位移；

（4）应在灌浆混凝土达到设计强度的 75% 以上后对称拧紧地脚螺栓，各螺栓的拧紧力应均匀。

二次灌浆应符合下列要求：

（1）二次灌浆应在泵组调平结束后（一般不超过 24h）进行；

（2）二次灌浆时除砂墩垫铁安装方式外，灌浆层厚度以 30～70mm 为宜，外模距泵组底座外缘的距离不应小于 80mm；

（3）二次灌浆前，泵组底座调平螺栓的螺纹部分应涂润滑脂，与灌浆材料接触的基础混凝土表面应湿润且无积水；

（4）厂商技术文件对灌浆材料无要求时，可采用无收缩水泥砂浆、微膨胀混凝土、环氧砂浆或专用成品灌浆材料进行灌浆；

（5）二次灌浆时应按规定制作同期试块，并应通过机械性能试验确认二次灌浆质量；

（6）二次灌浆应不间断进行，并全部灌满；浇灌时应不断捣实，使灌浆材料紧密充满泵组底座的空间，不留空洞，严禁使用振动设备对灌浆材料进行振捣；

（7）当环境温度低于 5℃ 时，应采取加热、防冻措施；

（8）灌浆后应及时养护，应在灌浆层强度达到设计强度的 75% 后松开泵组底座的调平螺栓，地脚螺栓应采用力矩扳手按规定的力矩值均匀拧紧。

七、联轴器对中

联轴器对中前应检查联轴器表面，应无毛刺、裂纹等缺陷，轴孔及键槽应光滑。

联轴器对中应以调平的泵为基准设备。联轴器对中后同轴度允许偏差值应符合厂商技术文件或说明书的要求。联轴器对中宜采用激光对中仪法对中方式。采用百分表、千分表或红外对中仪进行检查，表架自身挠度不应大于 0.03mm，对中值应计入表架自身挠度的影响。

两半联轴器端面之间的距离，应符合厂商技术文件规定；若无规定时，应符合表4.1-4的要求。

表 4.1-4　泵找正同轴度允许偏差

联轴器外径/mm	允许偏差	
	径向位移/mm	轴向倾斜/（mm/m）
80～106	≤0.04	≤0.2
130～250	≤0.05	≤0.2
315～475	≤0.08	≤0.2
600	≤0.10	≤0.2

八、管道与泵机组的连接

管道的直径，在设计阶段已经确定，参考行业的实践经验等数据，吸入管路输送介质的流体速度不宜超过 2m/s，排出管路不宜超过 3m/s，理想的实际数据是吸入管路至少比法兰名义内径大一个管径尺寸，在泵的吸入端不宜有管路的锐角拐弯等急剧变化，这样会增加管路摩擦阻力，摩擦阻力会降低泵吸入口处的压力，低压力会导致叶轮入口处的汽蚀。

管道安装前应逐件清除管道组成件内部的砂土、铁屑、熔渣及其他杂物，设计文件有特殊要求的管道应按设计文件要求进行处理。

管道上的开孔应在管段安装前完成。当在已安装的管道上开孔时，管内因切割而产生的异物应清除干净。

与泵机组连接的管道，应从泵机组侧进行安装，并应先安装管支架，管道和阀门等的重量和附加力矩不得作用在泵机组上。

与泵机组连接的管道及其支、吊架安装完毕后，应卸下接管上的法兰螺栓，在自由状态下所有螺栓应能在螺栓孔中顺利通过。当设计文件或产品技术文件未规定时，法兰密封面间的平行度允许偏差、同轴度允许偏差不应超过表4.1-5的规定。配对法兰面在自由状态下的间距，以能顺利插入垫片的最小距离为宜。

表 4.1-5　法兰密封面平行度允许偏差、同轴度允许偏差

机器转速/（r/min）	平行度允许偏差/mm	同轴度允许偏差/mm
≤3000	0.40	全部螺栓顺利穿入

管道与泵机组连接后，应复检泵的原找正精度，当发现管道连接引起偏差时，应调整管道。对于新的泵机组，尽管出厂前已经过对中校准，设备安装完成后也应复检原找正精度。应通过调整电机使其与泵对中，禁止通过调整泵来使二者实现对中。

泵机组试车前，应对管道与泵组的连接法兰进行最终连接检查。检查时在联轴器上架设百分表监视位移，然后松开和拧紧法兰连接螺栓进行观测，设备转速小于或等于6000r/

min 时位移值应小于 0.05mm。

第二节　泵机组试运行

一、基本要求

泵机组安装工作的最后一个工序是试运行，试运行的任务是综合检验设备的运转质量，发现和消除设备由于设计、制造、装配和安装等原因存在的缺陷，使设备达到设计的技术性能。设备的试运行工作对它的顺利投产和以后的运转质量有决定性的影响，所以都非常重视试运行工作。

在试运行中，设备由于设计、制造、装配和安装等各方面的原因而存在的缺陷都将暴露出来，而出现问题往往是比较复杂的，需要仔细进行分析，才能做出正确判断和提出处理措施。因此，试运行前应做好充分的准备工作，泵机组投产试运前应将技术资料移交使用单位。试运期间，制造商、施工方、管理方应参与管线投产保运。

泵机组试运时，应由安装单位制定单机试运方案，生产单位制定联合试运方案，所有方案应呈报主管部门批准或备案。参加试运行的人员，必须提前熟悉有关技术资料和试运方案的各项规定和要求，单机试运由安装单位负责，生产单位参加，联合试运由生产单位负责，安装单位参加。

试运行按照先单机后联合，先电机后机组，先附属系统后主机，先局部后整体，先低速后高速，先短时后长时等原则执行，上一步未合格前，不得进行下一步的操作。

试运行前应具备以下条件：
(1) 泵机组及附属设备、管道等安装工程全部完毕，验收合格，资料齐全；
(2) 与试运行有关的工艺管道及设备试压、吹扫、清洗完成；
(3) 附属装置和电气、仪表施工完毕，检查验收合格；
(4) 润滑油等系统正常，零部件齐全好用；
(5) 混凝土强度达到100%，与试运行无关的设备和仪表隔离。

二、电机单机试运

电机首次试运行或大修理后应进行耐压等相关电气试验，电机首次试运应无负荷。

瞬间点动电机，检查电机旋转方向是否正确。旋转方向错误会导致液体产生反向冲击力，可能导致螺栓紧固连接的松动、引起转子部件的损坏；反转后泵内阻力损失大，可能引起泵体温度的异常上升；反转时轴瓦承压面润滑状况恶化，可能导致轴瓦烧毁。如果发现旋转方向错误，应立即停止运行，立即对电机轴承等部件进行检查。

启动电机，连续运转2h，检查轴承温升，温度应符合产品技术文件规定和设计文件的要求。

三、泵机组试运

泵机组试运应在试运条件确认并记录后进行，试运期间应填写试运记录。

离心泵应先开启入口阀，关闭出口阀后启动，待泵出口压力稳定后，缓慢打开出口阀，调节流量和出口压力。泵干运转或关闭出口阀长时间运转可能导致旋转部件温度急剧升高，可能导致旋转部件立即损坏（如机械密封）。

泵机组试运时，泵流量不得小于最小连续流量，泵机组在不超过额定电流的条件下连续运行72h。

当环境温度低于5℃，泵机组试运合格后，应及时（投伴热）排空泵腔和管道系统内液体，防止设备冻坏。

交流电动机带负荷连续启动次数，如制造厂无规定应符合下列规定：

(1) 在冷态下可连续启动两次，每次间隔时间不得少于5min；

(2) 在热态下只能连续启动一次。

试运合格基本条件：

(1) 泵机组的运行参数符合设计文件要求；

(2) 检查轴承温度，轴承温度符合设备保护定值要求；

(3) 检查泵机组的振动，泵机组试运行时振动不得超过设备说明书的要求；

(4) 运转平稳，无杂音，润滑油系统工作正常，泵及附属管路无泄漏；

(5) 密封介质泄漏应符合设备保护定值要求，泄漏量不宜大于30mL/h。

泵机组从启动至正常运行期间，其轴承温度一般在运行1.5~2h后达到最高温度，在此之前轴承温度一般是呈渐进上升趋势，之后温度一般随时间推移保持不变或略有下降。在此期间应密切关注轴承温度是否异常，必要时停机检查。

四、联合试运与验收

单机试运合格后，应由建设单位编制联合试运方案，经施工、设计、监理单位确认后，可进行联合试运，泵机组联合试运方案内容至少应包括：泵机组基本概况、投产准备条件、投产实施程序及投产期间事故预案。

联合试运期间应做好相关记录。

管道投产时遇到不宜或不能进行单机试运的泵机组，安装单位和生产单位应协商制定合理的试运方式，在征得生产单位同意的情况下，单机试运和联合试运的考核可同时进行。

联合试运时间72h，试运合格后可办理验收移交手续。

思考题

1. 泵机组的基础二次灌浆有哪些技术要求？

2. 泵机组试运前应具备哪些基本技术条件？

3. 输油泵机组找平找正的控制参数是多少？

4. 输油泵基础采用垫铁安装时有哪些技术要求？

5. 简述地脚螺栓的安装技术要求。

6. 电机旋转方向错误会带来哪些危害？

7. 交流电动机的连续启动次数是如何规定的？

8. 泵机组试运时应当注意哪些事项？试运合格的基本评价指标有哪些？

第五章 离心式泵机组的操作与维护

规范操作可防止出现设备损毁或人身伤害事故，规范维保可确保机组保持良好的性能。离心泵机组的操作和维护要点，对于设备操作人员和维修管理人员来说十分重要，可以有效避免或预防"被设备伤害"或"伤害设备"事件的发生。

第一节 启泵前的准备

为了确保泵机组的安全运行，防止发生设备损毁及人身伤害事故，泵机组的操作必须由具备操作资质的人员执行，熟知安全注意事项，并且严格执行操作规程的有关要求。启泵前应准备好以下的工作。

（1）泵机组及周围无杂物、无油污。

（2）各部分螺栓、连接件、联轴器保护罩应完好紧固。

（3）泵机组及进出口管线的测温仪表、测压仪表和测振仪表显示正常，连接可靠。

（4）检查机械密封是否处于良好的状态，机械密封泄漏检测系统状态正常，冲洗管路畅通，泵腔、管路内气体彻底排净；泵腔、管路内气体未完全排净，有可能导致泵发生汽蚀或爆炸的危险，因此也不允许在泵未灌满的情况下检查旋转方向。

（5）对于需要加热运行的泵机组，应检查泵的保温伴热系统是否正常，通常情况下应在启泵前 4h 投用伴热保温系统。

（6）污油管线及污油罐伴热系统完好，污油管线畅通，污油罐液位宜保持低液位。

（7）泵机组润滑油（脂）外观颜色正常，无颗粒杂物，无凝结及浑浊现象；输油泵轴承箱内润滑油质与液位符合要求，目测润滑油油箱视窗和恒位油杯，油箱液位在视窗 1/2~2/3，恒位油杯液位保持在 2/3 以上；应注意在润滑油未检查合格之前，不得进行盘车检查。

（8）进出口阀门（手动/电动）指示正常，通信状态正常。

（9）电机防潮加热系统完好投用。

（10）缓慢匀速开启泵进口阀门进行灌泵，灌泵结束后确认排污阀、排气阀开关到位，各密封点及管线无任何渗漏。

（11）盘车检查，转子转动灵活，轻重一致，无异响及卡阻现象；对于离心泵，在启动前盘车的目的是为了检查泵内有无不正常的现象，例如转动零件卡住、杂物堵塞、零件锈蚀、泵内介质凝固、填料过紧或过松、轴封漏损、轴承缺油、轴弯曲变形等问题；同时又可使润滑部位进油。盘车检查时，凭感觉试其转动的轻重是否均匀，有无异常声音；要求做到转动灵活，发现问题及时解决。对于高温泵，盘车的目的还在于使泵的上、下、左、右预热和冷却均匀，还能检查出泵轴是否发生弯曲变形。

（12）确认泵入口压力满足启泵要求。

（13）检查确认工艺流程已准确导通。

（14）检查确认电气供配电系统正常。

第二节　启泵操作

根据每个输油站泵机组电气仪表等配置的不同，各站的泵机组可分别具备就地启动、站控（单泵/逻辑）启动、中控启动等操作条件，随着自动化技术的不断提高和完善，泵机组通常具备了远控操作的技术条件；对于实际操作而言，各种操作方式操作上有不同的差异，操作人员应当熟练掌握。

一、现场启泵操作步骤

（1）将泵机组操作柱和出口阀电动执行机构"就地/远控"转换开关切换到"就地"。

（2）按下"启动"按钮启动泵机组（泵机组启动后，观察启动电流，启动电流回落后，开关型出口阀开至全开位置，调节型出口阀调节到需要的工况；离心泵启泵时不能立即开阀或停泵，因为启泵时，电动机转速较低，产生的电流相当大，电流表指针瞬间打到头，通常超出额定电流值的5～7倍，因此必须等到电流返回时才能正常开阀或停泵。如果不等电流表指针返回就开阀或停泵，会使本来很大的电流再度增加，导致电动机过流而烧坏保护装置，甚至烧坏电动机）。

（3）泵机组运行正常后，应将泵机组操作柱和进出口阀电动执行机构的"就地/远控"转换开关转换到"远控"。

二、站控单泵启泵操作步骤

（1）将泵机组操作柱和出口阀电动执行机构的"就地/远控"转换开关切换到"远控"。

（2）调度将站控机上的控制条件改为站场控制。

（3）根据调度控制要求，在站控机上启动相应的泵机组及阀门。

（4）在站控机上确认泵机组及阀门运行状态。

（4）泵机组运行正常后，应将泵机组操作柱和进出口阀电动执行机构的"就地/远控"转换开关保持在"远控"状态。

三、站控逻辑启泵操作步骤

（1）将泵机组操作柱和进出口阀电动执行机构的"就地/远控"转换开关切换到"远控"。

（2）调度将站控机上的控制条件改为站场控制。

（3）根据调度控制要求执行逻辑启泵程序。

（4）在站控机上确认泵机组及阀门运行状态。

四、中控启泵操作步骤

（1）将现场操作柱上的旋钮打到"远控"位置。

（2）中控调度将站控机上的控制条件改为中心控制，由中控调度进行启泵。

第三节　运行中的检查

巡检人员应按照岗位职责及相关管理规定进行检查，泵机组在运行过程中，应认真观察和巡护，除了采用必要的仪器仪表诊断之外，采用听、看、摸的方法仍旧十分有效。

听：注意听泵机组运转声音是否正常，是否有声音的突然变化，是否有啸叫声，是否有金属撞击异响等。

看：观察温度计、压力表、电流表是否正常指示，观察各密封点是否存在（超标的）渗漏，观察各连接部位、接地连接、螺栓螺母等是否有松动或断开现象。

摸：触摸检查轴承箱体、泵体、电机表面温度是否异常，触摸进出口管线是否有异常的振动。

与机泵有关的工艺参数都应该被视为是为了表示机泵的整体运行状况的重要依据，包括输送介质、黏度、组分，各进出站管道及设备本体的压力、温度、流量，机组的密封系统、润滑系统、冷却系统等。从规范巡检的要求而言，为了确保机组的安全，应当至少确保以下的内容被检查到：

（1）检查泵机组运转声音是否正常；

（2）检查泵的进出口压力波动是否正常，进口压力应在允许的范围内；

（3）检查泵机组的振动，振动报警时应到现场检查处置，故障无法在线排除时应停机；

（4）检查机械密封的泄漏情况，泄漏量不宜大于 30mL/h（指原油泄漏量，30mL/h 约合 5 滴/min；现场目测检查以泄漏原油不成线、不甩油视为合格）；

（5）检查泵体温度、机组轴承温度、机械密封温度、电机定子温度仪表监测显示值，温度报警时应到现场检查处置，故障无法在线排除时应停机；

（6）检查泵机组的润滑油位和油质；若油位有异常减少，应检查是否有泄漏；

（7）检查电机电压、电流是否在额定值范围内；

（8）检查泵进出口压力、泵汇管压力是否在工艺要求范围内；

（9）检查泵进口过滤器两侧的压力表，通常压降大于 0.04MPa 时，应检查过滤器的堵塞情况，必要时进行拆卸清洗；

（10）检查污油罐液位，液位宜保持在低罐位，检查保温伴热系统处于完好投用状态；

（11）泵机组的运行保护定值符合相关规定和要求。

第四节 正常停泵操作

停泵之前，必须先（部分）关闭泵的出口阀门然后再停泵，在泵机组出口阀门全开的状态下直接停泵，容易导致管线内液体介质断流而产生水击；如果泵出口没有安装单向阀，不关出口阀停泵还可能引起液体介质倒流损毁整个系统；遵循以下的停泵操作有实际指导意义。

一、就地停泵操作步骤

（1）接到调度停机通知后，做好停机准备工作；

（2）将泵机组操作柱和出口阀电动执行机构的"就地/远控"转换开关切换到"就地"；

（3）关闭泵出口阀，当阀门开度至10%时（出口阀为球阀；如出口阀是平板阀，全关出口阀），按停机按钮，停运泵机组，关闭出口阀门；

（4）将泵机组操作柱和出口阀电动执行机构的"就地/远控"转换开关切换到"远控"。

二、站控单泵停泵操作步骤

（1）确认泵机组处于站控状态；

（2）根据调度控制要求停运泵机组，关闭相应的阀门；

（3）在站控机和机泵监视器上确认泵机组为停机状态；

（4）监视泵机组停运过程正常，停运后确认泵机组状态正常。

三、站控逻辑停泵操作步骤

（1）确认泵机组处于站控状态；

（2）根据调度控制要求执行逻辑停泵程序；

（3）在站控机和机泵监视器上确认泵机组为停机状态；

（4）监视泵机组停运过程正常，停运后确认泵机组状态正常。

四、中控停泵操作步骤

（1）将现场开关柱上的旋钮打到"远控"位置；

（2）中控调度将站控机上的控制条件改为中控，由中控调度机进行停泵。

第五节 紧急停泵操作

突然停泵对于水力系统和机组本身可能带来较大的冲击，在非紧急情况下泵机组应遵循调度的指挥。为避免造成更大的损失，通常泵机组出现下述情况时应紧急停泵：

（1）因泵机组原因出现人身伤亡（伤害）事件时；

（2）管线爆裂或撕裂；

（3）泵密封失效，原油大量泄漏；

（4）泵机组发生火灾（水灾），或泵机组周围发生直接影响泵机组安全的火灾（水灾）；

（5）泵机组轴承、密封有冒烟现象；

（6）其他意外情况威胁需要紧急停机时。

需要紧急停泵时，允许先按停泵按钮，后关闭泵进口/出口阀门；紧急停机后应立即向调度控制中心汇报，并做好停机事件记录，以便于追溯事故原因；在实际生产运行过程中，技术人员应充分认识紧急停泵操作的利害关系，对于紧急停泵单一事件而言，有可能造成管线水力系统的压力波动甚至造成系统的水击，这种工况在正常生产中是要严格避免发生的，然而，我们强调的"紧急停泵"，意味着现场已经发生或不紧急停止就会立即发生不可接受的事件，这需要技术人员具备较高的专业素质和应对能力，需要企业加强技术人员的专业培训。

第六节　维护保养

长输管道系统能否保持安全、稳定、长满优运行，与机泵状况好坏直接相关，对机泵进行全面规范的维护保养，可以确保设备始终保持良好的性能，能够及时地发现运行过程中出现的不正常因素及潜在的隐患和缺陷，及时采取必要的措施加强维护或修理，防止造成事故。除了加强日常维护保养，定期维护保养也不可或缺；应保证机组的检修频次和检修内容的执行，防止机组过修或失修的情况。

推荐的在用泵机组的维护保养周期按累计运行时数分为 4000h 和 12000h 保养。备用泵机组停用超过 12 个月推荐按 4000h 维护保养内容进行。

一、日常维护保养内容

（1）泵机组及其零部件应齐全、完整、清洁、无锈蚀，各连接处应紧固；

（2）各部密封完好，处理渗漏部位；

（3）监控、保温、伴热、污油系统等设施齐全、完好；

（4）检查或更换润滑油（脂）；

（5）检查并清除紧密间隙、轴承座、电机本体及周围区域附着的粉尘等污物，如果泵在不清洁环境或周围有粉尘（如铁矿石粉尘、抛光厂粉尘）工况下运行，日常检查应特别重视并严格执行。

二、4000h 维护保养内容

（1）紧固泵机组及联合底座地脚螺栓；

（2）打开并清洗轴承箱，检查轴承的完好情况，更换或修复损坏的部件，更换润滑油；

（3）调整润滑油位至甩油环正常甩油的范围，清洁加油杯及润滑油看油窗；

（4）检查机械密封冲洗管路通畅状况，清洗节流孔板；

（5）检查机械密封定位尺寸是否符合规定，并紧固定位螺丝、压盖螺栓；

（6）检查联轴器各部件，更换损坏的部件；

（7）测量泵与电机联轴器盘法兰凹面间距，其应符合安装操作手册要求；

（8）调整机组同轴度。

三、12000h 维护保养内容

（1）完成 4000h 维护保养的全部内容；

（2）更换电机润滑油（脂），清洗轴承箱；

（3）疏通电机冷却风道；

（4）检查或更换联轴器的全部弹性元件；

（5）检查或更换机械密封动静环、弹簧及柔性密封件。

四、停用泵机组的维保

当泵机组停用后，进行适当的必要保护是设备管理必须要做的一项专业工作，对停用机组进行规范的保护，以确保机组再次投用时保持良好的性能，脱保也往往会造成更高昂的修理费用成本。长输管道常用的离心泵，因其结构简单可靠，保护工作相对较为容易，一般情况下除了驱动机，只需把泵作为一个整体设备进行保护，即使泵需要停用较长的时间，通常也不需要把其部件进行解体。在停用期间，设备润滑和机组的盘车工作仍然是需要的，可以有效防止关键部件性能降低或损毁。

常用离心泵停用后的一般保护方法和步骤如下：

（1）确保泵壳体、轴承箱等腔体内部清洁，采用合适的溶剂（清洗剂）等清洗腔体，泵腔内部使用润滑剂（脂）进行填充，需要防锈的表面应涂抹合适的防锈剂；

（2）如需现场存放，确保关闭进出口阀门并采用盲板与工艺管网隔离，如需移至库房存放，拆卸所有辅助系统并规范保存，用盲板将泵及出口法兰端封闭；

（3）如转子系统需要从泵壳内移除，应清洁干净并做防锈处理，推荐做法是把转子总成竖直吊装在可靠的支承架上；

（4）机械密封应拆除，清洗相关的密封腔，并使用合适的润滑剂进行保养填充，密封应再次压紧以避免泄漏；

（5）联轴节应拆开，涂抹适当的润滑脂和防锈剂，包装存放；

（6）停运期间整机保护的，应定期人工盘车，确保油膜得以保持，转子总成方位也保持在适当的位置。

第七节 离心泵的完好标准与报废条件

离心泵是原油管输企业的核心设备，设备管理、操作、检修人员必须了解和掌握离心泵的完好标准、操作使用、维护管理、故障分析等方面的知识，才能保证设备的正常、安全运行。

离心泵的完好，应从运转性能、附件辅机、外观和技术资料等几个方面进行全面的评价。

一、运转性能

（1）压力、流量平稳，经常在高效区域运行，流量不低于额定值的 50%。

（2）润滑、冷却系统畅通，不堵不漏。油环、轴承箱、液位管等齐全好用，润滑油（脂）选用符合规定；密封装置良好，运转时，填料密封泄漏量不超过 20 滴/min，运转正常时机械密封不超过 5 滴/min，停止工作时，不泄漏。

（3）轴承润滑良好，无特殊规定时滚动轴承温度不超过 70℃，滑动轴承温度不超过 65℃。

（4）盘车无轻重不匀感觉，运转平稳，无杂音，无异常振动。

（5）机件磨损不超限，转子窜动和各部配合符合规定要求。

（6）泵机组安装水平，同心度良好；联轴器端面间隙，应比轴的最大窜动量大 2～3mm，径向位移不大于 0.2mm；端面倾斜不大于 1%；胶圈外径和孔径差不大于 2mm；磨损不超过极限值。

（7）泵体完整、无裂纹、无渗漏。

二、辅机附件

（1）压力表、真空表等仪表齐全，指示准确，定期校验；压力表量程为额定量程的 2 倍，精度不低于 1.5 级。

（2）止回阀安装方向正确，无卡阻现象。

（3）过滤器、出入口阀门和润滑、冷却管等附件齐全好用，安装位置适宜，不堵不漏。吸入管径不小于泵的吸入口。

（4）泵座、基础牢固；各部螺栓、螺母、背帽、垫圈、开口销、放气阀等齐整、紧固、满扣；机座水平偏差不超过 2mm/m。

三、外观与技术资料

（1）泵体油漆完好、无脱落，轮（轴）无锈蚀，铭牌完好、清晰。

（2）泵体连接处无渗漏，地面无油迹。

（3）油泵编号统一，字体正规，色标清楚。

（4）有产品出厂合格证。

(5) 有易损件备品，或有易损件图纸。

(6) 有运行、检修、缺陷记录，内容完整，记录整齐。

四、离心泵的报废条件

凡符合下列条件之一的，可申请报废：

(1) 国家明令淘汰的机泵；

(2) 使用年限达到设计年限，继续使用不能满足安全、环保、节能和可靠性要求的；

(3) 因输油工艺改变，设备不再具有使用价值的；

(4) 因输油工艺改变闲置且折旧超过50%，已明确3年内没有调剂用途的；

(5) 因事故、自然灾害，设备遭受严重损坏无修复价值的；

(6) 设备结构陈旧、主要部件或结构损坏、通过改造或修理技术性能仍不能满足要求的；

(7) 技术性能虽满足要求，但更新更经济合理的。

第八节　故障分析与判断

机泵设备在运行中的故障往往是综合性的，掌握故障的规律，具备故障发现能力或初期处置能力，对于技术人员来讲尤为重要，可以有效地把异常事件处置在萌芽阶段。随着监测技术的发展，绝大多数故障都能通过状态监测与诊断来发现；机泵等旋转设备的多数机械故障都会在轴、机座上以不同的振动形式直接或间接地反应出来，只要采取有效的方法检测出振动的幅值、频率、相位角等指标数值，对这些数据进行科学的分析和评价，即可较为准确地发现故障及其严重程度。通过对振动信号频率分布的分析，有助于对故障的原因及性质进行分析和诊断，振动原因与频率分布具有典型的关联性。

一、离心泵常见故障

离心泵及关键配件的常见故障、原因和处理办法见表5.8-1~表5.8-6。

表5.8-1　离心泵常见故障、原因及处理办法

序　号	故障现象	产生原因	处理方法
1	启机后压力过低	1. 旋转方向错误 2. 电机工作转速低 3. 进口压力过低 4. 进口漏气 5. 泵内有气体，吸入管路未充满油	1. 调整旋转方向 2. 提高转速 3. 提高进口压力 4. 处理漏气部位 5. 充分灌泵
2	离心泵抽空	1. 进口压力过低 2. 入口阀门故障关死 3. 过滤器堵塞 4. 油温过低 5. 泵内有气体，吸入管路未充满介质	1. 提高进口压力 2. 排除入口阀门故障，全开入口阀门 3. 清洗过滤器 4. 提高油温 5. 充分灌泵

续表

序　号	故障现象	产生原因	处理方法
3	运行中流量降低	1. 吸入压力过低 2. 吸入管路漏气 3. 泵内部零件磨损 4. 叶轮堵塞或磨损 5. 转速降低	1. 提高进口压力 2. 处理漏气部位 3. 更换零件 4. 清洗叶轮流道或更换叶轮 5. 检查供电频率或测量电机转速
4	电机过载运行	1. 电压过低 2. 泵内部零件磨损 3. 机组未找正或轴弯曲 4. 轴承损坏 5. 供电电压不符或电机两相运转	1. 提高电压 2. 更换零件 3. 重新找正或换轴 4. 更换轴承 5. 调整电压或检查线路
5	泵体温度过高	1. 泵或管线未被完全排空 2. 产生汽蚀 3. 机组未找正 4. 转子动平衡不好	1. 充分排空 2. 提高泵入口压力, 检查泵前过滤器是否堵塞 3. 重新找正 4. 重新做动平衡
6	机械密封泄漏量超标	1. 机械密封损坏 2. 机械密封轴套磨损 3. 油质脏, 有沙粒, 密封面不清洁 4. 泵机组振动大	1. 更换机械密封 2. 更换机械密封轴套 3. 清洗机械密封 4. 调整泵机组同心度
7	离心泵机组振动超标	1. 泵或管线未被完全排空 2. 转子动平衡超标 3. 泵入口管线或叶轮堵塞 4. 泵机组轴承损坏 5. 机泵同心度超标 6. 泵进出口管线固定不牢 7. 设备基础螺丝松动	1. 充分排空 2. 重新做动平衡 3. 清理堵塞管线和叶轮 4. 更换泵机组轴承 5. 机泵重新找正 6. 加固泵进出口管线 7. 紧固设备基础螺丝
8	轴承过热	1. 泵内部磨损 2. 泵未完全找正 3. 泵承受应力 4. 轴向推力过大 5. 联轴器短节间隙未调整 6. 叶轮未平衡或转子未完全平衡 7. 轴承磨损 8. 未达到最小流量 9. 轴弯曲 10. 润滑系统故障	1. 更换磨损部件 2. 重新找正 3. 重新找正 4. 清洗叶轮平衡孔, 更换密封环, 调整轴向窜量 5. 重新调整, 见装配图中的间隙值 6. 清洗叶轮; 重新平衡叶轮/转子 7. 更换轴承 8. 将流量提高到最小流量 9. 修正或更换轴 10. 清洗润滑系统, 检查润滑油和油位

表 5.8 - 2 离心泵常见机械故障、原因及处理办法

序　号	故障现象	产生原因	处理方法
1	摩擦噪声	回转部件摩擦	查明原因，重新对中
2	过高的温度	1. 供风堵塞、过滤器脏、转向错误 2. 冷却能力不足	1. 检查风道、清洁过滤器、更换风扇 2. 清洁冷却器和风道
3	径向振动	1. 转子不平衡 2. 转子不正，轴变形 3. 泵机组找正不良 4. 泵不平衡 5. 传动装置干扰 6. 基础共振 7. 基础改变	1. 拆出转子并重新平衡 2. 回厂处理 3. 重新找正，检查联轴器 4. 重新平衡泵 5. 检查传动装置 6. 回厂检修，加强基础 7. 弄清改变的原因并消除，重新进行电机对中
4	轴向振动	1. 泵机组对中粗糙 2. 传动装置干扰 3. 基础共振 4. 基础改变	1. 重新对中，检查联轴器 2. 检查传动装置 3. 回厂检修，加强基础 4. 弄清改变的原因并消除，重新进行电机对中

表 5.8 - 3 滚动轴承常见故障、原因及处理办法

序　号	故障现象	产生原因	处理方法
1	轴承过热	1. 轴承内润滑脂过多 2. 接触式密封压紧在轴上 3. 联轴器变形 4. 轴承污染 5. 环境温度超过40℃ 6. 润滑不适当 7. 轴承倾斜 8. 轴承游隙过小 9. 轴承被腐蚀	1. 清理过多的润滑脂 2. 将环安装在槽内或进行更换 3. 重新找正 4. 清洁或更换轴承，检查密封 5. 使用指定的高温润滑脂 6. 按手册进行润滑 7. 检查安装状况，以较松的配合安装外圈 8. 以适当的间隙装配 9. 更换轴承，检查密封
2	轴承发出啸叫声	1. 润滑不适当 2. 轴承倾斜 3. 轴承游隙过小 4. 轴承被腐蚀	1. 按手册进行润滑 2. 检查安装状况，以较松的配合安装外圈 3. 以适当的间隙装配 4. 更换轴承，检查密封
3	轴承运转不规律，有冲击	1. 划伤 2. 过大的轴承间隙 3. 在轨道上有划痕	1. 更换轴承，停机时应避免电机受到振动 2. 以较小的间隙装配轴承 3. 更换轴承

表5.8-4 滑动轴承常见故障、原因及处理办法

序 号	故障现象	产生原因	处理方法
1	轴承过热	1. 油位过低 2. 润滑油时间过长或脏 3. 油环没有均匀转动 4. 轴向止推和径向负荷过大 5. 油的黏度过高	1. 加油 2. 清洁轴承箱并换油 3. 更换油环 4. 校核并重新调整联轴器 5. 检验黏度，如果有必要，换油
2	轴承箱泄漏	1. 轴封损坏 2. 轴封排油孔堵塞 3. 油太多 4. 轴封间隙过大 5. 平衡孔堵塞	1. 更换密封 2. 清洁排空孔和槽 3. 调整油量 4. 更换轴封 5. 清洁平衡孔
3	润滑油很快变色	1. 油位过低 2. 油环没有均匀转动 3. 轴向止推和径向负荷过大 4. 油的黏度过低 5. 轴承表面损坏	1. 加油 2. 更换油环 3. 校核并重新调整联轴器 4. 检验黏度，如果有必要，换油 5. 更换轴承
4	轴承温度出现大幅波动	1. 润滑油时间过长或脏 2. 油的黏度过低（质量有问题或牌号不符） 3. 轴承表面损坏	1. 清洁轴承箱并换油 2. 校核黏度，如果有必要，换油 3. 更换轴承

表5.8-5 常见的振动原因与频率分布的关系 %

序 号	振动原因	主要频率成分分布						
		0~40%	40%~50%	50%~100%	1倍频	2倍频	高倍频	其他倍频
1	制作时的不平衡	—	—	—	90	5	5	—
2	底座的扭变	—	20		50	20	—	10
3	密封部分摩擦	10	10	10	20	10	10	30
4	管道引起的力				40	50	10	—
5	轴径与轴的偏心				80	20	—	—
6	止推轴承损伤		90		—		—	10
7	轴瓦		90		—		—	10
8	联轴器精度不够或损伤	10	20	10	20	30	10	—
9	阀门振动	—	—	—	—	—	—	100（很高的频率）

表 5.8 − 6　常见的振动原因与振动分布方向、分布位置的关系　　　%

序　号	振动原因	主要频率成分分布								
		垂直	水平	轴向	轴	轴承	壳体	底座	管道	联轴节
1	制作时的不平衡	40	50	10	90	10	—	—	—	—
2	底座的扭变	40	50	10	40	30	10	10	10	—
3	密封部分摩擦	30	40	30	80	10	10	—	—	—
4	管道引起的力	20	30	50	80	10	10	—	—	—
5	轴径与轴的偏心	40	50	10	90	10	—	—	—	—
6	止推轴承损伤	20	30	50	60	20	20	—	—	—
7	轴瓦	40	50	10	80	10	10	—	—	—
8	联轴器精度不够或损伤	30	40	30	70	20	—	—	—	10
9	阀门振动	30	40	30	—	—	40	40	20	—

二、注意事项

以下注意事项对于确保操作人员的人身健康安全和泵机组的运行安全是十分重要的，每一位操作人员和管理人员均应当熟知。

（1）禁止在泵机组运行时进行清洁工作。

（2）泵机组输送有毒介质时（如高含硫化氢原油），应按照 HSSE 的相关要求做好防护措施。启停泵过程中必须有操作人员进行现场监护并对最终状态进行确认。

（3）禁止将泵出口的开关型阀门作为流量调节阀门使用，否则可能导致阀门密封性能失效。

（4）正常运行泵，每月宜倒泵一次，防止过度对某一泵机组进行运行使用。

（5）对于停运 30d 以上的机组，重新启动前必须将润滑油直接供给到轴承的润滑表面。

（6）电机停运后应投用电机防潮加热系统。

（7）在关闭出口阀的情况下，泵机组不能长时间地连续运行，通常不应超过 1 ~ 3min，否则将会导致泵体温度超高、密封失效、汽蚀等状况。

思考题

1. 启泵前应完成哪些准备工作？

2. 哪些情形通常应紧急停泵？

3. 泵机组运行时应检查哪些内容？

4. 离心泵启动时能否立即开阀或停泵？

5. 离心泵启泵前为什么要盘车？在盘车时要注意哪些问题？

6. 泵机组的维护分为几级？各级的主要保养内容有哪些？

7. 离心泵完好的主要指标有哪些？

8. 泵机组振动超标的原因有哪些方面？怎么处置？

9. 泵机组泄漏超标的原因有哪些方面？怎么处置？

10. 离心泵抽空的原因有哪些方面？怎么处置？

11. 滚动轴承过热的原因有哪些方面？怎么处置？

12. 滑动轴承过热的原因有哪些方面？怎么处置？

第六章　高压电机

高压电动机是输油生产的重要动力源。油气储运企业使用的高压电机主要是 6kV 和 10kV 的三相异步电动机，进口品牌电机主要是西门子（SIEMENS）电机和啸驰（SCHORCH）电机，国产电机主要是南阳电机、佳木斯电机和上海电机。相较于其他类型电机，异步电机具有结构简单、运行可靠、价格便宜、坚固耐用、维修方便等一系列优点，但也存在功率因数低、调速性能差等缺点。

第一节　电机的运行与操作

一、启动前的检查

（1）检查电动机上或其附近有无影响电动机运行的堆积杂物，电动机电气一、二次回路有无工作，电动机所带机械设备有无工作，电动机周围应整洁干净。

（2）检查电动机所带的输（给）油泵是否良好，是否具备启动运行条件。

（3）检查电动机润滑系统是否良好，润滑油有无渗漏现象。

（4）检查散热系统是否良好，电动机的导风风道以及风扇是否完好，有无杂物堵塞通风的现象。

（5）检查母线电压是否符合要求，电动机电气一、二次回路设备是否完好，是否已具备投运条件。

（6）手动盘车，检查电动机本体及其机械部分有无卡涩现象。

（7）无电加热或电加热故障的电机，绝缘电阻应合格。

二、电动机运行中的监视

（1）电动机运行中主要对其电流、温度、声音、气味和振动等方面进行检查监视，以掌握电动机的运行工况。

（2）电动机的电流表指示是否超过允许值，电流表指针有无剧烈摆动或周期性大幅度摆动，有无突然增大或减小的异常现象。

（3）电动机轴承有无异常声音，润滑油运行情况是否正常，油位、油量是否正常，有无渗漏油现象。

（4）电动机有无异常气味，若发现有绝缘材料的焦臭味或有轻微的烟气，应立即查明原因并迅速处理，防止故障扩大。

（5）电动机各发热部位的温度是否正常，不能超过规定范围。

（6）电动机振动不能超过规定值。

（7）电动机运行中是否有串动现象，串动值不能超过规定值。

（8）电动机的电源引线电缆头是否发热，外包绝缘塑料带是否因受热已变色、变脆。

（9）电动机的通风系统良好。

三、绝缘电阻测量

（1）6kV 或 10kV 电机用 2500V 摇表测量绕组的对地绝缘，投运前室温下（包括电缆）不得低于 6MΩ 或 10MΩ（或参照制造厂规定）；380V 电机用 500V 或 1000V 摇表测量绕组对地绝缘室温下不得低于 0.5MΩ；吸收比 R_{60}/R_{15} 应大于 1.3；6kV 或 10kV 电机交流耐压前，定子绕组在接近运行温度（75℃）时的绝缘电阻不应低于 6MΩ 或 10MΩ，在天气干燥时，冷状态下测得绝缘电阻值可换算到 75℃ 的阻值。换算公式：

$$R_t = R_{75} \times K_t \tag{6.1-1}$$

式中　R_{75}——为 75℃ 时的绝缘电阻，MΩ；

　　　K_t——绝缘电阻随温度变化系数，$K_t = 2^{\frac{75-t}{10}}$，见表 6.1-1。

75℃ 时的合格绝缘电阻值为 1MΩ/kV。

表 6.1-1　K_t 系数表

温度/℃	K_t	温度/℃	K_t	温度/℃	K_t	温度/℃	K_t	温度/℃	K_t
-15	510	9	95	26	30	43	9.2	60	2.8
-13	444	10	90	27	28	44	8.6	61	2.64
-11	387	11	85	28	26	45	8	62	2.46
-9	337	12	79	29	24	46	7.5	63	2.3
-7	392	13	73	30	23	47	7	64	2.19
-5	257	14	69	31	21	48	6.5	65	2
-3	222	15	64	32	20	49	6.1	66	1.86
-2	208	16	60	33	18	50	5.7	67	1.74
-1	194	17	56	34	17	51	5.3	68	1.614
1	170	18	52	35	16	52	4.9	69	1.515
2	158	19	49	36	15	53	4.6	70	1.414
3	147	20	46	37	13.9	54	4.3	71	1.32
4	137	21	42	38	13	55	4	72	1.23
5	128	22	39	39	12.1	56	3.7	73	1.417
6	120	23	37	40	11.3	57	3.5	74	1.072
7	112	24	34	41	10.6	58	3.3	75	1
8	105	25	32	42	9.9	59	3.08		

注：对于消防泵等随时可能启动的电动机，应每周进行 1 次绝缘电阻检查测量，为防止电动机突然启动，测量前应拉开断路器手车至试验位置，并拉开控制电源的开关，做好记录。

（2）电机大修后或停用超过 15 天，启动前应测绝缘电阻并符合上述规定。

（3）电机环境较差（如：潮湿、污染、化学腐蚀等）停运时间 3 天及以上者，启动前应摇测绝缘电阻值符合上述规定。

四、电机连续启动次数与启动间隔

（1）正常情况下，鼠笼式转子的电动机，允许在冷状态下启动 1～2 次，其间隔时间不小于 5min；允许在热状态下启动 1 次；只有在事故状态下，对影响机组出力的重要电动机允许多启动 1 次。

（2）电动机进行动平衡试验时，每次启动的间隔时间不应小于 30min。

（3）铸铝式转子的高压电动机，应根据电动机启动电流及启动所需时间长短的具体情况，适当减少启动次数，同时还应加长每次启动的间隔时间，其启动时间不宜超过 15s。

五、启动时注意事项

（1）转动转子，检查转子是否能自由旋转，有无擦碰现象。

（2）检查定子和轴承测温装置及报警系统是否妥善。

（3）对于滑动轴承电动机检查供油系统是否畅通无阻，油质、油量、油位是否正确无误。

（4）电动机经过以上预防性检查之后，便可以启动和试运转。

（5）电动机合闸后，若电动机不转，应迅速、果断地拉闸，以免烧毁电动机，查清原因后，再启动电动机。

（6）电动机的旋转方向应符合电动机外壳上的方向牌指示，不得反转。

第二节　电动机的维护和修理

电动机应定期维护和修理，包括月维修和年维修，俗称小修和大修。

一、小修内容

（1）清擦电动机：清除和擦去机壳外部尘垢，测量绝缘电阻。

（2）检查和清擦电动机接线端子：检查接线盒接线螺栓（母）是否松动，拧紧螺母，必要时更换。

（3）检查各固定部分螺栓（母）和接地线：检查接地螺栓（母），检查端盖、轴承内外盖紧固螺栓，检查接地线连接及安装情况。

（4）检查轴承：拆下轴承盖，检查轴承润滑脂是否变脏、干涸，缺少时需适量补充，检查轴承是否有杂声，必要时更换。

（5）检查传动装置：检查电动机风扇有无破裂损坏，安装是否牢固，紧固螺栓（母）是否松动、损伤、磨损和变形，必要时更换。

二、大修内容

（1）年维修或大修内容包括月维修或小修内容。

（2）检查外部有无损坏，零部件是否齐全，彻底除尘，补修损坏部分。

（3）内部清理和检查：

①检查定子绕组污染和损伤情况，先去掉定子的灰尘，擦去污垢，若定子绕组积留油垢，先用干布擦去，再用干布蘸少量汽油擦净，同时仔细检查绕组绝缘是否出现老化痕迹或有无脱落，若有，应补修、刷漆；

②检查转子绕组污染和损伤情况，用目测或比色检查转子是否断裂、污损、脱焊；

③检查定、转子铁芯有无磨损变形，如有变形，则应予修整。

（4）绕组检查：

①用盛有汽油的容器来回搅动轴承多次，随后用手握住轴承内圆，转动外圆，在转动过程中，放在另一盛有汽油容器中清洗，轴承安装时，允许采用热套法，加热时，温度不得超过100℃，而且轴承应均匀加热；

②检查轴承，检查轴承表面粗糙度和滚珠或轴圈等处，若出现蓝紫色，说明轴承已受热退火，严重者应更换轴承。

（5）清洗轴承并检查轴承磨损情况：

①用盛有汽油的容器来回搅动轴承多次，随后用手握住轴承内圆，转动外圆，在转动过程中，放在另一盛有汽油容器中清洗，轴承安装时，允许采用热套法，加热时，温度不得超过100℃，而且轴承应得到均匀加热；

②检查轴承表面粗糙度和滚珠或轴圈等处，若出现蓝紫色，说明轴承已受热退火，严重者应更换轴承；

③有条件对轴承内径、外径、宽度的尺寸进行测量。

（6）修理后试车：若电动机绕组完好，大修后要做一般性试运转，测量绝缘电阻，检查各部分是否灵活，电动机空载运转30min，然后带负载运转。

三、其他注意事项

（1）拆装电动机时，注意保护隔爆面，装配时隔爆加工配合面须涂工业凡士林或其他防锈油，所有隔爆面不得有锈蚀和损伤，否则将失去隔爆性能。

（2）在抽出或插入转子时，应防止损坏定子绕组和绝缘。

（3）更换绕组时，电动机的绕组数据和绝缘结构不宜改变，随意改变电动机绕组，往往使电动机的某项或某几项性能恶化，以致不能使用。

思考题

1. 电机启动前应检查哪些内容？
2. 电机运行时应注意哪些内容？
3. 电机大修理有哪些主要检修内容？
4. 电机启动时有哪些注意事项？

第七章　泵用过滤器

石油储运生产过程中，介质中往往含有较高的固体颗粒，过滤器的作用主要是从输送介质中把固体微粒分离出来，如砂石、焊渣等。为了保证泵等核心设备的正常运行，满足石油储运企业的安全生产，过滤器成为了管输企业中最不可或缺的辅助设备。

第一节　过滤器的分类

根据 SH/T 3411 标准，过滤器分为 Y 型、T 型、锥型、篮式、反冲洗 5 种类型，16 种结构形式的过滤器。

Y 型过滤器，结构形式分为同径铸制 Y 型过滤器、异径铸制 Y 型过滤器、焊接 Y 型过滤器。典型的 Y 型过滤器结构如图 7.1-1 所示。

T 型过滤器，结构形式分为正折流式 T 型过滤器、反折流式 T 型过滤器、异径正折流式 T 型过滤器、直流式 T 型过滤器。典型的 T 型过滤器结构如图 7.1-2 所示。

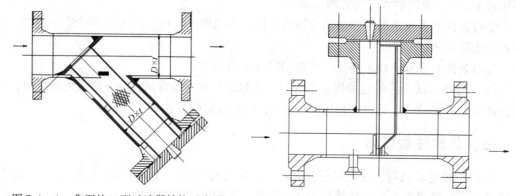

图 7.1-1　典型的 Y 型过滤器结构示意图　　　　图 7.1-2　典型的 T 型过滤器结构示意图

锥型过滤器，结构形式分为尖顶锥型过滤器、平顶锥型过滤器。典型的锥型过滤器结构如图 7.1-3 所示。

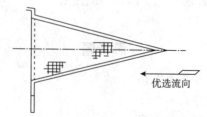

图 7.1-3　典型的锥形过滤器外观示意图

　　篮式过滤器，结构形式分为直通平底篮式过滤器、直通封头篮式过滤器、高低接管平板篮式过滤器、高低接管管封头篮式过滤器、高低接管重叠式篮式过滤器。典型的篮式过滤器结构如图7.1-4所示。

　　反冲洗过滤器，结构形式分为卧式反冲洗式过滤器、导流反冲洗式过滤器。典型的反冲洗过滤器结构如图7.1-5所示。

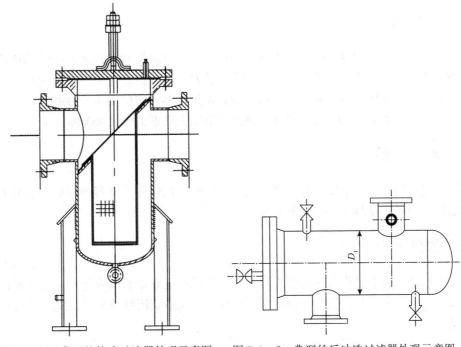

图7.1-4　典型的篮式过滤器外观示意图　　图7.1-5　典型的反冲洗过滤器外观示意图

第二节　过滤器的用途

　　过滤器是除去流体中固体颗粒杂质的过滤设备，主要由进出口接管、主管（筒体）、滤芯（滤篮）、进出口法兰、盲板盖及紧固件等组成。当流体进入置有一定规格滤网的滤筒后，其杂质被阻挡在滤筒内，而洁净的流体通过滤芯，由过滤器出口排除。当需要清洗时，打开主体排污孔，排净流体，打开法兰盖将内部滤筒清理后重新装入主筒体即可。根据用户需求可加装压力表、压差计、排污阀、排气阀等配件。过滤器主要应用于泵、流量计、阀门前，以保护设备不受金属颗粒等磨损或堵塞。

第三节　过滤器的性能参数

　　过滤器的主要性能参数有：过滤精度、压力降、纳垢容量、工作压力、通流能力、过滤效率等。

一、过滤精度

过滤器的过滤精度是指过滤器对不同尺寸杂质颗粒的滤除能力，用滤芯能够滤除的最小机械杂质颗粒的公称尺寸来表示。它是选择过滤器时首先考虑的一个参数，它直接关系到工作介质的清洁度和系统工作条件的好坏。

二、压力降

过滤器的压力降是指规定的液体以规定的流量通过过滤器时，过滤器两端的压差。它也是过滤器的重要指标之一，尤其是带压差发讯装置的过滤器，这个参数更为重要，它将作为调节发讯装置动作压力的根据。一般吸液管路过滤器压力降不大于 0.01MPa，回液管路过滤器压力降不大于 0.03MPa，排液管路过滤器压力降不大于 0.05MPa。

三、纳垢容量

纳垢容量是指过滤器的压力降达到规定最大值时，积聚在过滤器中的脏物的最大重量值。过滤器的纳垢容量越大，使用时间越长。

四、通流能力

过滤器的通流能力是指在规定压力降下，允许流过过滤器的最大流量。它也是选择过滤器时要考虑的一个参数。根据过滤器安装的位置以及系统流经该处的流量来选择过滤器的通流能力。

五、工作压力

过滤器的工作压力是指过滤器正常工作时所允许的最大压力。即过滤器的耐压强度。根据过滤器的安装位置以及该处的系统压力来选择过滤器的工作压力。

六、过滤效率

过滤效率计算式如下：

$$\eta = \frac{n_1 - n_2}{n_1} \times 100\% \qquad (7.3-1)$$

式中　　n_1——过滤器上游单位容积中指定尺寸的颗粒数；

　　　　n_2——过滤器下游单位容积中指定尺寸的颗粒数；

　　$n_1 - n_2$——滤芯阻留的单位容积中的颗粒数；

　　　　η——过滤效率，%。

第四节　过滤器的选择

一、过滤器类型的选用要求

过滤器类型选用应符合下列要求：

（1）对于凝固点较高，黏度较大、含悬浮物较多、停输时需经常吹扫的介质，宜采用卧式安装的反冲洗过滤器；

（2）对于固体杂质含量较多，黏度较大的介质，宜选用篮式过滤器；

（3）对易燃、易爆、有毒的介质，宜采用对焊连接的过滤器，当直径小于 DN40 时，宜采用承插焊连接的过滤器；

（4）介质流向有 90°变化处宜选用折流式 T 型过滤器；

（5）设置在泵入口管道上的临时性过滤器，宜选用锥型过滤器；

（6）管道直径小于 DN400 时，宜选用 Y 型及 T 型过滤器，管道直径大于或等于 DN400 时，宜选用篮式过滤器。

在原油储运行业中，介质黏度较高，介质清洁度较差，往往含有大量的泥沙等杂物，在新管道投运初期，由于管线清扫不彻底可能还会遗留较多的焊渣等杂物，需设置过滤器保护管道系统中的关键设备。国内外长输管道的发展趋势是往大口径、高压力方向发展，管道的公称直径已经突破 1000mm，因此，原油储运行业中运用较为广泛的是篮式过滤器；为了便于快速开启设备，通常选用快开篮式过滤器；管道系统中在机泵、调节阀、流量计等关键设备前端，通常会设置过滤器。

二、过滤器材料的选用要求

过滤器材料选用，应符合下列要求：

（1）过滤器材料选用应符合现行 SH/T 3059《石油化工管道设计器材选用规范》的规定。

（2）滤网无特殊要求时，应选用不锈钢丝网。

（3）永久性过滤器的有效过滤面积于相连的管道流通面积之比不宜小于 1.5；对于原油长输管道系统，综合考虑工艺特点、介质黏度、清洁度等因素，过滤器的有效过滤面积通常要为接管面积的 7~10 倍。

三、过滤器滤网的选择要求

过滤器滤网的选择应符合以下要求：

（1）滤网规格及技术要求按现行 GB/T 5330.1《工业用金属丝筛网和金属丝编织网网孔尺寸与金属丝直径组合选择指南　第 1 部分：通则》的规定。

（2）根据泵的结构形式及输送要求，确定滤网目数。当泵对输送介质无特殊要求时，可采用 30 目滤网。

（3）不锈钢丝网技术参数见表7.4-1。

表7.4-1　不锈钢丝技术参数表

孔目数/目	丝径/mm	可拦截的粒径/μm	有效面积/%	孔目数/目	丝径/mm	可拦截的粒径/μm	有效面积/%
10	0.508	2032	64	30	0.234	614	53
12	0.457	1660	61	32	0.234	560	50
14	0.376	1438	63	36	0.234	472	46
16	0.315	1273	65	38	0.213	455	46
18	0.315	1096	61	40	0.192	422	49
20	0.315	955	57	50	0.152	356	50
22	0.273	882	59	60	0.122	301	51
24	0.273	785	56	80	0.102	216	47
26	0.234	743	59	100	0.081	173	46
28	0.234	673	56	120	0.081	131	38

过滤器滤网目数的选择，应考虑保护端设备的需求，合理选择滤网的目数，目数选择小，可能无法保护末端设备；目数选择大，可能造成严重的压头损失。通常当过滤器前后压差大于0.04MPa时，就应该引起重视，在工艺条件允许的情况下建议进行清理或更换滤网；当过滤器前后压差大于0.15MPa时，应及时清理或更换滤网。

第五节　过滤器的操作与维护保养

一、使用前的检查

（1）确认进出口阀在关闭状态，放空阀在打开状态，筒体压力为零，确保设备和人身安全。

（2）确认过滤器上的压力表及压差表、液位计等测量仪器准确，否则进行校正或更换。

（3）确认过滤器底部的排污阀完好（如有必要可拆开检查），否则进行处理。

二、过滤器的启用

（1）启用前应对过滤器做最后检查，确保处于完好状态。

（2）关闭放空阀，打开压力表等的仪表阀。

（3）打开过滤器的进口阀门对过滤器进行充压，阀门两端有平衡阀的应首先使用平衡阀缓慢向过滤器内充压，使过滤器升压至稳定状态再打开出口阀。

（4）当过滤器内压力稳定后，打开差压表，观察差压值并做记录，注意先开平衡阀再开左、右阀以免差压表损坏。

三、过滤器使用中的检查

（1）检查过滤器的压力、温度、流量，查看是否在过滤器所要求的允许范围内，否则上报站领导并做好记录。

（2）检查过滤器的差压，注意及时记录过滤器压力、温度及差压。

（3）如果过滤器前后差压达到报警极限，应立即切换备用路，停止运行有隐患的这一路，先将设备进行放空降压，压力降为零后，然后打开排污阀排污，再打开快开盲板更换或者清洗滤芯。

四、过滤器的排污操作

过滤器排污前的准备工作：

（1）排污前得到批准后方可实施排污工作；

（2）观察排污管地面管段的牢固情况；

（3）准备安全警示牌、可燃气体检测仪、隔离警示带等；

（4）检查过滤器区及排污放空区域的周边情况，杜绝一切火源；

（5）在排污放空区周围 50m 内设置隔离警示带和安全警示牌，禁止一切闲杂人员入内；

（6）准备相关的工具。

过滤器排污操作：

（1）关闭过滤器的进出口阀；

（2）缓慢开启过滤器的放空阀，使过滤器内压力降至零；

（3）缓慢打开过滤器排污阀进行排污；

（4）排污完成后再次检查各阀门的状态是否正确；

（5）整理工具和收拾现场，

（6）向站领导汇报排污操作的具体时间和排污结果。

五、过滤器的维护保养

管道及泵用过滤器是一种保证管道输送及机泵使用正常运转的辅助设备，应连接在管道及机泵前的管道上，可防止管道及机械中杂质和固体介质进入设备内，造成设备或机泵的损坏而导致生产事故。设备或机泵要保证运转必须定期检查。停车后旋开过滤器下方底部的丝堵，放尽残余的杂质和固体介质，或拆卸篮筐的压板取出残余的杂质和固体介质。

日常维护保养应完成过滤器外部及附件检查、维护、保养工作，使用单位应根据过滤器的运行检查情况，结合设备日常维护保养工作执行，确保过滤器的完好，过滤器的完好标准如下：

（1）产品铭牌齐全清晰，说明书、维保记录资料齐全准确；

（2）本体无任何变形，无裂纹，无鼓包；

（3）本体外观表面油漆均匀，无明显锈蚀和损伤；

（4）滤网无破损，加强板筋或框架连接可靠；

（5）排污阀、放空阀、手轮等齐全完好；

（6）运行中的过滤器前后压降不超过标准要求；

（7）运行中的过滤器无泄漏，无异响，无振动；

（8）过滤器悬臂吊装置完好，护栏扶梯完好。

思考题

1. 过滤器的用途是什么？常用过滤器有哪几种？

2. 简述过滤器选用的一般原则。

3. 过滤器使用前应检查哪些内容？

4. 过滤器使用过程中应检查哪些内容？

第八章　泵机组辅助系统

输油泵机组辅助系统主要包括泵机组运行过程状态参数监测系统、机械密封冲洗系统。运行过程状态参数监测是泵机组安全联锁保护、运行状况评价的必要手段，输油泵机组状态参数包括温度、振动、噪声和泄漏等，某一参数超限代表着某一种故障状况，需要采取相应措施，以保护泵机组安全，防止设备损坏。

第一节　温度监测

一、温度监测仪表概述

温度是表示冷热程度的关键参数之一。按测量温度方式不同，可分为接触式和非接触式两种温度测量仪表。接触式测温仪表的优点是简单、可靠、精度较高，缺点是不适于高温及超高温测量。非接触式仪表测温的原理是热辐射原理，优点一是被测介质与测温元件不直接接触，测温范围更宽，不受测温上限的限制；二是不影响原温度场；三是反应速度快。缺点是测量误差较大，主要原因是测量时受外界干扰较大，如测量距离的远近、外部环境的好坏、物体本身的热源发射率等因素。目前，泵机组温度监测实际使用比较广泛的是接触式测温仪表，接触式温度监测仪表的分类和特点见表8.1-1。

表8.1-1　接触式温度监测仪表的分类和特点

类　型	名　称	测温范围/℃	优　点	缺　点
固体膨胀式	双金属温度计	-80～600	结构简单，示值清晰，机械强度较好，价廉	准确度低
液体膨胀式	玻璃液位温度计	-200～600	结构简单，使用方便，测量准确，价廉	易损，观察不便
气体膨胀式	压力式温度计	-40～400	结构简单，不怕震动，具有防爆性，价廉	准确度低，测量距离远时，仪表滞后性较大
热电阻	铂电阻 铜电阻	-200～850 -50～150	测温准确，便于远距离、集中测量和控制	振动场合易损坏

泵机组温度监测一般设置现场表和远传表，现场温度监测采用双金属温度计，双金属温度计是根据固体热膨胀原理测温，远传温度计采用热电阻，热电阻是根据热阻效应原理测温，泵温度监测仪表的准确度等级见表8.1-2。

表8.1-2　泵温度监测仪表的准确度等级

序　号	仪表名称	准确度等级
1	双金属温度计	1.0, 1.5, 2.5
2	热电阻	A 级、B 级

（一）双金属温度计

双金属温度计的工业应用十分广泛，用于生产过程中的中、低温度的现场监测，其适用测量范围为 -80 ~ 600℃，适用测量介质为气体或者液体。双金属温度计主要利用不同金属的膨胀系数不同，随着温度变化而变化的原理，内部构造是由两种或多种不同膨胀系数的金属片叠压在一起的多层金属片。

按双金属温度计指针盘与保护管的连接方向，可分类为轴向型（角型）、径向型（直型）、钝角型（135°型）、万向型等。就地温度监测仪表的操作温度，对于双金属温度计应为刻度或者量程的30% ~ 70%。

（二）热电阻

热电阻的工业应用十分广泛，主要利用热电阻的阻值随温度变化而变化的原理，只要能测出热电阻的阻值变化，就可以利用公式计算出被测介质的温度变化。热电阻的材料主要是纯金属，其中，铂和铜是热电阻在现场应用最为广泛的金属材料，在某些特殊场合会采用镍、锰和铑等材料。二次仪表或者控制系统需要的阻值信号，一般通过引线引入，引线口如图8.1-1所示。

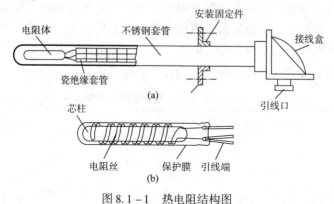

图 8.1-1　热电阻结构图

泵温度监测常用的铂电阻结构类型有铠装型和端面型。两者的原理及优点如表8.1-3所示。

表8.1-3　铠装型和端面型热电阻对比表

项　目	铠装热电阻	断面热电阻
组成	包括：感温元件（电阻体）、引线、绝缘材料、不锈钢套管，一般外径为 φ2 ~ φ8mm	由特殊处理的电阻丝缠绕制成，紧贴温度计端面
优点	a）体积小，内部无空气隙；b）测量滞后小，不易氧化；c）机械性能好、耐振、抗冲击；d）能弯曲，便于安装；e）使用寿命长	a）更能正确和快速地反映被测端面的实际温度；b）适合用于测量轴瓦和其他机件的端面温度

二、泵机组温度监测点

泵温度监测包括泵本体温度监测和电机温度监测，典型的测点图见图8.1－2。

典型的输油泵P-I图

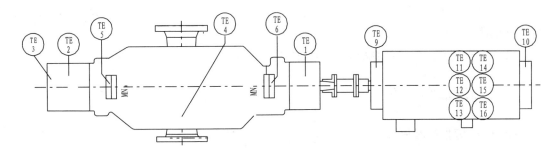

仪表代号说明

TE1　TE2　TE3	泵轴承温度传感器 Pt100
TE4	泵体温度传感器 Pt100
TE5　TE6	泵机械密封温度传感器 Pt100
TE9　TE10	电动机轴承温度传感器 Pt100
TE11～TE16	电动机三相绕组温度传感器 Pt100

图 8.1－2　典型的泵机组温度监测 P&ID 图

泵温度监测点如下：

（1）轴承温度监测共3点：泵两端轴承各监测1点，止推轴承1点；

（2）泵壳温度监测1点；

（3）机械密封温度监测共2点：泵两端各监测1点。

电机温度监测点如下：

（1）轴承温度监测共2点：电机两端轴承各监测1点；

（2）电机定子温度监测共6点：每相监测2点（冗余）。

三、温度监测仪表运行与维护

（一）运行要求

热电阻是利用其阻值随温度变化而变化的原理，通过连接导线把热电阻与控制系统测温模块连接成一个系统，测量阻值即可计算出温度。在运行过程中为了提高温度测量的可靠性与精确性，需要满足以下要求：

（1）确认热电阻和测温模块（或二次显示仪表）分度号相同；

（2）通过热电阻的测量电流小于等于5mA；

（3）露天使用时，应定期检查，保证接线部分密封良好，注意防尘、防水；

（4）接线需要使用三线制或四线制，最大限度降低消除导线电阻值变化对测量结果的干扰；

（5）接线紧固，接线端子及电缆接头无氧化。

（二）日常维护

（1）通过万用表测试热电阻阻值，对照分度表核实温度值是否在要求误差范围；

（2）对同一位置热电阻（如定子）进行参数对比，偏差应在精度范围内；

（3）对示值为"0"或"∞"的热电阻，应查明故障原因，确认为热电阻本体故障的，应及时进行修理或更换；

（4）对于判断已故障的热电阻，应摘除其联锁保护。

四、温度监测评价

（一）温度报警及联锁

1. 泵温度监测及联锁保护

泵设置泵壳温度监测 1 点，轴承温度监测 3 点（泵两端轴承各监测 1 点，止推轴承监测 1 点），机械密封温度监测 2 点，共 6 点。

温度超高时，设有两级保护，第一级为报警，第二级为联锁紧急停泵。其中泵壳温度保护采用相对温度。

2. 电机温度监测及联锁保护

电机设置轴承温度监测共 2 点（电机两端轴承各监测 1 点），电机定子温度监测 6 点（共 3 相，每相监测 2 点），共计 8 点。

温度超高时，设有两级保护，第一级为报警，第二级为联锁紧急停泵。

（二）温度监测保护定值

典型的泵机组温度报警及联锁参考值见表 8.1-4。

表 8.1-4　典型的泵机组温度报警及联锁参考值

序　号	项目	数量	设定值	
			报警	联锁
1	泵壳温度超高保护	1	介质温度 +10℃	介质温度 +20℃
2	泵驱动端轴承温度超高保护	1	80℃	90℃
3	泵非驱动端轴承温度超高保护	1	80℃	90℃
4	泵非驱动端止推轴承温度超高保护	1	80℃	90℃
5	泵驱动端密封温度超高保护	1	80℃	90℃
6	泵非驱动端密封温度超高保护	1	80℃	90℃
7	电机定子温度超高保护	6	135℃	145℃
8	电机轴承温度超高保护	2	90℃	95℃

（三）温度评价

泵在正常运行过程中，各检测点温度值应低于报警值。若泵温度值超过报警值，则泵状态异常，立即到现场及时采取停泵等措施，分析原因并进行整改处理。

泵温度值超高原因分析如下：

（1）泵轴弯曲或不同心，引起轴承磨损发热；

（2）轴向推力增大，使轴承承受的轴向负荷加大，引起轴承发热；

（3）轴承内润滑油量不足或过多，质量不良，或内有杂物，引起轴承发热；

（4）轴承配合间隙不符合要求，如轴承内圈与泵轴、轴承外圈与承体之间，配合太松或太紧，都可能引起轴承发热；

（5）泵转子静平衡不好，泵转子径向力增大，轴承负荷增加，引起轴承发热；

（6）泵在非设计点工况运行，产生振动，引起泵轴承发热；

（7）轴承损坏，如滚定轴承保持损坏、钢球压碎内圈、外圈断裂，滑动轴承合金层剥落、掉块等；

（8）若电机定子温度超过报警值，则可能是电机过载。

第二节　振动监测

一、振动概述

振动是泵机组检测的关键参数之一，泵机组的其中一部件的往复运动，是一种部件或多种部件的运动力共同作用下的平衡位置的一种动态现象。振动信号包含大量机械部件自身运行状态信息和机组运行状态信息，在线监测泵机组运行过程中的振动信号，可以及时掌握泵运行状态，及时发现问题，避免泵机组损坏事故发生。

（一）振动产生的原因

泵和电机产生振动的原因有很多，归纳起来有如下三种主要原因：

（1）设计原因，机泵设计结构不合理；

（2）制造原因，部件加工存在缺陷，尤其是轴动平衡不好；

（3）安装原因，电机与泵的轴不对中。

（二）振动监测的目的

（1）发现潜在的设备缺陷；

（2）发现正在发生或将要发生的问题；

（3）阻止问题的发生；

（4）保护泵和电机。

二、振动监测仪表

振动监测仪表按照安装方式的不同可以分为：壳体安装振动监测仪表（图8.2-1）

和趋近式非接触振动监测仪表（图8.2-2）。

图8.2-1　壳体安装振动变送器　　　图8.2-2　趋近式非接触振动监测仪

（一）壳体安装振动监测仪表

壳体安装振动监测仪表俗称瓦振，也称为壳振，顾名思义它是安装在旋转机械的轴瓦壳体上。

（1）壳体安装振动监测仪表按照信号类型，可分为振动传感器和振动变送器两种。

①输出 mV 电压信号的为振动传感器，如加速度传感器和速度传感器。任何测量参数的传感器都需要配套一个信号变送器来输出 4~20mA 电流信号。这种分体式组合的好处是信号变送器可提供动态的缓冲信号，为振动分析和故障诊断提供信号。

②可以直接输出 4~20mA 电流信号的为振动变送器，泵站控制系统可以直接采集变送器输出的信号，振动加速度变送器和振动速度变送器的输出信号可以通过控制电缆直接传送给控制系统使用。

（2）壳体安装振动监测仪表按照原理，可分为磁电式和压电式两种。磁电式壳振仪表由于存在太多的缺陷现在很少使用，如精度低、频率响应窄、抗干扰能力差等。现在主流壳振振动监测仪表大多采用压电原理：压电陶瓷受力产生电荷，产生电荷的多少与受力大小成正比。压电式振动监测仪表测量振动加速度是第一步，经过一次积分计算可以得到振动速度的数值，振动位移信号就需要经过二次积分后才可以计算出来。绝大多数的旋转机械都采用测量振动速度，振动速度最能反映机械的真正振动。

（3）壳体安装振动监测仪表按照电路原理，可分为模拟和数字两种振动仪表。采用模拟电路的振动变送器由于采用"时域"电子积分电路以及模拟电路，在实际测量时可能丢失部分振动数据，输出值要滞后于传感器实际感应加速度值；而采用 CPU、ADC 和 DAC 设计的数字式振动变送器所用的频域积分，速度信号与测量的加速度信号是一致的，没有任何丢失，同时数字式振动变送器精度更高、线性度更好，抗干扰能力更强，在任何安装现场均不受干扰，确保振动测量安全可靠。

（二）趋近式非接触振动监测仪表

趋近式非接触振动监测仪表也称为涡流振动监测仪表，该类仪表用来监测轴的径向振动、轴向位移。它是由涡流探头、延伸电缆和变送器组成。探头顶部的直径分为 8mm 和 11mm，探头的长度有 0.5m 和 1m 两种规格；延伸电缆是用来传输信号的，它的长度有 4.0m、4.5m、8.0m、8.5m 等多种规格，根据 API 670 标准，探头和延伸电缆的长度之和为系统长度，那么系统长度就有 5m 和 9m 两种。趋近式非接触振动监测变送器分为径向振动变送器、轴向位移变送器以及键相位变送器（转速变送器）。

三、振动监测仪表选型、使用和维护

近年来，人们对泵机组状态监测越来越重视，机泵的结构也越来越精密巧妙，与其相关的振动问题日益增多，相应地对振动监测仪表的稳定性和可靠性要求也越来越高。但是，从实际应用来看，因各种原因，泵厂和电机厂配套的振动变送器各式各样，性能指标参差不齐，正常运行时经常出现振动变送器误报警，造成"甩泵"现象。因此，提高振动变送器稳定性、可靠性以及抗干扰能力，尤其是抗对讲机的射频信号干扰能力，是振动变送器选择及使用的关键。

（1）机泵上的振动变送器的底部必须与机泵的壳体严密接触，保证测量的数据真实，防止交叉轴感应值过大影响测量精度，部分泵厂家为了统一安装方向，在机械壳体与变送器底部之间用锁紧螺母锁紧。这种安装方式是不允许的，一是运行时间长了以后，变送器容易松动，造成测量结果错误；二是变送器底部没与机械壳体严密接触，交叉轴感应增大。

（2）机泵配套的振动变送器均是 24VDC 供电，现场布线时必须交直流分开，不可交直流同沟或同桥架布设。电缆应选用屏蔽电缆，并且屏蔽层单端接地。

（3）在投入运行前，应对振动变送器进行测试，简单的方法是用对讲机在离变送器 1m 距离发射 RF（射频）信号，观察控制系统的显示数值是否跳变，如果跳变的幅度小于 1mA，那么该变送器就可以正常使用；否则最好是更换或做防护处理，确保机泵能正常运行。

四、振动监测评价

（一）振动报警及联锁

1. 泵振动监测及联锁保护

泵设置驱动端轴承振动监测 1 点，非驱动端轴承振动监测 1 点，振动超高时，设有两级保护，第一级为报警，第二级为超高联锁紧急停泵（对于离心式管道泵，由于启动和运行过程中，经常会出现振动峰值超联锁停机的情况，比如，启动阶段排气不彻底时，会有振动突然超高现象；为了保证泵机组能够正常启动和运行，通常不设置泵的第二级振动超高联锁）。

2. 电机振动监测及联锁保护

电机设置驱动端轴承振动监测 1 点，振动超高时，设有两级保护，第一级为报警，第二级为超高联锁紧急停泵（为保证机组正常运行，离心式管道泵配套的电机通常也不设置电机的第二级振动超高联锁）。

（二）振动监测保护定值

泵机组振动报警及联锁参考值见表 8.2 - 1。

表 8.2 - 1　泵机组振动报警及联锁参考值

项　目	数　量	设定值/(mm/s)	
		报警	联锁
泵驱动端轴承振动	1	4.5	—
泵非驱动端轴承振动	2	4.5	—
电机驱动端轴承振动	3	5.5	—

注：因影响泵机组振动检测的不确定因素较多，振动检测值一般只报警，不参与联锁停机，以防止出现机组启动困难或意外触发联锁停机导致的水击危害。

（三）振动评价

泵在正常运行过程中，各检测点振动值应低于报警值。若泵振动值超过报警值，则泵状态异常，应及时采取停泵等措施，分析原因并进行整改处理。

泵振动值超高原因分析如下：

（1）不平衡：径向水平方向振动增大，振幅随转速增加而增加。

（2）不对中：轴向振动增大，振幅不随转速而变化，转子失稳，异常摩擦。

（3）转轴弯曲：水平方向径向振动增大，振幅随转速增加而增加，转动部件转动困难，并有摩擦。

（4）松动：垂直方向振动增大。

（5）滚动轴承元件损伤：产生"叶片通过频率"和倍频及分数谐频振动，产生高频，冲击脉冲标准值突出。

（6）轴承润滑不良，润滑油量不足或过多，质量不良，或内有杂物，引起振动增大，异常摩擦。

（7）泵机组的联轴器不对中或者弹性块老化等因素，伴随着长时间运行机组振动会逐渐增大，严重的会造成轴承、机械密封损伤，形成大的机械事故。

（8）基础松动：振动急剧加大，严重可能造成机组结构性损伤。

（9）汽蚀：产生振动和噪声，严重时导致性能下降，叶轮损坏，振动增大。

（10）泵在非设计点工况运行，产生振动。

第三节　噪声检测与评价

一、噪声检测方法及检测仪器概述

泵的噪声测量方法分为声功率级法和声压级法两种。对原油管输企业来说泵的噪声测量在现场不具备采用声功率级法的条件，故对泵的噪声测量一般都采用声压级法测量。

（一）测量准确度及检测仪器

测量准确度分为 1 级精密法、2 级工程法和 3 级简易法三种，泵的测量一般用 3 级简易法即可，必要时可采用 2 级工程法。噪声测量常用仪器是声级计。声级计的精度应符合 GB/T 3785 规定的 2 型或 2 型以上的声级计（准确度应小于 0.5dB），每次测量前后应进行校准。

声级计按用途可分为通用声级计、积分声级计、自动监测（统计、频谱）声级计等。按精度等级可分为 1 型声级计和 2 型声级计等。

按体积大小可分为台式声级计、便携式声级计以及袖珍式声级计等。

按其指示方式可分为模拟指示（指针式）声级计和数字指示（数字式）声级计等。

（二）声级计的组成及原理

声级计一般由电容式传声器、前置放大器、衰减器、放大器、计权网络、电表电路、有效值指示表头以及电源等组成。

声级计的工作原理是：由电容式传声器将声音转换成电子信号，再由前置放大器变换成阻抗，使电容式传声器与衰减器相匹配。放大器再将输出信号加到网络，对信号进行频率计权，然后再经衰减器及放大器将信号放大到一定的幅值，再送到有效值检波器，在表头或者指针给出噪声声级的数值。

二、噪声检测

（一）声级计使用要求

声级计在测量使用前，应当用准确度优于 ±0.3dB 的声校准器进行校准。声校准器和测量系统应当每年经计量部门检定合格。声级计的使用方法及步骤如下：

（1）声级计使用环境的选择：要选择有代表性的测试地点。如声级计要离开地面、离开墙壁，以减少地面、墙壁反射声的附加影响；

（2）天气条件要求在无雨、无雪的时候，声级计应保持传声器膜片清洁，风力在三级以上必须加风罩（避免风噪声干扰），五级以上大风应停止测量；

（3）打开声级计携带箱，取出声级计，套上传感器；

（4）将声级计置于校准状态，检测电池，然后校准声级计；

（5）参考常见环境声级大小对照表，调节测量量程；

（6）测试时可以利用声级计的快（测量声压级变化较大的环境的瞬时值）、慢（测量声压级变化不大的环境中的平均值）、脉冲（测量脉冲声源）及滤波器（测量指定频段的声级）等各种功能进行测量；

（7）根据测试的需要，记录数据，也可以同时连接打印机或者其他电脑终端进行自动采集数据；

（8）测量结束后，整理器材并放回指定地方。

（二）环境影响与修正

理想的噪声测量环境，除地面以外，应尽可能不产生反射，且倍距离声压级衰减值不小于 5dB，即离泵体 1m 与 2m 或 0.5m 与 1m 处测得的 A 声级之差应小于 5dB。

在一般的泵试验现场是很难达到这种要求的，在试验现场除需要测量的声源（泵及电机发出的噪声）外，还存在其他声源，如通过泵或者阀门的液体流声等。所以在测量泵的噪声前，应先测量测点的背景噪声，即被测量的泵不运转时，测三点处的声压级叫背景噪声。当泵在工作中在每个测点上测量 A 声级，测得的 A 声压级与背景噪声的 A 声压级之差大于 10dB 时，可不考虑背景噪声对测量值的影响，不需修正。如果小于 10dB 但大于

3dB 测量有效，但应加以修正，背景噪声修正值 K_1 最大修正值是 3dB。详见表 8.3 – 1 背景噪声的修正值。

表 8.3 – 1　背景噪声的修正

dB

泵运行时测得的 A 声级与背景噪声 A 声级之差	应减去的修正量 K_1
3	3
4, 5	2
6, 7, 8	1
9, 10	0.5
>10	0

将规定点测得的 A 声级的测量值 L_{PAi}，对照各测点的背景噪声值 K_{1Ai} 进行修正后，得到各测点的 A 声压级的测量值为 $L_{PAi} - K_{1Ai}$，分别对泵周围各测点（$P_{-1} \sim P_{-5}$）电机周围测点（$M_{-1} \sim M_{-5}$）进行平均计算。如果是检测泵的噪声，则只计算泵周围测点的平均声压级值。如果是检测机组噪声，则应计算包括电机周围测点的所有测点声压级平均值 $\overline{L}_{PA}$。

三、噪声级别的限值与评价

用三个限值 L_A、L_B、L_C 把泵的噪声划分为四个级别，即 A、B、C、D 四级，D 级为不合格。以下为三个限值计算公式：

$$L_A = 30 + 9.7\lg\ (P_u \cdot n) \tag{8.3 – 1}$$
$$L_B = 36 + 9.7\lg\ (P_u \cdot n) \tag{8.3 – 2}$$
$$L_C = 42 + 9.7\lg\ (P_u \cdot n) \tag{8.3 – 3}$$

式中　L_A、L_B、L_C——划分泵噪声级别的限值，dB；

　　　　P_u——泵的输出功率，kW；

　　　　n——泵的规定转速，r/min。

当满足：$\overline{L}_{PA} \leqslant L_A$ 的泵噪声评价为 A 级；

$L_A < \overline{L}_{PA} \leqslant L_B$ 的泵噪声评价为 B 级；

$L_B < \overline{L}_{PA} \leqslant L_C$ 的泵噪声评价为 C 级；

$\overline{L}_{PA} > L_C$ 的泵噪声评价为 D 级。

对 $P_u \cdot n \leqslant 27101.3$ 的泵，因为它们的 $L_C \leqslant 85$dB，可不去区别其噪声的 A、B 级别，对这些泵，当满足：

$L_{\overline{PA}} \leqslant 85$dB，泵评价为合格；

$L_{\overline{PA}} > 85$dB，泵评价为不合格。

常见泵噪声的允许值见表 8.3 – 2。这里的泵噪声包括电机的噪声（未采取特殊保护措施的电机）。

表 8.3 – 2　常见泵噪声的允许值

泵形式	噪声允许值
大型卧式泵	80 ~ 95dB（A）、90 ~ 100dB（C）
小型卧式泵	70 ~ 90dB

泵形式	噪声允许值
立式泵	80~95dB
潜水泵	50~70dB

例8-1：有一台卧式多级泵输送清水，测得流量 $Q=450\text{m}^3/\text{h}$，扬程 $H=600\text{m}$，泵的效率为80%，转速 $n=1480\text{r}/\text{min}$，A声级为 $\overline{L}_\text{PA}=94.6\text{dB}$，要求评价该泵的噪声级别。

解：泵的输出功率为：

$$P_\text{u}=\frac{\rho g QH}{\eta}=\frac{(9.81\times450\times600)}{(3600\times0.8)}=919.7\text{kW}$$

$$L_\text{A}=30+9.7\lg\ (919.7\times1480)=89.5\text{dB}$$

$$L_\text{B}=36+9.7\lg\ (919.7\times1480)=95.5\text{dB}$$

$$L_\text{C}=42+9.7\lg\ (919.7\times1480)=101.5\text{dB}$$

因为 $L_{\overline{\text{PA}}}\leq L_\text{B}$，故该泵的噪声评价为B级。

第四节　密封泄漏监测

一、密封泄漏监测设备

泵的机械密封泄漏监测主要是通过液位控制器监测，泄漏检测仪测量罐的液位，泄漏检测仪主要由仪表接线盒、测量罐、Y型流量过滤器、三通、活节、溢流管以及支架组成，见图8.4-1，工作方式一般分为浮球式和压力式等。根据其信号的输出方式可以分为开关量信号和模拟量信号。原油管输企业多采用的液位控制器为浮球式泄漏开关和压力式泄漏开关。

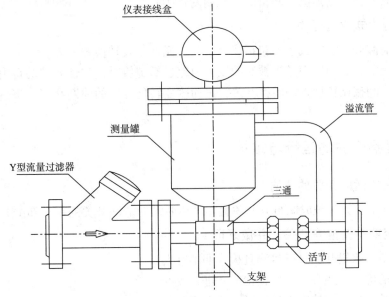

图8.4-1　泄漏检测仪外形图

二、泄漏开关的组成及工作原理

（一）浮球式泄漏开关

浮球式泄漏开关的组成主要包括浮筒、浮球、磁性传感器、磁性控制器以及转换开关等。浮球式泄漏开关见图8.4-2。

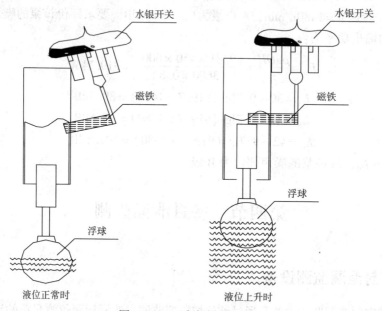

图8.4-2　浮球式泄漏开关

浮球式泄漏开关的原理是利用浮筒内的浮球与容器中的液位同步变化，浮球的轴上装有磁性传感器，当液位上升或下降时磁性传感器与磁性控制器耦合，转换开关工作，信号输出或信号断开，达到监测泄漏量液位控制的目的。

（二）压力式泄漏开关

压力式泄漏开关的组成主要包括浮筒、弹性元件以及转换开关等。

压力式泄漏开关的原理是当被测的压力值超过额定值时，弹性元件的自由端就会产生位移，直接或间接比较后推动转换开关，进而改变转化开关的通断状态，来达到监控被测设备的目的。

三、泄漏开关的运行与维护

（一）保持泄漏开关的清洁

一般情况下，禁止长时间打开开关盖，不用时需对泄漏开关的每个部位上润滑油。

（二）定期检查泄漏开关，并做好记录

（1）定期对水银开关进行目测且检修期不宜太长。

（2）定期检查干触开关的磨损情况并进行校准。

（3）在开关损坏的情况下禁止触动或操作开关。

四、常见故障及处理

（一）浮球不动作

（1）液体密度小于浮球密度，重新确认浮球密度。

（2）浮球漏水，与生产厂家联系更换浮球。

（3）异物卡住浮球，清除异物。

（二）浮球动作，但无信号输出

（1）浮球位置偏移，调整浮球位置。

（2）磁簧开关损坏，更换磁簧开关。

（3）信号输出不正常。附近可能有磁场干扰，消除磁场。

（4）信号保持，无法复原，浮球不能复归。有异物卡住，清除异物。

第五节　机械密封冲洗方案

机械密封是离心泵设备中不可缺少的重要零部件。

原油介质多数具有腐蚀性、可燃性、易爆性及毒性，一旦密封失效、介质泄漏，不仅影响生产，而且污染环境、影响人体健康，还可能发生火灾、爆炸等重大事故，所以可靠的机械密封系统至关重要。机械密封系统包括机械密封本身及辅助系统装置，机械密封能够安全、可靠、长周期运行需要良好的辅助系统装置。辅助密封系统可以改善环境和创造良好的工作条件，可以使整个密封做到零泄漏，能够保证密封的工作可靠性并延长机械密封的使用寿命，可为机械设备和工艺装置长时间连续、安全可靠运行提供保证，同时减少有毒、有害等物质泄漏到大气中对环境造成污染。

机械密封的冲洗是一种控制温度、延长机械密封寿命的最有效措施。冲洗的目的在于带走热量、降低密封腔温度，防止液膜汽化，改善润滑条件，防止干运转、杂质沉积。所以机械密封冲洗系统具有控制温度及压力、改善润滑、控制腐蚀及磨蚀、除杂防垢、防止污染等作用。美国石油学会的 API 610《石油、石化和天然气工业用离心泵》和 API 682《用于离心泵和回转泵的泵——轴封系统》对石油化工用泵的轴封系统做了非常详细的规定，国内外制造厂和用户都按此标准执行。

本书作者推荐几种典型的标准密封冲洗方案，其他更为详细的冲洗方案请参考 API 682《用于离心泵和回转泵的泵——轴封系统》。

一、标准密封冲洗方案 PLAN 01

图 8.5－1 为标准密封冲洗方案 PLAN 01 示意图。

方案描述：从泵出口处对密封腔进行内部冲洗。

方案特点：通常无法对密封端面进行直接冲洗，散热能力有限；降低液体暴露管道中冻结或聚合的风险。

适用工况：适用于清洁、温度适中的介质；不适用于立式泵；与单密封件一起使用，极少与双密封件一起使用。

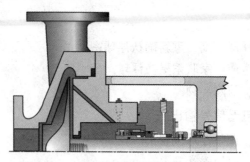

图 8.5 – 1　标准密封冲洗方案 PLAN 01

二、标准密封冲洗方案 PLAN 02

图 8.5 – 2 为标准密封冲洗方案 PLAN 02 示意图。

方案描述：没有冲洗的密闭密封腔。

方案特点：方案简单，无需环境控制。

适用工况：适当温度的大腔或喉部敞开式密封腔；清洁的介质；使用干运转密封的顶入式混合器或搅拌器。

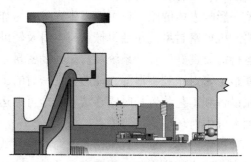

图 8.5 – 2　标准密封冲洗方案 PLAN 02

三、标准密封冲洗方案 PLAN 11

图 8.5 – 3 为标准密封冲洗方案 PLAN 11 示意图。

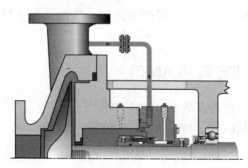

图 8.5 – 3　标准密封冲洗方案 PLAN 11

方案描述：从泵出口经节流孔板对密封进行冲洗。

方案特点：方案简单，可靠性高，但需要对节流孔板进行定期维护；节流孔板尺寸通常不能小于3mm。

适用工况：清洁的介质或颗粒较少的介质；默认单密封冲洗方案；不适用于立式泵；在原油管输企业中普遍采用。

四、标准密封冲洗方案 PLAN 13

图8.5－4为标准密封冲洗方案 PLAN 13 示意图。

方案描述：从密封腔经节流孔板至泵入口的再循环。

方案特点：实现（立式泵）密封腔持续地排气，密封腔散热效果良好。需要对节流孔板进行定期维护；节流孔板尺寸通常不能小于3mm。

适用工况：清洁的介质；立式泵的标准冲洗方案。在化工企业中普遍采用。

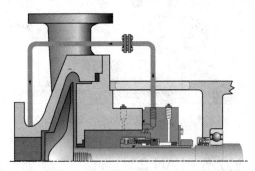

图8.5－4　标准密封冲洗方案 PLAN 13

五、标准密封冲洗方案 PLAN 14

图8.5－5为标准密封冲洗方案 PLAN 14 示意图。

方案描述：密封冲洗通过节流孔板从泵出口并再次循环至泵入口；可看成 PLAN 11 和 PLAN 13 的结合。

方案特点：实现密封腔持续的排气，密封腔散热效果良好。需要对节流孔板进行定期维护，节流孔板尺寸通常不能小于3mm。增加密封腔压力和液体汽化余量。

适用工况：清洁的介质。

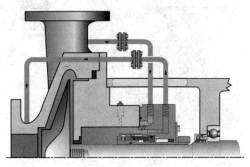

图8.5－5　标准密封冲洗方案 PLAN 14

六、标准密封冲洗方案 PLAN 21

图 8.5 –6 为标准密封冲洗方案 PLAN 21 示意图。

方案描述：从泵出口经节流孔板和冷却器对密封进行冲洗。PLAN 11 冲洗中加强了散热。

方案特点：密封冷却；降低液温以增加液体汽化余量；减少结焦。

适用工况：高温工况，通常低于 350℉（177℃）；高于 180℉（80℃）的热水。

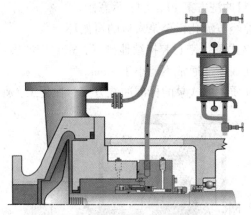

图 8.5 –6　标准密封冲洗方案 PLAN 21

七、标准密封冲洗方案 PLAN 23

图 8.5 –7 为标准密封冲洗方案 PLAN 23 示意图。

方案描述：从内部泵送装置经冷却器对密封进行冲洗。

方案特点：低冷却器负载下高效的密封冷却；增加汽化余量；提高水的润滑特性。

适用工况：高温工况，热烃；高于 180℉（80℃）的锅炉给水和热水；热水工况的标准冲洗方案。

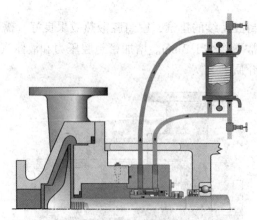

图 8.5 –7　标准密封冲洗方案 PLAN 23

八、标准密封冲洗方案 PLAN 31

图 8.5 – 8 为标准密封冲洗方案 PLAN 31 示意图。

方案描述：从泵出口经旋液分离器对密封进行冲洗；离心分离出的固体颗粒返回泵入口。

方案特点：从冲洗液和密封腔去除固体颗粒。

适用工况：含固体颗粒的介质，对于密度为工艺流体两倍的颗粒，旋液分离器的效果最佳；密封腔压力必须非常接近吸入压力，以保持适当的流量；在原油管输企业中普遍采用。

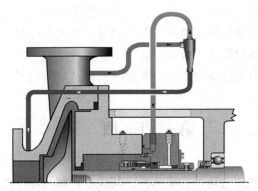

图 8.5 – 8　标准密封冲洗方案 PLAN 31

思考题

1. 简述泵机组振动超限的原因？
2. 说明泵机组温度监测点位置有哪些？
3. 原油管输企业中的泄漏开关应该如何进行保养？
4. 噪声级别的三个限值计算公式是什么？
5. 机械密封的作用是什么？
6. 标准密封冲洗方案 PLAN 11 和 PLAN 31 各有什么特点和用途？

第九章 润滑管理

设备润滑管理就是利用科学管理手段，按照技术规范的要求，实现设备的及时、正确、合理润滑，使设备安全正常运转。

同时设备润滑管理也是设备管理与设备维修保养工作的一个重要的组成部分。正确、合理的润滑能减少设备摩擦和零件的磨损，延长设备使用寿命，充分发挥设备的效能，降低其功能损耗，防止设备锈蚀和受热变形等。相反，忽视设备润滑工作、润滑不当，必将加速设备磨损，造成设备故障和事故频繁，使工业生产受到影响。因此，设备管理、使用和维修人员都应当重视设备的润滑工作，并时刻铭记"设备润滑无小事"。

第一节 概 述

机械设备中各种发生相对运动的零部件，其接触表面间都存在摩擦，而磨损是摩擦产生的后果，为了改善摩擦状态，在相互运动的两摩擦表面间加入能够起到减少摩擦阻力的物质，这些物质不管是液态、气态、半固态或固态，均称为润滑剂，或叫减磨剂。

现阶段，科学技术的快速发展为设备系统长周期运行提供了可靠的保证和坚实的技术支撑。同时，设备检修周期的不断延长也为设备本身提出了更加苛刻的要求。因而做好设备润滑工作、保持设备润滑状况良好及润滑系统工作正常，是保障设备正常运转、提高设备生产效率的有效措施。

一、润滑的基本原理

摩擦副在全润滑状态下运行，这是一种理想的状况。但是，如何创造条件，采取措施来形成和满足全润滑状态则是比较复杂的工作。我们在长期生产实践中不断对润滑原理进行了研究和探索，有的比较成熟，有的还在研究。现就常见到的动压润滑、静压润滑、动静压润滑、边界润滑、极压润滑、固体润滑、自润滑等的润滑原理，作一简单介绍。

（一）动压润滑

通过轴承轴颈的旋转将润滑油带入摩擦表面，由于润滑油的黏性和油在轴承副中的楔形间隙形成的流体动力作用而产生油压，即形成承载油膜，称为流体动压润滑。流体动压润滑理论的假设条件是润滑剂的黏性，即润滑油的黏度在一定的温度下，不随压力的变化而改变；其次是假定了相对摩擦运动的表面是刚性的，即在受载荷及油膜压力作用下，不随压力的变化而改变。在上述假定条件下，对一般非重载的滑动轴承，这种假设条件接近实际情况。但是，在滚动轴承和齿轮表面接触力增大一定压力时，上述假定条件就与实际情况不同。这时摩擦表面的变形可达油膜厚度的数倍，而且润滑的黏度也会成几何倍数增加，因此在流体动压润滑理论的基础上，应该考虑由压力引起的金属摩擦表面的弹性变形和润滑油黏度随压力改变这两个因素，来研究和计算油膜形成的规律及厚度、油膜截面形状和油膜内的压力分布更为切合实际，这种润滑就称为弹性流体动压润滑。

（二）静压润滑

通过一套高压的液压供油系统，将具有一定压力的润滑油经过节流阻尼器，强行供运到副摩擦表面的间隙中（如在静压滑动轴承的间隙中、平面静压滑动导轨的间隙中、静压丝杆的间隙中等）。摩擦表面在尚未开始运动之前，就被高压油分隔开，强制形成油膜，从而保证了运动副能在承受一定工作载荷条件下，完全处于液体润滑状态，这种润滑称为液体静压润滑。

（三）动、静压润滑

随着科学技术的发展，近年来在工业生产中出现了新型的动、静压润滑的轴承。液体动、静压联合轴承充分发挥了液体动压轴承和液体静压轴承二者的优点，克服了液体动压轴承与液体静压轴承二者的不足。主要工作原理是：当轴承副在启动或制动过程中，采用静压液体润滑的方法，将高压润滑油压入轴承承载区，把轴颈浮起，保证了液体润滑条件，从而避免了在启动或制动过程中因速度的变化不能形成动压油膜，使金属摩擦表面直接接触而产生摩擦与磨损。当轴承副在全速稳定运行时，可将静压供油系统停止，利用动压润滑供油形成动压油膜，仍旧能保证轴颈在轴承中的液体润滑条件。这样的工作原理，从理论上来说，在轴承副启动、运转的整个过程中，完全避免了半液体润滑和边界润滑，成为液体润滑。因此，在摩擦系数很低的情况下，只要克服润滑油黏性所具有的液体内分子间的摩擦阻力就行。此外，由于摩擦表面完全被静压油膜和动压油膜分隔开，因此，若情况正常，则几乎没有磨损产生，故能大大地延长轴承的工作寿命，减少动能消耗。

（四）边界润滑

边界润滑是从摩擦表面间的润滑剂分子之间的内摩擦过渡到摩擦表面直接接触之前的临界状态，此摩擦界面上存在着一层吸附的薄膜，具有一定的润滑性能。我们称这层薄膜为边界膜。边界膜的润滑性能取决于摩擦表面的性质，也取决于润滑剂中的油性添加剂、极压添加剂对金属摩擦表面形成的边界膜的结构形式，而与润滑油的黏度关系不大。

（五）极压润滑

极压润滑是属于边界润滑的一种特殊情况，也就是摩擦副处在重载（或接触应力）、高速、高温条件下，润滑油中的极压添加剂与金属摩擦表面起反应生成一层化学反应膜，将两摩擦表面分隔开，并起到降低摩擦系数、减缓磨损（或改变金属表面直接接触的严重磨损），达到润滑的作用。

（六）固体润滑

在摩擦面之间放入固体粉状物质的润滑剂，同样也能起到良好的润滑效果，在两摩擦面之间有固体润滑剂，它的剪切阻力很小，稍有外力，分子间就会产生滑移。这样就把两摩擦面之间的外摩擦转变为固体润滑剂分子间的内摩擦。固体润滑有两个必要条件，首先是固体润滑剂分子间应具有低的剪切强度，很容易产生滑移；其次是固体润滑剂要能与摩擦面有较强的亲和力，在摩擦过程中，总是使摩擦面上始终保持着一层固体润滑剂，而且这一层固体润滑剂不腐蚀摩擦表面。一般在金属表面上是机械附着，但也有形成化学结合的。

（七）自润滑

以上所讲的几种润滑，在摩擦运动过程中，都需要向摩擦表面加入润滑剂。而自润滑是将具有润滑性能的固体润滑剂粉末与其他固体材料相混合并经压制、烧结成材，或是在多孔性材料中浸入固体润滑剂；或是用固体润滑剂直接压制成材，作为润滑表面。这样在整个摩擦过程中，不需要加入润滑剂，仍能具有良好的润滑作用。自润滑的机理包括固体润滑、边界润滑，或两者皆有。例如聚四氟乙烯制品制成的压缩机塞环、轴瓦、轴套等都属自润滑，因此在这类零件的运行过程中，它不要再加任何润滑剂也能保持良好的润滑作用。

二、润滑的作用

润滑的目的是在机械设备摩擦副相对运动的表面之间加入润滑剂以降低摩擦阻力和能源消耗，减少表面磨损，防止腐蚀，延长设备的使用寿命，保障其正常运转。润滑的作用主要有以下几个方面。

（一）降低摩擦

摩擦副相对运动的表面之间加入润滑剂后，形成润滑膜，将摩擦表面分隔开，使金属表面间的摩擦转化成具有较低抗剪强度的油膜分子间的内摩擦，从而降低摩擦阻力和能源消耗，使摩擦副运转平稳。

（二）减少磨损

摩擦表面形成的润滑剂膜，可以降低摩擦并支承载荷，因而可以减少机械设备的表面磨损及划伤，保持零件的配合精度。

（三）冷却作用

用液体润滑剂的循环润滑系统，可以将摩擦产生的热量带走，降低机械设备的发热。

（四）防止腐蚀和锈蚀

摩擦表面的润滑剂膜可以隔绝空气，减轻腐蚀性气体及水蒸气等介质对摩擦表面的侵蚀，防止或减缓机械表面生锈。目前有不少润滑油脂中还添加有防腐蚀剂或防锈剂，可大大减缓金属表面腐蚀的作用。

此外，有些润滑剂可以将冲击振动的机械能转变为液压能，起阻尼、减振或缓冲作用。随着润滑剂的流动，可以将摩擦表面上污染物、磨屑等杂质冲洗带走。有的润滑剂还可起密封作用，防止冷凝水、灰尘及其他杂质的侵入。

第二节 润滑油（脂）的选用原则

润滑剂的选择，首先是要满足降低摩擦副表面间摩擦阻力和能源消耗、减少表面磨损的要求，以延长设备使用寿命、保障设备正常运转，同时解决冷却、污染和腐蚀等问题。

在实际应用中，最好的润滑剂，应当是在满足摩擦副正常工作需要的前提下，润滑系统简单，容易维护，资源容易取得，价格合理。

目前市场上有针对各种设备的润滑剂，种类繁多，如果不是专业人员，就很难搞清楚它的用途及效果，一般来说，润滑剂的选用宜遵循以下三个原则：一是设备实际使用时的工作条件（即工况）；二是设备制造厂商说明书的指定或推荐；三是润滑剂制造厂商的规定或推荐。

对于设备厂家规定不清楚或润滑剂推荐不符合的设备，选择润滑剂时必须考虑到设备允许的运行工况，如载荷（或压力）、速度和工作温度（包括由摩擦所引起的温升，工作时间），以及摩擦系数、磨损率、发热与振动数据等。

由于设备的结构可以确定其与润滑剂相互作用的系统其他部件，考虑系统其他部件的材料和表面特性，较重要的因素是对可能发生的摩擦过程进行评价，如接触状态、界面处的摩擦与磨损机理以及主导的润滑状态。此外，应考虑与系统无关的润滑剂特性，如润滑剂的费用、利用率以及润滑剂的理化特性，还应考虑环境条件或润滑剂毒性等。在考虑综合经济效益、且能达到润滑要求、有利于管理的前提下，尽可能减少润滑剂的种类和牌号，降低采购和保管费用。

一、润滑油的选用

（一）工作载荷

运动副的工作载荷与其所使用润滑油的流动性和抗磨损性有着直接关系。运动副所受到的载荷大，所使用的润滑油的黏度应较大，油性及极压性等应良好。载荷小，所使用的油品黏度要小些，对油性和极压性的要求要低些。

（二）运动速度

通常运动副的运动速度高，则需使用黏度较低的润滑油以降低摩擦阻力，减少其所消耗的功率和发热。速度低，可使用较高黏度的油。

（三）工作温度

工作温度的高低，影响到设备所使用润滑油的黏度变化和氧化速度。工作温度升高，润滑油的黏度变低，反之则黏度升高，而且在高温下润滑油的氧化速度也会加快，润滑油寿命缩短。因此，处在高温下的润滑点，应使用黏度大、黏度指数高、闪点高和抗氧化安定性好的润滑油。一般润滑油的闪点应该比设备最高工作温度高 $20\sim30℃$。矿物润滑的最高使用温度为 $120\sim150℃$，酯类合成油的最高使用温度为 $200\sim250℃$，硅油为 $200\sim250℃$。

长期在低温条件下工作特别是高寒地区露天工作的设备和车辆，则因润滑油在低温下黏度过高，泵送性较差而难以启动，因此应选用低温性能较好的润滑油，通常所使用的润滑油凝点（或倾点）应低于环境温度 $8\sim10℃$。有些种类的润滑油如内燃机油、车辆齿轮油等还有冬用油、夏用油或冬夏通用油的品种，适用于不同季节、不同气温下使用。

（四）环境条件

除了上述工作温度以外，还应考虑运动副所处的潮湿和介质环境。对于处于潮湿环境如"梅雨"季节、盐雾、水蒸气、冷却液或乳化液等环境下运行的设备润滑点，一般润滑油容易变质、乳化或被水冲走而流失，这时应选用抗乳化性强、防锈性和抗腐蚀性好以及黏附性强的油料；同时还要采取相对应的密封措施，防止水分和湿气、盐雾等的侵入。

介质环境如化学介质、腐蚀性介质（强酸、强碱、盐类等）等易于造成润滑油、脂的腐蚀性加大，为此应选用化学稳定性好的润滑油品。对于在辐射条件下工作的润滑油，应具有较强的抗辐射性；而在高温易燃条件下工作系统所使用的润滑油应具有一定的阻燃性。

二、润滑脂的选用

润滑脂的主要性能指标是稠度或工作锥入度，在选用润滑脂时，首先应明确润滑脂的作用，即在润滑减摩、防护、密封等方面所要起的作用。作为润滑减摩所用的润滑脂，主要需要考虑耐高低温的范围，负荷与转速等。作为防护润滑脂，应考虑所接触的介质与材质，着重考虑对金属、非金属的防护性质与安定性，如防锈性、抗水性、氧化安定性等。

作为密封润滑脂则应考虑接触的密封件材质与介质，根据润滑脂与材质（特别是橡胶）的相容性来选择与其相适宜的润滑脂。对于静密封，应选择黏稠一点的密封脂，而对于动密封，则应选择黏度低一些的密封脂。介质是水或醇类，应选用大黏度石蜡基的基础油所制成的酰胺脂、脲基脂，而介质是油类的则应选用耐油性密封脂。

（一）工作温度

润滑点的工作温度对润滑脂的润滑作用和使用寿命有着很大的影响，一般认为润滑点工作温度超过润滑脂允许的使用温度上限后，温度每升高 $10 \sim 15$℃，润滑脂的使用寿命将约降低 1/2，这是由于润滑脂基础油由于蒸发损失、氧化变质和胶体萎缩分油现象加速所致。

润滑点的工作温度还随周围环境温度的变化而变化，我国疆域辽阔，南北地区和冬夏之间气温差别较大，如北方某些严寒地区冬季气温有可能降至 -40℃ 以下，在选用润滑脂时应重点考虑气温变化对启动力矩和润滑性能的影响。除此之外，负荷、速度、长期连续运行、润滑脂装填得太多等因素也对润滑点的工作温度有一定影响。

（二）速度

润滑部件的运转速度越高，润滑脂所承受的剪切应力就越大，稠化剂形成的润滑脂纤维骨架所受到的破坏作用也就越大，润滑脂的使用寿命就会缩短。在温度、负荷条件相同时，设备运动速度是影响润滑脂应用的主要因素。

（三）负荷

对于重负荷的润滑点应该选用基础油黏度高、稠化剂含量高、具有较高极压性和抗磨性的润滑脂。

（四）环境条件

环境条件是指润滑点的工作环境和周围介质，如湿度、尘埃和是否有腐蚀性介质等。在潮湿环境或与水接触的情况下，可选用抗水性较好的润滑脂，如钙基、锂基、复合钙基脂，条件苛刻时，应选用加有防锈剂的润滑脂，不宜选用抗水性较差的钠基脂。处在强烈化学介质环境中的润滑点，应该选用抗化学介质的合成润滑脂，如氟碳润滑脂等。

除了以上几点条件之外，在选用润滑脂时，还应考虑其使用时的经济性，综合分析使用此种润滑剂以后是否能延长润滑周期，减少加注次数、脂消耗量、轴承的失效率和维修费用等。

第三节　润滑油

一、润滑油常用理化指标

（一）黏度

黏度是液体油品流动时的内摩擦力的量度。它是各种润滑油分类分级和评定产品质量的主要指标，对选用、生产、储存、运输和使用润滑油都有着重要意义。

润滑油的牌号大部分是以某一温度（通常是40℃或100℃）下的运动黏度范围的中心值来划分的，是选用润滑油的主要依据。机械所用润滑油的黏度必须适当，以保证机械可靠地润滑，减小机械摩擦阻力和机件磨损，提高机械效率，降低功率消耗。

1. 运动黏度

运动黏度表示液体在重力作用下流动时内摩擦力的量度，用符号 ν 表示。运动黏度是液体的动力黏度与其同温度下的密度之比。运动黏度的法定计量单位是 m^2/s，一般常用 mm^2/s。目前我们主要以 NB/SH/T 0870《石油产品动力黏度和密度的测定及运动黏度的计算　斯塔宾格黏度计法》规范中斯塔宾格黏度计法测定透明石油产品的运动黏度。

2. 黏温性能

所谓黏温性能，就是指润滑油黏度随温度变化而变化的程度。通常，把润滑油黏度随温度变化而变化的程度小者称之为黏温性能好；反之，则称之为黏温性能差。

一般石油基润滑油的黏度，在 20～100℃ 范围内，温度每升高或降低10℃时，其黏度大约随之减少或增大 30%～100%（低黏度的变化较小，高黏度的变化较大）。实际上，润滑油的黏温性能是与其组成有关的。由不同原油或即使是同一原油不同馏分油制得的润滑油的黏度性能不相同；含或不含增黏剂（黏度指数改进剂）的润滑油的黏温性能也是不相同的。一般烷烃和带侧链的环烷烃的黏温性能好，而环烷烃和芳香烃的黏温性能较差。而且温度的高低领域不同，润滑油的黏度变化也不一样。一般在较高温范围的变化较小，而在低温范围的变化则较大甚至很大。在机械运转的温度变化较大的条件下，要求在高低温都能保持良好的油膜，以保证良好的润滑，就要选用黏温性能好的润滑油。

（二）酸值

酸值分为强酸值和弱酸值两种，两者合并即为总酸值，通常所说的酸值即是总酸值。

润滑油的酸性组分主要是有机酸（环烷酸）和酸性添加剂，同时亦包括无机酸类、酯类、酚类化合物、重金属盐等。对于新油，酸值表示油品精制的程度，或添加剂的加入量（当加有酸性添加剂时）；对于旧油，酸值表示氧化变质的程度。一般润滑油在储存和使用过程中，由于有一定的温度，与空气中的氧发生反应，生成一定量的有机酸，或由于添加剂的消耗，油品的酸值会发生变化。因此，酸值过大说明油品氧化变质严重，应考虑换油。我国现行测定酸值主要是根据 GB/T 264《石油产品酸值测定法》进行测定。

（三）开口闪点

润滑油在规定的条件下，加热到所逸出的蒸气和空气所形成的混合气与火焰接触发生瞬间闪火时的最低温度称为闪点。按照所用闪点测定方法和仪器的不同，闪点可分为闭口闪点和开口闪点两种，通常闭口闪点低于开口闪点。一般蒸发性较大的润滑油多测闭口闪点，多数润滑油及重质油的蒸发性较小，则多测开口闪点。在闪点温度下只能使油蒸气与空气所组成的混合气燃烧，而不能使油品燃烧。

润滑油在规定的条件下，加热到它的蒸气能被接触的火焰点着并燃烧不少于 5s 时的最低温度称为燃点。我国测定开口闪点的方法依据 GB/T 3536《石油产品 闪点和燃点测定 法克利夫兰开口杯法》测定。

闪点是一个安全指标，用以鉴定油品及其他可燃液体发生火灾的危险性。闪点是有火灾危险出现的最低温度。按油品闪点的高低，在运输、储存和使用中应采取相应的防火措施。润滑油在选用时应根据其使用温度和工作条件进行选择。

（四）水分

润滑油中含水量的质量分数称为水分。水分测定执行 GB/T 260《石油产品水含量的测定 蒸馏法》规范。润滑油中的水分一般以游离水、乳化水和溶解水三种状态存在。一般说来，游离水比较容易脱去，而乳化水和溶解水就不易脱去。

润滑油中水分的存在，会促使油品氧化变质，破坏润滑油形成的油膜，使润滑油效果变差，加速有机酸对金属的腐蚀作用，锈蚀设备，使油品容易产生沉渣，而且会使添加剂（尤其是金属盐类）发生水解反应而失效，产生沉淀，堵塞油路，妨碍润滑油的循环和供应。不仅如此，润滑油水分，在使用温度低时，由于接近冰点使润滑油流动性变差，黏温性变坏；当使用温度高时，水汽化，不但破坏油膜而且产生气阻，影响润滑油的循环。

总之，润滑油中水分越少越好，因此，我们必须在使用、储存中精心保管油品，注意使用前及使用中的脱水。

（五）机械杂质

机械杂质就是指存在于润滑油中不溶于汽油、乙醇和苯等溶剂的沉淀物或胶状悬浮物。机械杂质是由润滑油的生产、储存和使用中的外界污染或机械本身磨损和腐蚀所带来的，大部分是砂石、铁屑和积炭类，也可能是由添加剂带来的一些难溶于溶剂的有机金属盐。机械杂质的测定按 GB/T 511《石油和石油产品及添加剂机械杂质测定法》的方法进行。

机械杂质和水分、灰分、残炭都是反映油品纯洁性的质量指标，反映油品精制的程度。一般地讲润滑油基础油的机械杂质的质量分数都控制在 0.005% 以下（机械杂质在此以下认为是无），加剂后成品油的机械杂质一般都增大，这是正常的。对我们来讲，测定机械杂质也有必要，因为润滑油在使用、储存、运输中混入灰尘、泥沙、金属碎屑、铁锈及金属氧化物等，由于这些杂质的存在，加速机械设备的磨损，严重时堵塞油路、油嘴和滤油器，破坏正常润滑。另外金属碎屑在一定的温度下，对油起催化作用，加速油品氧化变质，因此，在使用前和使用中，应进行必要的过滤。

（六）外状

润滑油的外状通常指油品的颜色，可以反映其精制程度和稳定性。精制的基础油，烃中的氧化物和硫化物脱除得干净，颜色较浅。但即使精制的条件相同，不同油源和类属的原油所生产的基础油，其颜色和透明度也可能是不相同的。在基础油中使用添加剂后，颜色也会发生变化，颜色作为判断油品精制程度高低的指标已失去了它原来的意义。因此，大多数的润滑油已无颜色（或色度）的指标。

对于在用或储运过程中的油品，通过比较其颜色的历次测定结果，可以大致地估量其氧化、变质和受污染的情况。如颜色变深，除了受深色物质污染的可能性外，则表明油品氧化变质，因为胶质有很强的着色力，重芳烃也有较深的颜色；又如颜色变乳浊，则油中必有水或气泡的存在。润滑油的颜色可用视觉直接观察。

实际上，只要油品的其他指标合乎要求，油品的颜色深浅对润滑效果是没有影响的。

二、液压油

液压油主要用作传递和转换能量并进行控制的液压传动的工作介质。它同时还起着液压系统内各部件的润滑、防腐蚀和冲洗、冷却等作用。

（一）液压油的主要性能

1. 合适的黏度，良好的黏温特性

黏度是选择液压油时首先考虑的因素。在相同的工作压力下，黏度过高，液压部件运动阻力增加，温升加快，液压泵的自吸能力下降，管道压力降和功率损失增大。若黏度过低，会增加液压泵的容积损失，元件内泄漏增大，并使滑动部件油膜变薄，支承能力下降。

由于液压油在温度、压力和剪切力作用下黏度变化不能过高，因此要求油的黏温特性好，不同地区下、不同季节时使用的液压油，黏度要求有所不同。

2. 良好的润滑性（抗磨性）

液压系统有大量运动部件需要润滑以防止相对运动表面的磨损，特别是压力较高的系统，对液压油的抗磨性要求要高得多。

3. 良好的抗氧化性

和其他油品一样，液压油在使用过程中都不可避免地发生氧化。液压油氧化后产生的酸性物质会增加对金属的腐蚀性，产生的油泥沉淀物会堵塞过滤器和细小缝隙，使液压系统失灵或工作不正常，因此要求油具有良好的抗氧化性。

4. 良好的抗剪切安定性

液压油经过泵、阀节流口和缝隙时，要经受剧烈的剪切作用，导致油中一些大分子聚合物如增黏剂的分子断裂，变成小分子，使黏度降低。当黏度降低到一定限度时，油就不能再使用。因此要求油具有良好的抗剪切安定性。

5. 良好的防锈和防腐蚀性

液压油在工作过程中不可避免地要接触水分、空气和油在使用过程中氧化而产生的酸

性物质等而引起液压元件的腐蚀或生锈，影响液压系统的正常工作或使元件损坏。因此要求液压油具有良好的防锈和防腐蚀性。

6. 良好的抗乳化性和水解安定性

液压油在工作过程中从不同途径混入的水分和冷凝水在受到液压泵和其他元件的剧烈搅动后，容易水解或乳化，使油劣化、变质，降低油的润滑性和抗磨性，生成的沉淀物会堵塞过滤器、管道以及阀门等，还会产生元件的锈蚀、腐蚀。因此要求液压油具有良好的抗乳化性和水解安定性。

7. 良好的抗泡沫性和空气释放性

在液压油箱里，由于混入油中的气泡随油循环，不仅会使系统的压力降低，润滑条件变坏，还会产生异常的噪声、振动和工作不正常。此外气泡还增加了油与空气的接触面积，加速油的氧化。因此要求液压油具有良好的抗泡沫性和空气释放性。

8. 对密封材料的适应性

由于液压油与密封材料的适应性不好，会使密封材料溶胀、软化或变硬而失去密封性能。因此要求液压油与密封材料能互相适应，不会产生不良影响。

除了以上几点要求外，对于在寒冷区或严寒区（气温在 $-35\,℃$ 或 $-45\,℃$ 以下）冬季工作的液压系统，还要求液压油有良好的低温流动性，能在低温下启动，即油的倾点要足够低。

（二）常用液压油的理化性能

1. L–HV 系列低温液压油

低温液压油常用的是 L–HV32、L–HV46 两种标号的润滑油，L 表示润滑油，HV 表示低温液压油，后面的 32、46 表示润滑油的黏度等级分别为 32、46。HV 低温液压油采用精制矿油作为基础油，加入抗剪切性能好的黏度指数改进剂、降凝剂，并加入相配伍的添加剂配制而成。根据 GB 11118.1《液压油》等相关规范，判定 L–HV 新油和旧油合格质量指标见表 9.3–1；其全黏温曲线见图 9.3–1 和图 9.3–2。

表 9.3–1 L–HV 系列常用新油和旧油质量指标

项 目	新油质量指标		旧油质量指标	
黏度等级	32	46	32	46
外状	透明	透明	透明	透明
水分（质量分数）/%	≤痕迹	≤痕迹	无	无
开口闪点/℃	≥175	≥180	≥158	≥162
运动黏度（40℃）/（mm²/s）	28.8～35.2	41.4～50.6	28.8～35.2	41.4～50.6
酸值/（mgKOH/g）	/	/	/	/
机械杂质	无	无	无	无

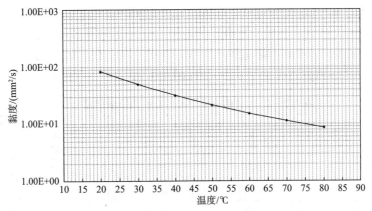

图 9.3 - 1　L - HV32 低温液压油全黏温曲线

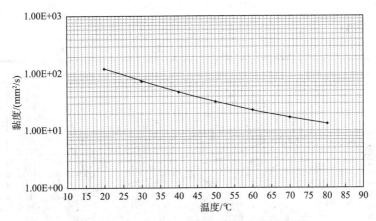

图 9.3 - 2　L - HV46 低温液压油全黏温曲线

低温抗磨液压油具有良好的抗磨、抗氧、抗乳化、抗泡、防锈、低温流动性、低温泵送性和优异的密封件适应性，适用于露天、寒区及环境温度变化大或工况苛刻的中、高压液压系统。

根据近 10 年 2020 个 L - HV 系列低温耐磨液压新油样的检测结果统计显示，低温抗磨液压油的性能如下：

L - HV32 低温抗磨液压油新油一般的外状为淡黄、透明，水分未检出，机械杂质无，酸值最大为 1.04mgKOH/g，最小为 0.2443mgKOH/g，平均值为 0.6386mgKOH/g；闪点最大为 255℃，最小为 188℃，平均值为 228℃；运动黏度最大为 36.58mm²/s，最小为 28.81mm²/s，平均值为 32.79mm²/s；油样的合格率为 97.4%，其中由于新油标号错乱产生的不合格率为 1.6%，运动黏度超标产生的不合格率为 1.0%。

L - HV46 低温抗磨液压油新油一般的外状为淡黄、透明，水分未检出，机械杂质无，酸值最大为 0.932mgKOH/g，最小为 0.0478mgKOH/g，平均值为 0.624mgKOH/g；开口闪点最大为 255℃，最小为 183℃，平均值为 231℃；运动黏度最大为 50.46mm²/s，最小为 31.1mm²/s，平均值为 46.51mm²/s；油样的合格率为 98.0%，其中由于新油标号错乱产生的不合格率为 1.4%，运动黏度超标产生的不合格率为 0.6%。

2. L - HM 系列抗磨液压油

抗磨液压油常用的是 L - HM46、L - HM68 标号的润滑油，L 表示润滑油，HM 表示抗磨液压油，后面的 46、68 表示润滑油的黏度等级为 46、68。抗磨液压油是由深刻精制的优质中性基础油加入抗氧、防锈、抗磨、抗泡沫、金属钝化等多种添加剂制成，具有突出的抗磨性，根据 GB 11118.1《液压油》等相关规范，判定 L – HM 新油和旧油合格质量指标见表 9.3 –2，其全黏温曲线见图 9.3 –3 和图 9.3 –4。

表 9.3 –2 L – HM 系列常用新油和旧油质量指标

项 目	新油质量指标		旧油质量指标	
黏度等级	46	68	46	68
外状	透明	透明	透明	透明
水分（质量分数）/%	≤痕迹	≤痕迹	无	无
开口闪点/℃	≥185	≥195	≥167	≥176
运动黏度（40℃）/(mm²/s)	41.4 ~50.6	61.2 ~74.8	41.4 ~50.6	61.2 ~74.8
酸值/(mgKOH/g)	—	—	—	—
机械杂质	无	无	无	无

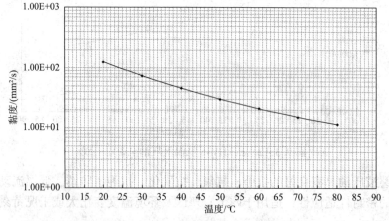

图 9.3 –3 L – HM46 抗磨液压油全黏温曲线

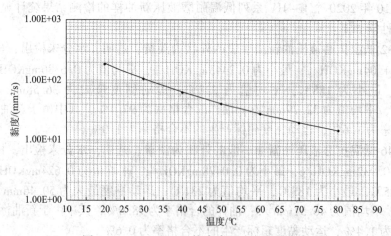

图 9.3 –4 L – HM68 抗磨液压油全黏温曲线

抗磨液压油具有良好的抗磨、抗氧、抗乳化、抗泡、防锈、优异的密封件适应性。适用于中、高压液压系统。

根据近 10 年 104 个润滑油样的检测结果统计显示，抗磨液压油的性能如下：

L-HM46 低温抗磨液压油的外状为淡黄、透明，水分未检出，机械杂质无；酸值最大为 0.856mgKOH/g，最小为 0.0752mgKOH/g，平均值为 0.458mgKOH/g；开口闪点最大为 254℃，最小为 199℃，平均值为 235℃；运动黏度检测平均值为 48.42mm²/s；油样的合格率为 92.5%，全部是由于新油标号错乱产生的问题。

三、汽轮机油

汽轮机油过去又称为透平油，主要用作润滑汽轮发电机组和水轮发电机组的滑动轴承、减速齿轮与调速器以及液压系统的介质等。

（一）汽轮机油的主要性能

1. 适宜的黏度

汽轮机油对黏度的要求，和汽轮机组的结构有关，采用压力循环的汽轮机，常使用黏度较小的汽轮机油。而采用油杯给油的小型汽轮机，则因转轴传热，影响油膜在轴承表面的黏着力，所使用的油品黏度稍大一些。由于润滑油的温度常超过 60℃，故要求油品的黏度指数不低于 90。

2. 良好的抗氧化安定性

汽轮机组通常长期连续运转，一般要求不少于 5 年（40000h 以上），有的可用到 10 年，每年定期补充消耗的油量。汽轮机长期与空气、蒸汽和金属接触，会发生氧化反应而生成酸性物质和沉淀物。酸性物质会使金属零件腐蚀。形成的盐类会促使油加速氧化和降低抗乳化性能，溶于油中的氧化产物又会使油的黏度增大，降低润滑、冷却效果，还会污染及堵塞润滑系统，使冷却效率下降，供油不正常。因此要求汽轮机油必须有良好的氧化安定性。

燃气汽轮机中的润滑油使用条件比蒸汽汽轮机苛刻，因此要求汽轮机油具有优异的氧化安定性。而船用汽轮机润滑油箱较大，油的循环次数也较多，油经受氧化的机会多，而且每次换油不易清洗干净，因此油的使用期限较短，一般不超过 3000h，最长 10000h。

3. 良好的破乳化性能

汽轮机油在使用过程不可避免地混入水分，使油乳化而生成乳浊液，油水不易分离而降低油的润滑性，同时使油加速氧化变质而使金属零部件锈蚀。因此要求油有良好破乳化性能（即水分离性能）。

除此之外，汽轮机油还应具有良好的抗泡沫性与防锈性。

（二）常用汽轮机油的理化性能

常用的汽轮机油是 L-TSA32、L-TSA46 标号润滑油，L 表示润滑油，TSA 表示矿物油型汽轮机油，后面的 32、46 表示润滑油的黏度等级分别为 32、46。根据 GB 11118.1《液压油》的规定，判定 L-TSA 系列汽轮机新油和旧油合格质量指标见表 9.3-3；其全黏温曲线见图 9.3-5 和图 9.3-6。

根据近 10 年 186 个润滑油样的检测结果统计显示，汽轮机油的性能如下：

L-TSA32 涡轮机油的外状为淡黄、透明，水分未检出，机械杂质无；酸值最大为 0.491mgKOH/g，最小为未检出，平均值为 0.089mgKOH/g；开口闪点最大为 253℃，最小为 199℃，平均值为 230℃；运动黏度最大为 45.35mm²/s，最小为 30.27mm²/s，平均值为 33.3mm²/s；油样的合格率为 92.3%，其中由于新油标号错乱产生的不合格率为 3.3%，运动黏度超标产生的不合格率为 3.3%，酸值超标产生的不合格率为 1.1%。

表 9.3-3　L-TSA 系列常用新油和旧油质量指标

项　　目	新油质量指标		旧油质量指标	
黏度等级	32	46	32	46
外状	透明	透明	透明	透明
水分（质量分数)/%	≤0.02	≤0.02	无	无
开口闪点/℃	≥186	≥186	≥168	≥168
运动黏度（40℃)/(mm²/s)	28.8~35.2	41.4~50.6	28.8~35.2	41.4~50.6
酸值/(mgKOH/g)	≤0.2	≤0.2	≤0.22	≤0.22
机械杂质	无	无	无	无

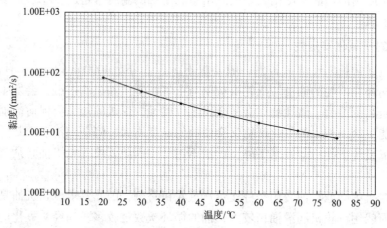

图 9.3-5　L-TSA32 汽轮机油全黏温曲线

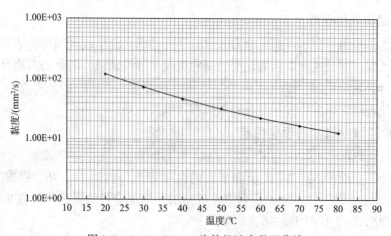

图 9.3-6　L-TSA46 汽轮机油全黏温曲线

第四节　润滑脂

润滑脂是将稠化剂分散于润滑剂中所组成的稳定的固体或半固体产品，这种产品可以加入旨在改善某种特性的添加剂和填料。由此可见，润滑脂的主要组成包括稠化剂、基础油以及添加剂和填料等。

稠化剂只占润滑脂质量的 5% ~30% ，它的主要作用是浮悬油液并保持润滑脂在摩擦表面的密切接触和较高的附着能力（与润滑油液相比较）并能减少润滑油液的流动性，因而能降低其流失、滴落或溅散。它同时也有一定的润滑、抗压、缓冲和密封效应，随温度的变化较小，因而在防腐蚀、沾污方面比润滑油液有更大的优点，黏温性能也较好。

润滑脂的基础油液即液体润滑油，一般约占润滑脂质量的 70% ~90% 。润滑脂的润滑性能、低温流动性、高温时蒸发性能、黏温性能等取决于基础油的类型和组成。润滑脂的基础油液的选择主要根据润滑脂的用途和使用条件确定。常用的润滑油液有矿物油与合成油，如合成烃类油、聚醚油、酯类油、硅油、氟油等。

润滑脂的添加剂的作用是改善润滑脂的使用性能和寿命，如结构改善剂、抗氧剂、极压剂、防锈剂、抗水剂、增黏剂等。润滑脂中的填料是为了增加润滑脂某些特殊性能，如润滑性和抗摩性，或在润滑脂的润滑膜遭受短暂的冲击负荷或高热的情况下，起补强作用。常用的填料有石墨、二硫化钼、滑石粉、炭黑、碳酸钙、金属粉等。

一、润滑脂的主要性能

（一）触变性

润滑脂在一定剪速下受到剪切作用，随着剪切时间的增加，脂中纤维结构骨架逐渐变形互解，稠度下降，脂变稀；当剪切停止时，结构骨架又逐渐恢复，脂又变稠。这种由稠变稀，由稀变稠的现象称为触变性。通常以稠度为衡量润滑脂触变性质的指标，它与润滑脂在润滑部位保持能力和密封性能以及脂的输送和加注方式有关。目前国际上通用的稠度等级是按照美国润滑脂协会（NLGI）的稠度等级，将润滑脂分为 9 个等级，参见表9.4 -1。润滑脂的稠度通常用锥入度（又称针入度）度量，锥入度表示在规定的负荷、时间和温度的条件下，标准针或锥垂直穿入固体或半固体石油产品的深度，以 1/10mm 表示。锥入度值愈大，表示稠度愈小；反之，则稠度愈大。

表 9.4 –1　润滑脂稠度等级（NLGI）

稠度等级	锥入度范围（工作 60 次）/0.1mm	稠度等级	锥入度范围（工作 60 次）/0.1mm
000	445 ~475	3	220 ~250
00	400 ~430	4	175 ~205
0	355 ~385	5	130 ~160
1	310 ~340	6	85 ~115
2	265 ~295		

另外，由于润滑脂在剪切作用下会发生稠度的变化，因此用润滑脂受机械作用（剪切）后其稠度改变的程度来表示其机械安定性，一般用机械作用前后锥入度（或微锥入度）的差值表示，这个差值越小，机械安定性越好。

（二）黏度

润滑脂通常用表观黏度或相似黏度来表示其黏度，在说明润滑脂的黏度时，必须指明温度和剪切速度。可采用相似黏度指标来控制其低温流动性和泵送性。

（三）强度极限

润滑脂的强度极限是指引起试样开始流动所需最小剪应力，又称极限剪应力或强度极限应力。润滑脂强度极限是温度的函数。温度越高，脂的强度极限变小，温度降低，脂的强度极限变大，它的大小取决于稠化剂的种类与含量，和制脂工艺条件也有一定的关系。

（四）低温流动性

衡量润滑脂低温性能的重要指标之一是低温转矩，即在低温下（−20℃以下）润滑脂阻滞低速滚动轴承转动的程度，润滑脂的低温转矩由启动转矩和转动60min后转矩的平均值表示。

低温转矩的大小关系到用润滑脂润滑的轴承低温启动的难易和功率损失，与润滑脂组成、流动特性等关系很大，对使用脂润滑的微型电机、精密仪器仪表的低温使用性能有很大影响。

（五）滴点

润滑脂在规定条件下达到一定流动性时的最低温度称为滴点。润滑脂的滴点有助于鉴别润滑脂类型和粗略估计润滑脂的最高使用温度。一般说来，对于皂基脂，其使用温度应低于滴点20～30℃，滴点愈高，其耐热性愈好。

（六）蒸发性

润滑脂的蒸发性（度）表示润滑脂在高温条件下长期使用时，润滑脂油分挥发的程度。蒸发性越小，越为理想。脂的蒸发性主要取决于润滑油的性质和馏分组成。

（七）胶体安定性

润滑脂的胶体安定性是指润滑脂在一定温度和压力下保持胶体结构稳定，防止润滑油由润滑脂中析出的性能，也就是润滑脂抵抗分油的能力。通常把润滑脂析出油的数量换算为质量分数来表示。润滑脂的胶体安定性反映出润滑脂在长期储存中与实际应用时的分油趋势，如果润滑脂的胶体安定性差，则在受热、压力、离心力等作用下易于发生严重分油，导致寿命迅速降低，并使润滑脂变稠变干，失去润滑作用。

（八）氧化安定性

氧化安定性是指润滑脂在长期储存或长期高温下使用时抵抗热和氧的作用，而保持其性质不发生永久变化的能力。由于氧化，往往发生游离碱含量降低或游离有机酸含量增大，滴点下降，外观颜色变深，出现异臭味，稠度、强度极限，相似黏度下降，生成腐蚀性产物和破坏润滑脂结构的物质，造成皂油分离。因此，在润滑脂长期储存中，应存放在干燥通风的环境中，防止阳光曝晒，并应定期检查游离碱或游离有机酸、腐蚀性等项目的变化，以保证其质量和使用性能。

二、电机轴承润滑脂

中小型电机通常装备的是滚动轴承，当使用条件（取决于转速、负载和运行条件）超出限值时，电机采用滑动轴承。润滑脂本身就具有密封作用，这样可允许采用密封程度不高的机构达到简化设计的目的。经验证明在一定转速范围内使用锂基脂润滑，比用滴油法具有更低的温升和更长的轴承寿命。滚动轴承的摩擦为点和线的摩擦，润滑剂在运行面上所形成的油膜可减少摩擦和磨损，防止烧结和擦伤，减少动力消耗，并通过传导排出热量，防止轴承温度上升。

（一）电机轴承润滑脂工作原理

电机轴承的润滑是依靠润滑脂内的三维纤维网状结构在剪切力作用下被拉断时析出的润滑油，在轴承的转动元件、轴承座以及其座圈上形成一层润滑膜而起润滑作用的。

当新装润滑脂的轴承开始转动时，润滑脂首先从转动元件上被甩出，并快速在轴承盖的腔内循环、冷却。随后润滑脂又从旋转的轴承座圈外侧切入到转动元件上，紧贴着转动元件表面的那部分脂，在剪切力作用下拉断了纤维网状结构，使少量析出的润滑油在转动元件和座圈表面上形成一层润滑膜。其余部分的润滑脂仍然可以保持完好的纤维网状结构，起到冷却和密封作用。

在轴承刚开始运转时，润滑脂的湍动产生摩擦热，使轴承温度上升到一个最大值。然后，随着不断的剪切作用析出润滑油，在轴承的转动元件，轴承座和轴承座圈上形成一层润滑膜之后，这种摩擦热又逐渐减小，同时，不断从转动元件甩出到轴承盖空腔内的润滑脂又起了良好的冷却作用，从而使轴承温度又逐渐下降、趋于一个相对稳定的值。

由以上电机轴承润滑脂的工作原理可以看出，润滑脂在电机轴承内不是依靠脂黏附在金属表面上起润滑作用的，而是像液体一样在轴承盖的空腔内不断地循环流动，即不断从转动元件上甩出到轴承盖空腔内，又不断从轴承盖空腔返回到转动元件上，从而反复地剪切和冷却，以保证轴承不发生异常温升。现代高级的机电轴承用润滑脂必须能保证按这个工作原理在轴承内部运行。

电机轴承内填充的润滑脂的量应保持在轴承盖内全部空腔的1/3，留下2/3的空间，从而保证有足够的空间让从转动元件上甩出的润滑脂充分冷却后返回到转动元件上，以达到控制温升的目的。同时还要注意填充的润滑脂量不可过少，因为润滑脂的量过少将无法使从转动元件上甩出的润滑脂从轴承盖内返回到转动元件上，从而造成润滑不足。

（二）电机轴承润滑脂性能要求

（1）适应性好，具有高低温性能，可在室内外、南北方通用。

（2）润滑性、抗磨性好，不甩油、不干涸、不乳化、不流失，润滑脂本身不应含有固形物。

（3）抗氧化性能好，经长期使用后，润滑脂的外观颜色、酸碱度变化小，无明显氧化现象。

（4）流动性好，一般要求使用温度在 $-25 \sim 120℃$，启动力矩小，运转力矩低，功耗少，温升低。

（5）防锈性、防盐雾能力强，抗水性好，可适用于苛刻的工作环境。

（6）绝缘等级为 A、E、B 级，不得含有硫、氯极压添加剂。

（7）使用寿命长，可延长维修周期，减少轴承消耗。

（8）适宜的稠度，具有较好的减振作用，可降低电机轴承的噪声，有利于环境保护。

（三）润滑脂对电机轴承噪声的影响

降低噪声是电机、风机和类似设备对轴承性能的一项特殊要求。随着人们对环境保护工作的要求日益提高，降低噪声已经成为人类生存环境的一项重要指标。影响轴承噪声的主要因素有两个：一是轴承的设计、材质和制造工艺水平；二是轴承用润滑脂的质量和特性。

1. 基础油

一般来说，黏度高、噪声低，但由于电机轴承是高速应用，从温升和能耗角度，倾向于用低黏度基础油。所以，基础油黏度应适中。油的成分，通常认为环烷基油噪声低于石蜡基油。

2. 稠化剂

金属皂稠化剂的纤维长度和宽度越大，噪声也越大。复合皂助长噪声，所以复合锂基脂不适合作电机轴承脂。稠度小、噪声低。聚脲基蜡噪声较低。

3. 杂质

二硫化钼、石墨和亚硝酸钠均会增加噪声，因此电机轴承用脂一般不含这些物质。任何其他杂质都会增加噪声，所以电机轴承脂的总杂质含量要求较严。

4. 润滑性

为了保持轴承长期噪声不增加，要求润滑脂在长期使用过程中始终能在轴承表面保持均匀的一层油膜来防止轴承划伤磨损，减少振动，达到降低噪声的目的。因此，作为电机轴承用润滑脂最根本的要求是高温下长寿命、不氧化、水淋性好、附着性好、分油率低、低温流动性好等，保证在各种工作环境下轴承不磨损，油膜保持均匀一致，这样一来才能保证噪声不增加。

第五节　润滑管理

设备润滑管理也是设备管理与设备维修保养工作的一个重要的组成部分。正确、合理的润滑能减少设备摩擦和零件的磨损，延长设备使用寿命，充分发挥设备的效能，降低其功能损耗，防止设备锈蚀和受热变形等。部分管理者只是单纯追求经济指标，认为设备只要能运转就行，不重视设备的润滑管理工作。作为设备管理的基础工作之一，润滑管理是需要资金投入的，无论是油品升级换代、配套相应的设施和设备，还是设备用油的化验和检测，都需要资金投入。

一、润滑管理的基本任务

设备润滑管理是设备管理的一个重要组成部分。加强设备润滑管理工作，并建立科学的管理制度，对促进企业的发展，提高企业经济效益和社会效益有着极其重要的意义。

设备润滑管理的基本任务概括起来是：保证设备润滑系统正常，提高设备生产效率；减少摩擦阻力和机件磨损，延长设备使用寿命；降能节油，防止设备事故的发生。具体包括：

（1）建立健全设备润滑管理组织机构，配备必要人员，制定并完善各项润滑管理规章制度。如润滑工作人员的职责和工作细则；日常润滑管理工作的分工；入厂油品的质量检验及油品库房的管理；设备清洗，换油计划的编制与实施；油品消耗定额的管理；废油回收与再生利用；润滑工具、器具和装置的供应与使用管理；治理设备漏油等制度。

（2）组织编制润滑管理所需要的各种基础技术资料。如：各种型号设备的润滑图表和卡片，油箱储油量定额，润滑材料消耗定额，设备换油周期，根据检测设备润滑油各项指标确定换油标准，清洗换油的操作工艺，以指导操作人员、维修人员等做好设备润滑工作。

（3）指导有关人员按润滑"五定"（定员、定质、定量、定期、定人）和"三级过滤"（领油、转桶、加油时进行过滤）要求，做好在用设备的润滑工作。

（4）实行定额用油管理，按期向供应部门提出年、季度润滑油品需用量的申请计划，并按月把用油指标分解落实到单台设备。

（5）实施新进油品的质量检验工作，禁止发放不合格油品。

（6）编制年、季、月设备清洗换油计划，实施按质换油的工作制度。

（7）做好设备润滑的状态监测，及时采取措施，配备和更换损坏的润滑零件、装置和工具，改进和完善润滑装置，治理设备漏油，消除设备润滑中的油品浪费现象。

（8）组织设备润滑事故的分析。对于已经发生的设备润滑事故必须组织有关部门领导和相关人员到现场进行认真仔细地分析研究，做到"三不放过"，即：事故原因查不清不放过，责任不落实不放过，今后改进措施不落实不放过。

（9）收集新油品信息，逐步做到引进设备润滑用品国产化，做好短缺油品的代用和掺配工作。

（10）组织废油的回收、再生和利用工作。

（11）组织润滑工作人员的技术培训，学习国内外润滑管理先进经验，推广应用润滑新技术、新材料和新装置，不断提高企业润滑管理工作的水平。

二、润滑装置及器具管理制度

润滑装置及器具在日常使用中消耗大，品种多，容易损坏，为保证设备经常处于良好的润滑状态，必须统一归口管理。

（1）设备管理部门应对各种规格型号的润滑装置及器具的数量进行统计，建立润滑装置和润滑器具台账。

（2）对相关的润滑装置应做出计划进行外购，并定量储备；易损器具按计划定量采购储备。

（3）润滑器具破损时，以旧换新。对维护不当，责任心不强造成的损坏与丢失的润滑装置和器具应酌情赔偿处理。

（4）设备管理部门应使本单位使用的润滑装置和器具逐步标准化、系列化，并建立台账。

三、润滑管理的"五定""三过滤"

为做好设备润滑管理工作，中国石化已将设备润滑的"五定"与"三过滤"制度纳入企业设备的管理规范，并收到了显著成效。

（一）五定：定点、定质、定量、定时、定人

1. 定点

确定每台设备的润滑部位及润滑点。

（1）各种设备都要按给油规定的部位或润滑点加、换润滑油。

（2）设备管理人员、设备操作以及维修人员必须熟悉有关设备的润滑部位和润滑点。

2. 定质

根据设备技术性能、工况条件确定润滑点所用润滑油品种、牌号。

（1）必须按照规定的润滑品种和牌号加、换润滑油。

（2）加、换润滑油时必须使用清洁的器具，以防止润滑油被污染。

3. 定量

确定各润滑点所用润滑油的每次添加量、日常保持量、一次换油量以及每台设备每年所需各种润滑油的总数量。

（1）日常加油点要按照日常加油定额合理加油，既要做到保证润滑，又要避免浪费。

（2）按油池油位油量的要求补充。

（3）换油要按油池容量，循环系统要开机运行，确认油位不再下降后补充至油位。

4. 定时

按润滑规定确定设备加油周期、换油周期、取样检测周期。

（1）设备操作人员在设备运行之前必须按润滑要求检查设备润滑系统，对需要日常加油的润滑点进行加油。

（2）设备的加油、换油要按规定时间检查和补充，按计划清洗换油。

（3）备用的新润滑油和设备油池里的油样应按季度进行取样分析。

5. 定人

明确有关人员对设备润滑工作应负有的责任。

（1）当班操作人员负责对设备润滑系统进行日常检查，确定设备润滑正常后方能操作设备。

（2）当班操作人员负责对设备的日常加油部位实施班前和班中加油润滑。

（3）当班操作人员负责对润滑油池的油位进行检查，不足时及时补充。

（4）由设备管理人员负责，操作人员参加，对设备油池按计划进行清洗换油。

（5）由抢维修人员负责对设备润滑系统进行定期检查，并负责治理漏油。

（二）"三过滤"

"三过滤"亦称"三级过滤"，是为了减少油液中的杂质含量，防止尘屑等杂质随油进入设备而采取的净化措施。具体就是润滑油入库过滤、发放过滤和加油过滤。

（1）入库过滤：润滑油经过输入库、泵入油罐储存时，必须经过严格过滤。

（2）发放过滤：润滑油注入润滑容器时要过滤。

（3）加油过滤：润滑油加入设备储油部位时也必须先过滤。

滤网的规定应符合：机械油、压缩机油 60 目为一级过滤，80 目为二级过滤，100 目为三级过滤。汽缸油、齿轮油 40 目为一级过滤，60 目为二级过滤，80 目为三级过滤。对于特殊油品，则按特殊规定执行。

四、其他注意事项

在日常的管理工作中，对设备的润滑也存在着不少误解，有必要特别提出加以纠正。

（一）设备润滑就是加油

润滑并不是这么简单，它是综合运用流体力学、固体力学、材料学、物理化学等基础理论来研究润滑原理、润滑材料和润滑方式，控制有害摩擦、磨损的一门科学。加油仅仅是润滑之中的一环而已。一台设备的润滑，其实从它的设计阶段就开始了，并且贯穿于整个设备使用寿命始终。

（二）油越多越好

事实并非如此，简单地说，我们把润滑油加到两个摩擦表面之间，目的是在两个摩擦表面形成薄薄的油膜，避免直接接触，从而减少磨损。但是，考虑到加润滑油的某些副作用，就必须严格控制加油量。例如输油泵端瓦、腰瓦加润滑油时，必须注意不要将油腔全部加满，因为这样会使轴瓦转动时，阻力增大，容易发热，一般只要填满油腔的 1/3 ~ 2/3 即可。

（三）润滑油可以相互替换使用

设备润滑油的选择，根据设备的工作条件、工作环境、摩擦表面具体特点和润滑方式的不同，选用的润滑油的种类、牌号也不相同。转速高、形成油膜作用能力强的设备，应选用黏度低的润滑油；设备摩擦表面单位面积的负荷大时，应选用黏度大、油性较好的润滑油；设备工作环境温度较高时，应采用黏度较大、闪点较高、油性较好、稳定性较强的润滑油；设备摩擦表面之间的间隙越小，选择润滑油黏度应越低；摩擦表面越粗糙，选择润滑油黏度应越大。不同设备的润滑油是严格根据上述原则和实验结果选择出来的，一般情况下不能替换使用，如果任意替换使用就会破坏设备润滑环境，使设备受到磨损，造成经济损失。

（四）润滑油混合使用无妨

我们知道，润滑油是从石油中提炼出来经过精制而成的石油产品，不同种类、不同牌号的润滑油所含的成分及其比例也不相同。一般来说，润滑油是不宜混合使用的。为了改善润滑油的理化性能，润滑油内必须加入一定量的添加剂。各种润滑油的添加剂是各不相同的，有抗氧剂、增黏剂、油性添加剂和极压添加剂等，不同种类、不同牌号的润滑油混在一起，就可能使润滑油中的添加剂发生化学反应，从而失去添加剂的作用，损害了润滑油应有的效果。

（五）设备勤换油不出大毛病

勤换油是一种浪费，也容易隐藏设备故障。润滑油在使用过程中是否失去使用价值，可以通过外状及分析其黏度、水分、酸值、开口闪点和机械杂质等理化检验指标，从而来判断是否需要换油。

（六）设备要润滑就必须存在泄漏

设备泄漏是指按设备技术条件规定不允许发生泄漏或超过技术条件规定的泄漏量，是不正常现象。严重漏油不但产生少油或断油事故，影响生产的顺利进行，而且污染周围环境。这样既破坏了文明生产又浪费了润滑油。我们为了润滑设备而采用润滑油，但又带来了漏油这个矛盾。然而，我们对设备漏油并非束手无策，防止泄漏的方法和途径也很多。只要思想上重视、技术上保证，是能够做好设备润滑和防止泄漏两不误的。

思考题

1. 润滑脂使用时应注意哪些问题？
2. 更换新润滑脂有哪些注意事项？
3. 润滑油在运行过程中，混入了水分会有什么影响？
4. 闪点对润滑的理化性能有何影响？
5. 黏温特性对润滑油的使用有何意义？
6. 简述润滑油和润滑脂的使用原则。
7. 减少磨损的方法有哪些？
8. 润滑管理中常见的问题有哪些？
9. 加强润滑管理的基本要求有哪些？
10. 设备润滑管理的意义？

参考文献

［1］余国琮，化工机械工程手册（中卷）. 北京：化学工业出版社，2003.

［2］中国石油天然气集团公司. 输油泵组安装技术规范. 北京：石油工业出版社，2014.

［3］郑梦海. 泵测试实用技术. 北京：机械工业出版社，2011.

［4］汪德涛. 国内外最新润滑油及润滑脂实用手册. 广州：广东科技出版社，1997.

［5］王先会. 工业润滑油脂应用技术. 北京：中国石化出版社，2005.

［6］谭信孚，黄志坚，王大千. 规范化的设备润滑管理. 北京：机械工业出版社，2007.

第二部分　阀门技术

第十章　阀门概述

阀门是流体输送系统的主要控制元件，是石油、化工、冶金、电站等工业领域以及人类生活中不可缺少的通用机械产品，应用极为广泛。在原油储运系统中，阀门是应用最为广泛的设备之一，也是数量和种类最多的设备之一，具有高压力、大通径的特点。随着原油管输行业的不断发展进步，生产工艺及介质条件日益复杂苛刻，要求阀门具有更好的密封性能、强度性能、调节性能、动作性能和流通性能。

第一节　阀门的作用

阀门主要用来控制管路流体的启闭、流量、流向、压力及温度等，操作人员通过操作各种阀门，实现对生产过程的控制和调节。阀门主要功能如下：

（1）连通和截断介质；

（2）调节介质的压力及流量；

（3）防止介质倒流；

（4）改变介质流向，进行介质分流；

（5）调节介质温度，满足工艺条件；

（6）超压安全保护，保证管道或设备安全运行。

第二节　阀门的基本参数

阀门的基本参数主要包括：公称直径、公称压力、适用温度、适用介质、流量系数、启闭力矩等。

一、公称直径

公称直径指阀门与管道连接处通道的名义直径，也称公称尺寸、公称通径，是用于管道系统元件的字母和数字组合的尺寸标识。

(一) 公称直径 DN

公称直径 DN 由字母 DN 和无量纲的整数数字组合，数字后不带量纲，数值相当于 mm，例如 DN250 表示阀门的流道通径约为 250mm。

阀门的流道通径（内径）并不完全等同于公称直径 DN，阀门的流道通径与阀门的公称压力 PN 及阀门的结构（如全径、缩径）有关。阀门的公称直径 DN 仅是阀门的名义尺寸（通径），除非相关标准中有规定，DN 后面的数字不代表测量值，也不能用于计算的目的。阀门常用公称直径 DN 系列见表 10.2 - 1。

表 10.2 - 1 阀门常用公称直径 DN 系列

DN6	DN8	DN10	DN15	DN20	DN25	DN32	DN40	DN50	DN65	DN80
DN100	DN125	DN150	DN200	DN250	DN300	DN350	DN400	DN450	DN500	DN600
DN700	DN800	DN900	DN1000	DN1100	DN1200	DN1400	DN1500	DN1600	DN1800	DN2000
DN2200	DN2400	DN2600	DN2800	DN3000	DN3200	DN3400	DN3600	DN3800	DN4000	

注：表 10.2 - 1 所列公称直径 DN 系列尺寸为常用系列，用户有需要时可以插入或增加，如可以有 DN550、DN850 等。

(二) 公称直径 DN 与 NPS

西方工业发达国家在管道系统中经常采用英寸制的公称直径，NPS 后跟无量纲数字，数值相当于 in（英寸），如 NPS 10，表示其流道通径约为 10in，即 254mm，圆整后相当于 DN250。DN 与 NPS 对应关系见表 10.2 - 2。

表 10.2 - 2 DN 与 NPS 对应关系

DN	8	10	15	20	25	32	40	50	65	80	100	…
NPS	1/4	3/8	1/2	3/4	$1\frac{1}{4}$	$1\frac{1}{4}$	$1\frac{1}{2}$	2	$2\frac{1}{2}$	3	4	…

注：公称直径大于或等于 NPS4 时，DN = 25 × NPS 数值。

二、公称压力

公称压力指阀门在基准温度下允许的最大工作压力，是用于管道元件的压力等级标识。

(一) 公称压力 PN

公称压力 PN 由字母 PN 和无量纲的数字组成，是管道元件压力额定值的代号。PN 后跟的数字，相当于阀门在基准温度下可承受的最大工作压力，数值相当于 bar（1bar = 10^5 Pa）。由于不同阀门材料的力学性能差异很大，因此 PN 后跟的数字是以特定的材料力学性能为基准确定的压力额定值。公称压力是名义压力，除非相关标准中有规定，字母 PN 后跟的数字不代表测量值，也不能用于计算目的。阀门公称压力 PN 系列见表 10.2 - 3。

表 10.2 - 3 阀门公称压力 PN 系列 (DIN)

PN2.5	PN6	PN10	PN16	PN25	PN40
PN63	PN100	PN160	PN250	PN320	PN400

（二）公称压力 PN 与压力等级 CLASS

美国等工业发达国家在管道系统中经常采用 CLASS（压力等级）来标识管道元件的承压能力，如 CLASS150 等。CLASS 后跟一个无量纲数字，是美洲体系管道元件压力等级的标志。美标阀门常用压力等级系列见表 10.2－4。

表 10.2－4　美标阀门常用压力等级系列

（CLASS125）	CLASS150	（CLASS250）	CLASS300	（CLASS400）	CLASS600
（CLASS800）	CLASS900	CLASS1500	CLASS2500	CLASS4500	

注：表内 CLASS 系列中，CLASS125 和 CLASS250 仅用于灰铸铁法兰和阀门，CLASS400 为不常用压力等级，CLASS800 仅用于小口径阀门，CLASS4500 仅用于对焊高压阀门。

需要注意的是：CLASS 后跟的数字相当于某一特定材料的管道元件在高温（850℉）下可承受的最大工作压力，数值相当于 lb/in^2，因此，由于基准不同，PN 和 CLASS 的对应关系不能通过简单的计量单位换算而得，两者没有严格的对应关系。

三、压力－温度等级

不同的材料在不同的温度下，其力学性能与基准值不同时，阀门的压力额定值将随之变动。当阀门工作温度超过公称压力基准温度时，材料的力学性能下降，为保证运行安全，阀门最大工作压力必须降低。阀门的工作温度和相应的最大工作压力变化简称温压表，是阀门设计和选用的标准。

四、工作压力、工作温度和试验压力

阀门的工作压力是指阀门在相应工作温度下的最高许用压力。

阀门的工作温度一般指阀门壳体内的介质温度。

阀门的试验压力是指阀门进行壳体试验（强度试验）、密封试验（包括液体高压密封试验、气体低压密封试验和上密封试验等）时的压力。阀门压力试验标准较多且要求不同，相关要求应在采购合同中明确。阀门压力试验相关内容详见第 13 章。

五、启闭力矩

启闭阀门时，需要克服启闭件与阀座密封面间因密封比压形成的摩擦力以及阀杆与填料之间、阀杆与螺母螺纹之间等部位的摩擦力，这就必须施加一定的作用力和作用力矩，这种在阀门开启或关闭时所必须施加的作用力或力矩就叫做启闭力矩，也叫操作力矩，是选择阀门驱动装置最主要的参数，也是衡量阀门产品质量的一个重要指标。人们在评价阀门质量时，也常用阀门的开启轻便、灵活来形容。

阀门在启用过程中所需要的启闭力和启闭力矩是变化的，正常情况下启闭力矩最大值是在关闭的最终瞬间或开启的最初瞬间，阀门设计制造时应力求降低启闭力矩。

六、结构长度

阀门的结构长度是指阀门与管道连接的两个端面（或中心线）之间的距离，用字母 L

表示，单位为 mm。

根据 GB/T 12221—2005《金属阀门结构长度》的定义，对于直通式阀门，其结构长度是指在阀体通道终端两个垂直于阀门轴线平面之间的距离；对于角式阀门，其结构长度是指在阀体通道某一端垂直于轴线的平面与阀体另一端轴线之间的距离；对于对夹式阀门（靠管道法兰夹持固定结构的阀门），其结构长度是指阀体通道终端两个与管道法兰接触面之间的距离，如图 10.2-1 所示。

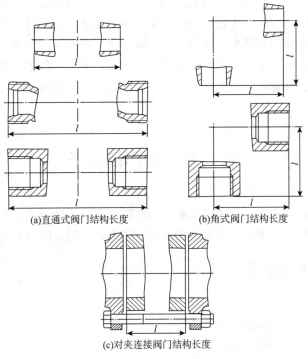

(a)直通式阀门结构长度　　(b)角式阀门结构长度

(c)对夹连接阀门结构长度

图 10.2-1　阀门结构长度示意图

阀门的结构长度是直接影响到用户维修的关键参数，尤其在已经完成安装固定在管线上的阀门，要使同类型、同公称压力、同规格的阀门能够互换，结构长度必须是标准的。原油管输行业所采用的国标阀门结构长度应符合 GB/T 12221《金属阀门　结构长度》、GB/T 19672《管线阀门　技术条件》等标准要求，美标阀门结构长度应符合 *Face-to-Face and End-to-End Dimensions of Valves*（ASME B16.10）、*Specification for Pipeline and Piping Valves*（API 6D）等标准要求。

七、全通径阀与缩径阀

阀门有全通径及缩径之分：某些阀门内部流动通道有足够尺寸使介质通过而无明显限制，其流进到流出的孔道大小相同，这种阀门称之为全通径阀；某些阀门闭合元件开口的流动面积小于管线内径的面积，这种阀门称之为缩径阀。

全通径阀门中，带法兰端的全通径阀的内孔尺寸应符合相关规范要求，且在全开位置应畅通无阻，其阀孔尺寸没有上限的要求，GB/T 20173《石油天然气工业　管道输送系统管道阀门》和 *Specification for Pipeline and Piping Valves*（API 610），均对管道全通径阀的最小孔径做出了详细规定；全通径阀门的关闭件上应有一个圆形孔，孔径应允许不小于相关规范规定的公称通经的球体顺利通过；焊接端阀门可在焊接端处设置一个较小通孔以用来配管；阀门的关闭件通孔为非圆形孔时，该阀门不是全通径阀。

缩径阀在关闭件处的圆形通孔的最小尺寸除买卖双方另有规定外，应满足相关规范规定，如管道阀门，应符合 GB/T 20173 或 API 610 的规定，缩径阀在关闭件处的通孔为非圆形时，应协议一个最小通孔尺寸。

缩径直接影响到阀门所安装管道通球扫线的能力，同时增大介质在阀门处的流阻，采购方在设计选用阀门时应格外注意。一般来说，对于需要定期清管的管段来说，必须采用全通径阀门，全通径阀门流阻小，适用于对流阻要求严格的工况，缩径阀门适用于不通球扫线、对流阻要求小的工况。在原油长输管道工作条件下，一般不允许采用缩径阀门，这一方面是为了减少长输管线的阻力损失，另一方面是为了避免通径收缩后给扫线清管通球造成障碍。

第三节　阀门的分类

随着生产工艺流程的不断变化以及对阀门性能需求的不断提高，阀门种类也在不断增加。阀门分类方法较多，按照分类方法的不同，结果也不同。阀门常用分类方法如下。

一、按驱动形式分类

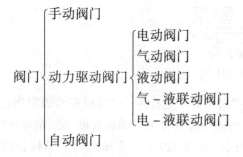

二、按公称压力分类

（1）低真空阀门：$10^5 \sim 10^2 \mathrm{Pa}$。

（2）中真空阀门：$10^2 \sim 10^{-1} \mathrm{Pa}$。

（3）高真空阀门：$10^{-1} \sim 10^{-5} \mathrm{Pa}$。

（4）超高真空阀门：小于 $10^{-5} \mathrm{Pa}$。

（5）低压阀门：公称压力 ≤PN16。

（6）中压阀门：PN16 < 公称压力 ≤PN100。

（7）高压阀门：PN100 < 公称压力 ≤PN1000。

（8）超高压阀门：公称压力 > PN1000。

三、按公称尺寸分类

（1）小口径阀门：公称尺寸≤DN40。

（2）中口径阀门：DN50≤公称尺寸≤DN300。

（3）大口径阀门：DN350≤公称尺寸≤DN1200。

（4）特大口径阀门：公称尺寸≥DN1400。

四、按工作温度分类

（1）高温阀门：$t > 425℃$。

（2）中温阀门：$120℃ \leqslant t \leqslant 425℃$。

（3）常温阀门：$-29℃ < t < 120℃$。

（4）低温阀门：$-100℃ \leqslant t \leqslant -29℃$。

（5）超低温阀门：$t < -100℃$。

五、按连接方法分类

（1）螺纹连接阀门——阀体带有内螺纹或外螺纹，与管道螺纹连接。

（2）法兰连接阀门——阀体带有法兰，与管道法兰连接。

（3）焊接连接阀门——阀体带有对焊焊接坡口或承插口，与管道焊接连接。

（4）卡箍连接阀门——阀体带有夹口，与管道卡箍连接。

（5）卡套连接阀门——与管道卡套连接。

（6）对夹连接阀门——用螺栓直接将阀门及两侧管道法兰穿夹在一起。

六、按用途和作用分类

（1）截断阀类：截断或接通介质，此功能最常用，如截止阀、闸阀、球阀、旋塞阀、蝶阀等。

（2）止回阀类：防止介质倒流，如止回阀（底阀）。

（3）分流阀类：控制介质流向改变，起分配、分流及合流等作用，如三通球阀、三通旋塞阀、分配阀等。

（4）调节阀类：调节介质压力和流量，如调节阀、减压阀、节流阀等。

（5）安全阀类：超压安全保护，用于介质压力或液位超过一定值后的泄压与排放，防止容器或管道超压，如安全阀、溢流阀等。

（6）分离介质阀类：将蒸汽和水或空气和水等分离开来，如蒸汽疏水阀、空气疏水阀等。

（7）多用阀类：替代两个及以上类型阀门功能，如截止止回阀、止回球阀等。

七、通用分类法

按照阀门的作用原理和结构进行划分是目前国内外最常用的分类方法，一般将阀门分为闸阀、截止阀、旋塞阀、球阀、蝶阀、隔膜阀、止回阀、调节阀、安全阀、减压阀、疏水阀等。

第四节 阀门型号编制方法

阀门的型号里面包含了多种阀门基础信息，由于阀门种类繁杂，为了制造和使用方便，机械行业标准 JB/T 308《阀门　型号编制方法》对通用阀门产品型号的编制方法做了统一规定。

阀门产品的型号由七部分组成，分别用来表明阀门类型、驱动方式、连接形式、结构形式、密封面或衬里材料、公称压力以及阀体材料，如图 10.4 – 1 所示。

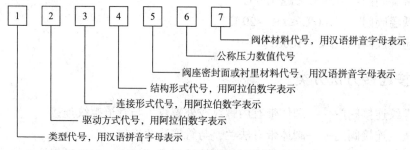

图 10.4 – 1　阀门型号编制示意图

一、阀门类型代号

（1）阀门类型代号如表 10.4 – 1 所示。

表 10.4 – 1　阀门类型代号

类 型	代 号	类 型	代 号
安全阀	A	球 阀	Q
蝶 阀	D	蒸汽疏水阀	S
隔膜阀	G	柱塞阀	U
止回阀	H	旋塞阀	X
截止阀	J	减压阀	Y
节流阀	L	闸 阀	Z
排污阀	P	杠杆式安全阀	GA
放料阀	FQ	管夹阀	GJ

（2）当阀门还具有其他功能作用或带有其他特殊结构时，在阀门类型代号前再加注一个汉语拼音字母，详见表 10.4 – 2。

表 10.4 - 2　特殊功能代号

第二功能名称	代号	第二功能名称	代号
保温型	B	排渣型	F
低温型	D①	快速型	Q
防火型	F	（阀杆密封）波纹管型	W
缓闭型	H		

①低温许使用温度低于 -46℃ 的阀门。

二、驱动方式代号

阀门驱动方式代号如表 10.4 - 3 所示。

表 10.4 - 3　驱动方式代号

驱动方式	代　号	驱动方式	代　号
电磁动	0	伞齿轮	5
电磁 - 液动	1	气动	6
电 - 液动	2	液动	7
蜗轮	3	气 - 液动	8
正齿轮	4	电动	9

注：1. 代号 1、代号 2 及代号 8 是用在阀门启闭时，需要有两种动力源同时对阀门进行操作。

2. 手轮或手柄直接操作的阀门以及安全阀、减压阀、疏水阀省略本代号。

3. 对于气动或液动操作的阀门，常开式用 6K、7K 表示；常闭式用 6B、7B 表示；气动带手动用 6S 表示。

4. 防爆电动用 9B 表示；蜗杆 - T 形螺母用 3T 表示。

三、连接形式代号

阀门连接形式代号如表 10.4 - 4 所示。

表 10.4 - 4　连接形式代号

连接形式	代　号	连接形式	代　号
内螺纹	1	对夹	7
外螺纹	2	卡箍	8
法兰	4	卡套	9
焊接	6		

四、结构形式代号

由于阀门的类型不同，结构形式代号的编制也不同，该部分内容在第十一章结合具体类型阀门的型号编制示例进行讲解。

五、阀座密封面或衬里材料代号

阀座密封面或衬里材料代号如表 10.4 – 5 所示。

表 10.4 – 5　阀座密封面或衬里材料代号

阀座密封面或衬里材料	代　号	阀座密封面或衬里材料	代　号
铜合金	T	蒙乃尔合金	M
橡胶	X	渗氮钢	D
尼龙塑料	N	衬铅	Q
氟塑料	F	搪瓷	C
Cr13 系不锈钢	H	渗硼钢	P
衬胶	J	塑料	S
奥氏体不锈钢	R	锡基轴承合金（巴氏合金）	B
陶瓷	G	衬铝镍合金	L
硬质合金	Y		

注：当阀门密封副材料均为阀门本体材料时，密封面材料代号用"W"表示；当密封副的密封面材料不同时，以硬度低的材料代号表示（隔膜阀除外）。

六、压力代号

（1）阀门使用的压力级符合 GB/T 1048《管道元件 PN（公称压力）的定义和选用》的规定时，采用该标准 10 倍的兆帕单位（MPa）数值表示。

（2）当介质最高温度超过 425℃时，标注最高工作温度下的工作压力代号。

（3）压力等级采用磅级（lb）或 K 级单位的阀门，在型号编制时，应在压力代号栏后有 lb 或 K 的单位符号。

（4）公称压力小于等于 1.6MPa 的灰铸铁阀门的阀体材料代号在型号编制时予以省略。

（5）公称压力大于等于 2.5MPa 的碳素钢阀门的阀体材料代号在型号编制时予以省略。

七、阀体材料代号

阀体材料代号如表 10.4 – 6 所示。

表 10.4 – 6　阀体材料代号

阀体材料	代　号	阀体材料	代　号
碳钢	C	铬镍钼系不锈钢	R
Cr13 系不锈钢	H	塑料	S
铬钼系钢	I	铜及铜合金	T

阀体材料	代 号	阀体材料	代 号
可锻铸铁	K	钛及钛合金	Ti
铝合金	L	铬钼钒钢	V
铬镍系不锈钢	P	灰铸铁	Z
球墨铸铁	Q	增强聚丙烯	RPP

注：CF3、CF8、CF3M、CF8M 等材料牌号可直接标注在阀体上。

第五节　国内外阀门相关标准

在阀门的结构和性能上广泛地贯彻标准是阀门行业一个重要的方面，贯彻标准的结果是从不同制造厂生产的同一规格的阀门结构尺寸基本相似，功能相差最小，以至于它们可以毫不困难地互换。阀门标准体系众多，从标准内容方面划分，阀门标准可细分为基础标准、材料标准、产品标准、方法标准、结构要素标准、零部件标准、检验与验收标准等；从标准体系上划分，可分为国内标准和国外标准，其中常用的国外标准包括国际标准（ISO）、美国石油协会标准（API）、美国机械工程师协会标准（ASME）、美国国家标准（ANSI）、美国材料试验协会标准（ASTM）、美国腐蚀工程师协会标准（NACE）、日本国家标准（JIS）、德国国家标准（DIN）、美国阀门及配件工业制造商标准化协会标准（MSS）等，国内标准包括国家标准（GB）、机械行业标准（JB）、石油天然气行业标准（SY）、石油化工行业标准（SH）、企业标准等。本节重点针对原油管输企业从阀门设计制造到检修等不同环节常用标准进行介绍。

（1）在阀门的设计、制造、组装、厂内试验、文件记录及采购等设备前期管理环节，原油管输行业普遍优先采用 API、ASME、MSS、NACE、ISO 等国际和国外阀门先进标准。常用标准如下：

API 6D　管线阀门规范

API 6FA　阀门耐火试验

API 607　转 1/4 周软阀座阀门的耐火试验

API 598　阀门的检验和试验

API 594　对夹式、凸耳对夹式和双法兰式止回阀

API 599　法兰端、螺纹端和焊接端金属旋塞阀

API 600　石油和天然气工业用阀盖螺栓连接的钢制闸阀

API 608　法兰、螺纹和焊接连接的金属球阀

ISO 5208　工业用阀门　阀门的压力试验

ISO 5210　多回转型阀门驱动装置连接

ISO 5211　部分回转型阀门驱动装置连接

ISO 6002　阀盖用螺栓连接的钢制闸阀

ASME B16.34　阀门—法兰、螺纹和对接焊

ASME B16.5　法兰及带法兰的管件

ASME B16.47　大直径管钢制法兰

MSS SP-44　管道钢制法兰

MSS SP-55　阀门、法兰、管件和其他管道部件用铸钢件质量标准——表面缺陷评定的目视检验方法

NACE MR 0175　石油和天然气工业——油气开采中用于含 H_2S 环境材料

国内也陆续发布了一系列阀门相关国家标准、行业标准等，部分标准不同程度采用相关国际和国外先进标准。常用标准如下：

GB/T 20173　石油天然气工业　管道输送系统　管道阀门

GB/T 19672　管线阀门　技术条件

GB/T 1047　管道元件的公称通径

GB/T 1048　管道元件公称压力

GB/T 15188　阀门的结构长度

GB/T 12234　通用阀门　法兰、对焊连接钢制闸阀

GB/T 12235　通用阀门　法兰连接钢制截止阀和升降式止回阀

GB/T 12236　通用阀门　钢制旋启式止回阀

GB/T 12237　通用阀门　法兰、对焊连接钢制球阀

GB/T 12238　通用阀门　法兰和对夹连接蝶阀

GB/T 12239　通用阀门　隔膜阀

GB/T 12237　石油、石化及相关工业用钢制球阀

GB/T 1048　管道元件 PN 的定义和选用

GB/T 12234　石油天然气工业用螺柱连接阀盖的钢制闸阀

GB/T 12237　石油、石化及相关工业用的钢制球阀

GB/T 13927　工业阀门　压力试验

GB/T 26480　阀门的检验和试验

GB/T 30818　石油和天然气工业管线输送系统用全焊接球阀

JB/T 106　阀门的标志和涂漆

JB/T 308　阀门型号编制方法

JB/T 9092　阀门的检验与试验

SH/T 3064　石油化工钢制通用阀门选用、检验及验收

（2）原油管输企业在阀门的安装施工环节，一般优先采用国家标准、石油天然气和石油化工行业相关阀门标准，常用标准如下：

GB/T 24919　工业阀门安装使用维护一般要求

GB 50540　石油天然气站内工艺管道工程施工规范

SY/T 4102　阀门检验与安装规范

SH 3518　石油化工阀门检验与管理规范

SY/T 0043　油气田地面管线和设备涂色规范

（3）原油管输企业在阀门的操作使用、运行检查、维护保养、检测维修环节，主要采用企业标准或参考石油天然气、石油化工行业相关阀门标准，常用标准如下：

SY/T 6470　油气管道通用阀门操作维护检修规程

SHS 01030　阀门维护检修规程

（4）原油管输企业可针对本单位阀门管理的实际需求，制定本单位企业标准，作为本单位阀门管理的技术依据。企业标准在内容上不应与行业标准、国家标准等存在冲突，且针对性应更强，内容要求也应更为严格。

思考题

1. PN100 的阀门属于低压、中压、高压阀门中的哪一类？

2. 公称压力 PN 如何表示？压力等级 CLASS 如何表示？两种不同单位的数值是否可以通过计量单位简单换算对应？理由是什么？

3. 阀门启闭所需力矩一般在开关过程中哪个阶段最大？

4. API、SY 分别是什么标准？API 相关阀门标准在国内原油管输行业的应用情况如何？

5. 某阀门阀座密封面采用 Cr13 系不锈钢材料，该以什么材料代号表示？

第十一章 阀门的结构特点及应用

阀门类型众多，不同类型的阀门具有不同的功能，同一类型的阀门结构设计不同，性能和用途也有所差异。本章针对原油管输企业常用阀门的结构特点、分类及应用等内容做介绍。

第一节 闸 阀

闸阀（图 11.1-1）是启闭件（闸板）由阀杆带动，沿阀体流道中心线垂直方向做直线升降运动达到启闭目的的阀门。闸阀是截断阀类中的一种，用于接通和截断管路介质，性能参数应用范围宽广，既适用于常温和常压工况，也适用于高温、低温和高压、低压工况，并可以通过选用不同的材质以适用于各类不同介质，是应用最为广泛的工业阀门类型。

图 11.1-1 闸阀实物图

原油管输企业所用闸阀目前主要以国产品牌为主，常见品牌包括成都乘风、温州挺宇、江苏九龙、成都航利、浙江良精等，在输油站场中，闸阀广泛应用于储罐根部、阀组区、加热炉进出口、储罐进出口、过滤器前后、污油系统等工艺位置，通常情况下，当闸阀用于流量计后、给油泵出口、调节阀旁通等位置时，考虑到其调节工况的需要，应选用调节型平板闸阀。

一、闸阀的种类

闸阀根据常用结构形式可分为以下类型：

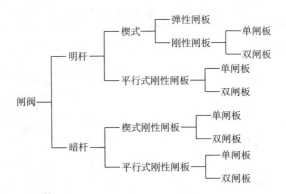

（1）楔式闸阀：闸板为楔式结构的闸阀。

（2）平板闸阀：闸板为平行式结构的闸阀。

（3）明杆闸阀：其阀杆梯形螺纹置于阀体之外，位于阀杆上部，通过旋转阀杆螺母，使阀杆带动闸板同步上升与下降来实现阀门的启闭。

（4）暗杆闸阀：其阀杆螺母置于阀体内部，常被固定在闸板上，通过阀杆的旋转使阀杆螺母带动闸板做升降运动来完成启闭。

二、闸阀的特点

（一）优点

（1）流体阻力小。闸阀阀体内部介质通道是直通的，介质流经闸阀时不改变其流动方向，因而流体阻力较小。

（2）启闭阻力小。闸阀启闭时闸板运动方向与介质流动方向相垂直，而截止阀阀瓣通常在关闭时的运行方向与介质流动方向相反，与截止阀相比，闸阀的启闭较为省力。

（3）结构长度（与管道相连接的两端面间距离）较短。闸阀的闸板是垂直置于阀体内的，相比于截止阀阀瓣平行置于阀体内的情况，结构长度更短。

（4）介质流动方向不受限制。介质可从两侧任意方向流过闸阀，均能达到连通或截断的目的，适用于介质流动方向可能改变的管路中。

（5）全开时，密封点受介质冲蚀较小。

（6）结构简单，制造工艺相对较好。

（二）缺点

（1）密封面易划伤。启闭时闸板与阀座密封面间有相对摩擦，易被介质中杂物划伤，影响密封性能和使用寿命。

（2）外形尺寸和开启高度较大，所需安装空间较大。

（3）操作行程大，启闭时间长。

（4）零件较截止阀多，一般密封副为两个，加工制造较截止阀复杂。

三、闸阀的型号编制示例

（一）结构形式代号

闸阀结构形式代号见表11.1-1。

表11.1－1　闸阀结构形式代号

闸阀结构形式				代　号
		弹性闸板		0
明杆	楔式	刚性	单闸板	1
			双闸板	2
	平行式		单闸板	3
			双闸板	4
暗杆	楔式		单闸板	5
			双闸板	6
	平行式		单闸板	7
			双闸板	8

（二）闸阀型号编制示例

结合第（一）条以及第十章第四节内容，以型号为 Z9B43WBF－16C、公称通径300mm的电动闸阀为例，型号释义如表11.1－2所示。

表11.1－2　闸阀型号释义

代号	Z	9B	4	3	WB	F	16	C
含义	闸阀	防爆电动	法兰连接	平行单闸板	改进型	氟塑料	压力代号 PN16	阀体材料代号碳钢

四、闸阀的基本结构

闸阀主要由阀体、阀盖或支架、阀杆、阀杆螺母、闸板、阀座、填料函、密封填料及传动装置等组成。图11.1－2是典型的楔式闸阀结构图。

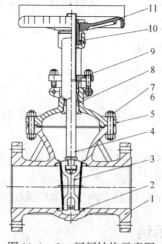

图11.1－2　闸阀结构示意图

1—阀体；2—阀座；3—闸板；4—阀杆；5—阀盖；6—螺栓；
7—螺母；8—填料；9—填料压盖；10—阀杆螺母；11—手轮

（一）阀体

阀体是闸阀的主体，是安装阀盖、安放阀座、连接管道的重要零件，与管道或设备直接相连，构成介质流通流道的承压部件。阀体要容纳垂直并做升降运动的闸板，因而阀体内腔高度较大。阀体的截面形状主要取决于公称压力，如低压闸阀阀体可设计成扁平状，以缩小其结构长度，减少重量，例如罐根阀；高中压闸阀阀体的中腔多设计成椭圆形或圆形，以提高其承压能力，减少壁厚。阀体内的介质通道大多是圆形截面，对于通径较大的闸阀，为了减少闸板的尺寸、启闭力矩，也可采用缩口形式，但会增加阀内流体阻力，使压降和能耗增大，因而通道收缩比不宜过大，通常阀座通道的直径和公称通径之比为 0.8 ~ 0.95，缩口通道母线对中心线倾角不大于 12°，缩口形式闸阀不适用于通球管路上的安装。

阀体可采用铸造、锻造、锻焊、铸焊以及管板焊接等工艺，铸造阀体一般用于 ≥ DN50 的通径；锻造阀体一般用于 ≤ DN50 的通径和高温高压等苛刻工况；锻焊阀体用于对整体锻造工艺上有困难，且用于重要场合的阀门；铸焊阀门用于对整体铸造无法满足要求的使用工况。

原油管输行业所用闸阀根据工况的不同，阀体可采用 WCB、WCC、LCB、LCC 等材料。

（二）阀盖与支架

阀盖是与阀体连接并与阀体构成压力腔的主要承压部件，上面有填料函。阀盖上一般设有支承阀杆螺母或传动装置等零部件的机构。

支架是与阀盖相连，用于支承阀杆螺母或传动装置的零件。

原油管输行业所用闸阀根据工况的不同，阀盖可采用 WCB、WCC、LCB、LCC 等材料。

（三）阀杆

阀杆与阀杆螺母或传动装置直接相连，光杆部分与填料形成密封面，能传递力矩起到启闭闸板的作用。闸阀根据阀杆上螺纹位置可分为明杆闸阀和暗杆闸阀。原油管输行业原油介质下使用的闸阀根据工况的不同，阀杆一般可采用 ASTM A276 420、20Cr13、318 等材料。

1. 明杆闸阀

阀杆传动螺纹在阀腔外部，阀杆的升降通过安装于阀盖或支架上的阀杆螺母旋转来实现，阀杆螺母只能转动，没有上下位移。这种结构对阀杆润滑有利，开度清楚，阀杆螺纹及阀杆螺母不与介质接触，不受介质温度和腐蚀性的影响，应用较广泛。图 11.1-3 是明杆平行式闸板闸阀的结构图。

2. 暗杆闸阀

阀杆传动螺纹在阀腔内部，阀杆的升降靠旋转阀杆带动闸板上的阀杆螺母来实现，阀杆只能转动，没有上下位移。这种结构的阀门高度尺寸小，但启闭行程难以观察，需增加指示器。阀杆螺纹及阀杆螺母与介质接触，受介质温度和腐蚀性的影响，适用于非腐蚀性介质以及外界环境较差的场合。图 11.1-4 是暗杆楔式闸阀的结构图。

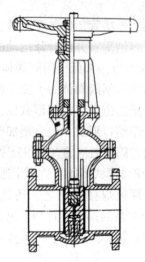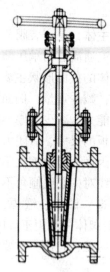

图 11.1-3　明杆平行式闸板闸阀　　　　图 11.1-4　暗杆楔式闸阀

（四）阀杆螺母

阀杆螺母与阀杆螺纹组成运动副，可与传动装置直接相连，能传递扭矩。

（五）传动装置

传动装置直接把电力、气力、液力和人力传给阀杆或阀杆螺母。

（六）阀座

阀座是用滚压、焊接、螺纹连接等方法将其固定在阀体上与闸板组成密封副的零件。楔式闸阀阀座密封圈可在阀体上直接堆焊金属形成密封面，也可在阀体上直接加工出密封面。

原油管输行业根据原油介质下的使用工况和需求，可选用调节型或非调节型平板闸阀，非调节型平板闸阀阀座通常采用软硬双重密封，调节型平板闸阀通常采用金属硬密封。根据使用工况不同，金属密封副通常可采用 ASTM A105、30#、20#、16Mn 等材料加 ENP（Electroless Nickel plating）或堆焊 Stellite6 合金的表面处理工艺，软密封通常采用聚四氟乙烯（PTFE）、氟橡胶等材料。

（七）填料

填料是装入填料函（填料箱）中，阻止介质沿阀杆处泄漏的填充物。填料可选用聚四氟乙烯（PTFE）、柔性石墨等材料。

（八）填料压盖

填料压盖是通过螺栓及螺母用以压紧填料以达到阻止介质沿阀杆处泄漏的零件。

（九）闸板

闸板是闸阀的启闭件，闸阀的启闭以及密封性能和寿命主要取决于闸板，它是闸阀的关键控压零件。闸板根据结构形式可分为两大类。

（1）平行式闸阀：闸板两密封面相互平行，且与阀体通道中心线垂直。可细分为平行式单闸板和平行式双闸板两种。

（2）楔式闸阀：密封面与闸板垂直中心线对称成一定倾角，称为楔半角。楔半角的大小主要取决于介质的温度和通径的大小，一般介质温度越高，通径越大，所取楔半角越小。

原油管输行业所用闸阀根据使用工况的不同，闸板一般选用 ASTM A105、16Mn、WCC 等材料加 ENP 的表面处理工艺。

五、不同种类闸阀的结构形式及性能特点

（一）不同种类闸板的结构形式及性能特点

1. 楔式闸板

楔式闸板的密封面与闸板垂直中心线对称成一定倾角（楔半角），与具有同样角度的两阀座组成两个密封副。常见的楔形闸板的楔半角为 $2°52'$ 和 $5°$。楔式闸板又分为楔式刚性单闸板、楔式弹性闸板以及楔式刚性双闸板，其性能特点比较见表 11.1 – 3。图 11.1 – 5 为楔式闸板的结构图。

表 11.1 – 3　楔式刚性单闸板、楔式弹性闸板以及楔式双闸板闸阀的性能特点

结构形式	优　点	缺　点
楔式刚性单闸板 ［图 11.1 – 5（a）］	闸板是一整块楔形板，结构简单、尺寸小	①密封面配合精度要求较高，加工及维修相对困难； ②温度变化容易引起密封比压增大造成擦伤； ③长时间关闭或高温状态下容易楔住
楔式弹性闸板 ［图 11.1 – 5（b）］	①结构简单，闸板弹性结构能产生微量的弹性变形弥补密封面角度加工产生的误差，楔角精度要求较低（依靠弹性槽的间隙变形来调整密封面角度，保证密封）； ②温度变化不易造成密封面擦伤，高温状态下不容易楔住	不适用于结焦介质，如果结焦介质充塞弹性槽间隙就会失去弹性变形能力
楔式刚性双闸板 ［图 11.1 – 5（c）］	①由两块楔板及其他组件组成闸板，密封面加工精度要求低，加工相对容易，温度变化不易楔住； ②密封面不易磨损； ③密封面磨损后维修方便，可加垫片补偿，不必堆焊研磨密封面	①结构复杂，零部件较多，体型及重量大，成本高； ②不适用于黏性大和含有固体杂质的介质

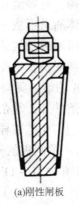 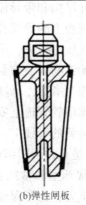 

(a)刚性闸板　　　　　(b)弹性闸板　　　　　(c)双闸板

图 11.1 – 5　不同形式楔式闸板的参考结构图

2. 平行式闸板

与楔式闸板相比，平行式闸板两侧密封面是平行的，并与两平行阀座组成密封副。平行式闸板又分为平行式单闸板和平行式双闸板，其性能特点见表11.1－4。图11.1－6是几种不同类型平行式闸板的参考结构图，图11.1－7、图11.1－8分别是电动撑开式双闸板平板闸阀和手动平行式单闸板闸阀的整体参考结构图。

表 11.1－4　平行式闸板闸阀的性能特点

结构形式	优 点	缺 点
单闸板与两浮动阀座双向密封，密封可靠 双闸板关闭时闸板撑开，与两阀座密封面紧密接触，开启式闸板与阀座密封面分离，避免密封副摩擦	①单闸板结构简单，制造容易。密封可靠，当闸板紧贴阀座上下移动时，可有效刮除杂质，对密封影响较小； ②与楔式闸阀相比启闭阻力小，无楔紧力，流阻系数小，操作扭矩小； ③密封副可选择金属/金属或金属/非金属（＋金属），可增设密封脂加注装置，以实现密封面损坏后的短时应急性密封； ④双闸板开启时闸板与阀座密封面不接触，密封副无摩擦； ⑤阀门操作灵活、维保方便	①不适用于易结焦介质； ②平行式双闸板闸阀结构相对复杂； ③单闸板闸阀不能强制密封

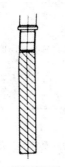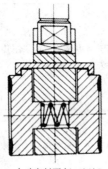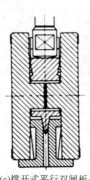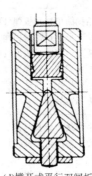

(a)平行单闸板　(b)自动密封平行双闸板　(c)撑开式平行双闸板一　(d)撑开式平行双闸板二　(e)撑开式平行双闸板三

图 11.1－6　平行式闸板参考结构图

平行式闸板闸阀还可分为无导流孔结构和带导流孔结构。有导流孔闸板上有与阀体通道相同口径的通孔，当阀门开启时，闸板上的导流孔与阀体通道形成一直管，其流量特性等同于同规格的管道，流体阻力小，无压力损失，可用于需通球扫线的管线上，无论是全开或是全关位置，阀座和闸板密封面始终吻合，密封面得到保护，不受介质直接冲刷，从而延长使用寿命，且可减少阀腔底部杂物沉积，实现 DBB 功能；无导流孔闸板具有安装尺寸小、重量轻的特点，除不具备通球清管管道上安装的条件外，其余特性基本接近带导流孔平板闸阀，适合安装于不需通球清管的管线上。图11.1－9是带导流孔和不带导流孔平板闸阀的外形对比图，图11.1－10是几种不同结构平行式单闸板的外形图。

部分厂商的带导流孔闸板又分为常开型和常闭型，如图11.1－11所示，常开型导流孔在闸板上方，常闭型导流孔在闸板下方，为了保证顺时针转动手轮关闭阀门的原则，对常开型应选用右旋梯形螺纹螺杆，对常闭型选用左旋梯形螺纹阀杆。图11.1－12是电动带导流孔单闸板平板闸阀参考结构图。

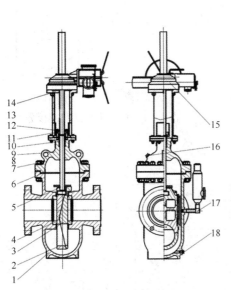 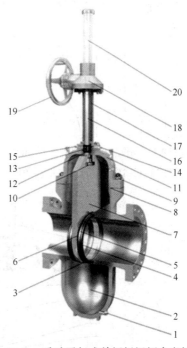

图 11.1-7　电动撑开式双闸板闸阀参考结构图　　　图 11.1-8　手动平行式单闸板闸阀参考结构图

1—阀体；2—主闸板；3—副闸板；4—阀座；　　　1，15—螺塞；2—阀体；3—阀室 O 形圈；

5—阀杆；6—垫片；7、12—螺栓；8、13—螺母；　4—阀座端 O 形圈；5—阀室；6—阀座密封圈；7—闸板；

9—阀盖；10—填料；11—填料压盖；　　　　8—O 形圈；9—螺栓、螺母；10—阀杆头；11—阀盖；

14—支架；15—电动装置；16—放空装置；　　　12—填料；13—软质填料；14—填料注入塞；16—阀杆；

17—安全阀；18—排污装置　　　　　　17—支架；18—驱动装置；19—手轮；20—防护罩

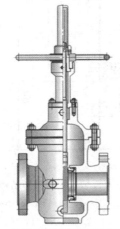 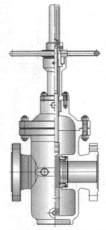

(a)标准型无导流孔平板闸阀　　　(b)标准型有导流孔平板闸阀

图 11.1-9　带导流孔与不带导流孔平板闸阀外形对比图

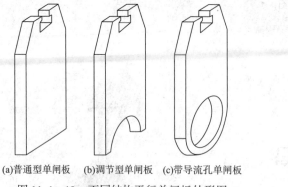

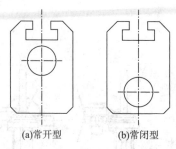

(a)普通型单闸板　(b)调节型单闸板　(c)带导流孔单闸板

图 11.1 – 10　不同结构平行单闸板外形图

(a)常开型　　(b)常闭型

图 11.1 – 11　带导流孔闸板分类

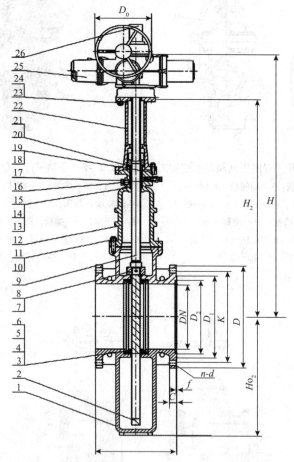

图 11.1 – 12　电动带导流孔单闸板平板闸阀参考结构图

1—阀体；2—闸板；3—阀座；4—阀座 O 形圈；5—阀座端 O 形圈；6—阀座密封圈；
7—阀杆接头；8—圆柱销；9—阀杆；10、18、23—螺柱；11、19、24—螺母；
12—阀盖；13—下 V 形填料组；14—隔环；15—上 V 形填料组；16—填料注入塞；
17—螺塞；20—填料压板；21—填料压套；22—支架；25—电动装置；26—护罩

（二）　不同种类阀杆的结构形式及性能特点

明杆闸阀和暗杆闸阀的性能特点比较见表 11.1 – 5。

表 11.1 - 5　明杆闸阀和暗杆闸阀性能特点比较

结构形式	优　点	缺　点
明杆	①阀门启闭时，外露阀杆做升降运动，更容易识别阀门启闭状态； ②由于阀杆螺母在体腔外，有利于润滑； ③应用广泛	①在恶劣环境中，阀杆外露螺纹易受损害和腐蚀； ②由于开启后高度大（在阀门原高度基础上增加一个行程），因此需要较大的操作空间
暗杆	①由于传动螺纹位于阀体内部，不受外界环境影响； ②阀门启闭时，阀杆做旋转运动带动闸板升降，外形总高度不变，需要的安装空间小	①传动螺纹和阀杆螺母在阀体内部，易受介质腐蚀且润滑条件受介质（是否具有润滑性）限制； ②开启程度不能直接观察，需设指示装置

第二节　球　阀

球阀是由阀杆带动球体（启闭件）绕阀杆轴线做旋转运动实现启闭的阀门。球阀是旋塞阀的改进演变，只不过球阀的启闭件是球体而非旋塞体。球阀的球体绕阀杆轴线做 90°旋转运动，主要起切断、分配和改变介质流向的作用。球阀近几十年发展迅速，其具备旋塞阀的优点，同时克服了旋塞阀的缺点，压力、通径适用范围较宽，目前已得到广泛应用。原油管输企业输油泵站阀组区进出站、收发球筒直连位置、串联输油泵进出口、重要汇管等位置以及线路截断阀一般选用直通式固定球球阀，常见品牌包括美国卡麦隆、德国舒克、四川飞球、成都成高等。

管道球阀经过半个多世纪的发展，形成两大阀体结构形式：一种是全焊接球状阀体结构，以美国 CAMERON 公司为代表，其他的还有德国的 BOSIG 公司、SCHUCK 公司等；另一种是筒状阀体结构，有全焊接的，也有分体式的，以意大利 GROVE 公司为代表，其他还有 PERAR 公司、Nuovo Pignone 公司，国内的四川飞球阀门、成都成高、苏州纽威阀门等（图 11.2 - 1、图 11.2 - 2）。

图 11.2 - 1　某品牌全焊接球状阀体结构球阀　　图 11.2 - 2　某品牌三段式筒状阀体结构球阀

一、球阀的种类

球阀根据常用结构形式可分为以下类型：

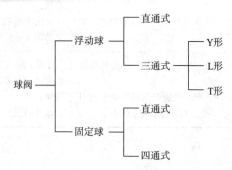

（1）浮动球球阀：球体可以浮动，在介质压力作用下，球体被压紧在出口侧阀座密封圈实现密封的球阀。

（2）固定球球阀：球体由上下阀杆支承固定，只能转动，在阀座弹簧预紧力和介质压力作用下，浮动阀座密封圈压紧球体实现密封的球阀。

二、球阀的特点

（一）优点

（1）流体阻力小：球阀全开时阀体通道、球体通道和接管成直线贯通，各类阀门中球阀的流体阻力最小。

（2）启闭迅速、方便。

（3）相较于旋塞阀，密封面接触面积较小，启闭力矩比旋塞阀小。

（4）密封性能好，可双向流动、双向密封。

（5）结构紧凑、外形尺寸小、重量轻。

（二）缺点

球体加工、研磨较困难。

三、球阀的型号编制方法及示例

（一）结构形式代号

球阀结构形式代号见表 11.2 - 1。

表 11.2 - 1　球阀结构形式代号

球阀结构形式		代　号
浮动球	直流通道	1
	Y 形三通	2
	L 形三通	4
	T 形三通	5

球阀结构形式		代　号
固定球	四通式	6
	直通式	7
	T 形三通	8
	L 形三通	9
	半球直通	0

（二）球阀型号编制示例

结合第（一）条以及第十章第四节内容，以型号为 Q9B47FH – 400LB、公称通径 350mm 的电动球阀为例，型号释义如表 11.2 – 2 所示。

表 11.2 – 2　球阀型号释义

代号	Q	9B	4	7	FH	400LB	—
含义	球阀	防爆电动	法兰连接	直通式	氟塑料 + Cr13 系不锈钢	压力代号 CLASS400	阀体材料代号，CF3、CF8 等材料代号直接标注在阀体

四、球阀的基本结构

球阀主要由阀体、球体、阀座、阀杆及传动装置等组成。

（一）阀体

根据阀体通道形式，球阀可分为直通球阀、三通球阀及四通球阀。阀体结构有整体式、两片式、三片式和对分式四种，整体式阀体一般用于较小口径的球阀；两片式及三片式阀体一般适用于中、大口径球阀；对分式阀体主要用于煤化工用硬密封球阀。

原油管输行业所用球阀基本为直通球阀，阀体以全焊接整体式、三段式为主，根据使用工况的不同，阀体可采用 ASTM A105、WCB、25 等材料。

（二）球体

球体是球阀的启闭件，其密封面是球体表面，粗糙度精度要求较高。直通球阀的球体通道是直通的；三通球阀的球体通道有 L 形、T 形和 Y 形三种，其分配形式与旋塞阀相同。根据球体在阀体内的固定方式，球阀可分为浮动球球阀和固定球球阀。

1. 浮动球球阀

浮动球球阀（图 11.2 – 3）的球体靠两个阀座夹持，可以浮动。在介质压力作用下，球体被压紧到出口侧的密封圈上，使其密封。一般适用于中、低压和中、小口径的阀门。

2. 固定球球阀

固定球球阀的球体由上、下阀杆支承固定，只能转动，不能水平移动。为了保证密封性，它必须有能够产生推力的浮动阀座，依靠阀座自身弹簧预紧力和介质压力使密封圈紧压在球体上。一般适用于高压大口径的球阀。图 11.2 - 4 是某型号电动固定球球阀参考结构图。

原油管输行业目前所使用的球阀主要以固定球球阀为主，根据使用工况的不同，球体材料一般可选用 ASTM A105、ASTM A182 F316、ASTM A350 LF2 等材料加 ENP 的表面处理工艺。

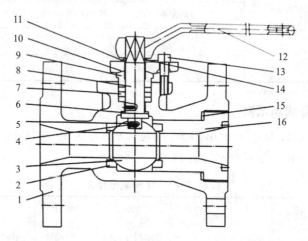

图 11.2 - 3　典型浮动球球阀参考结构示意图

1—阀体；2—阀座；3—球体；4—钢球；5—弹簧；6—垫片；7—填料；8—阀杆；9—填料压盖；
10—填料压板；11—限位块；12—手柄；13—螺钉；14—挡圈；15—阀体耐火垫；16—阀盖

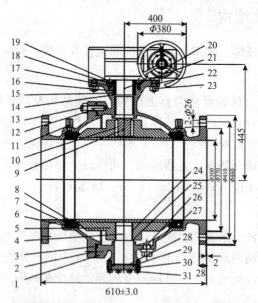

图 11.2 - 4　某型号电动固定球球阀参考结构图

1—主阀体；2—左体；3—垫片 $\Phi510 \times \Phi490 \times 3.5$；4—下阀杆；5—球体；6—O 形密封圈 $\Phi360 \times 5.7$；
7—螺旋弹簧；8—密封圈；9—上阀杆；10—键 A16×60；11—注脂阀；12—螺柱 M20×55；
13—六角螺母 M20 - 7H；14—止推垫；15—密封套；16—O 形密封圈 $\Phi70 \times 5.7$；17—压盖；
18—填料 $\Phi60 \times \Phi70 \times 3.5$；19—内六角螺钉 M10×20；20—蜗轮；21—注脂孔；22—螺柱 M10×35；
23—六角螺母 M10；24—滑动轴承 6570；25—滑动轴承；26—排污丝堵；27—阀座支撑圈；
28—调整垫；29—密封垫；30—端盖；31—内六角螺栓 M20×50

（三）阀杆

阀杆的下端与球体连接，可带动球体转动。球体的启闭动作根据压力、口径的大小可选用手动、电动、气动、液动以及各种联动传动。

原油管输行业所用球阀根据使用工况的不同，阀杆可选用 AISI 4140、AISI 4130、AISI 318 等材料加 ENP 的表面处理工艺。

（四）阀座

阀座是固定在阀体上与球体组成密封副的零件。原油管输行业普遍使用的固定式球阀采用浮动阀座，以实现双截流与泄放（DBB）或双隔离与泄放（DIB）功能，阀座密封材料一般采用软硬双重密封，根据使用工况的不同，阀座金属密封圈一般选用 ASTM A105、ASTM A182 F316、ASTM A350 LF2 等材料加 ENP 或堆焊 Stellite6 合金的表面处理工艺，软密封一般选用聚四氟乙烯（PTFE）、氟橡胶等材料。

五、不同种类球阀的结构形式及性能特点

（一）浮动球球阀与固定球球阀的结构及性能特点

浮动球球阀与固定球球阀的结构及性能特点比较见表 11.2-3。

表 11.2-3　浮动球球阀与固定球球阀的结构及性能特点比较

结构形式	结构特点	优点	缺点
浮动球	①靠加给两阀座密封圈的预紧力和介质压力将球体压紧在出口端阀座密封圈，属单面强制密封；②球体和阀座密封面间的密封比压与介质压力有关	①结构相对简单，重量轻；②单侧密封性能好	①阀座密封面必须有足够的强度，以承受高密封比压；②装配时预紧力不易控制；③启闭力矩大，适用于中低压、中小口径的阀门
固定球	①球体由阀杆固定，不会移动，阀杆上可装轴承，以减小摩擦；②浮动阀座在介质压力和自身预紧力作用下使密封圈压紧在球体上，操作力矩较小	①启闭力矩小，适用于高压大口径的球阀；②可实现 DBB、DIB 功能设计	结构较浮动球球阀复杂、外形尺寸和重量大

（二）轨道式球阀的结构及性能特点

轨道式球阀通过阀杆上导轨和导向销的相互作用，使阀门启闭时球面和密封面脱离接触、避免摩擦，一般为上装式结构、单阀座单向密封。图 11.2-5 为轨道式球阀实物图及剖面图，表 11.2-4 列出了轨道式球阀的性能特点。图 11.2-6 为轨道式球阀出现的导轨磨损情况。

表 11.2 – 4　轨道式球阀的结构及性能特点

结构形式	结构特点	优点	缺点
轨道式球阀 （图 11.2 – 5）	①通过阀杆上导轨和导向销的相互作用，使阀门启闭时球面和密封面脱离接触、避免摩擦，摩擦副寿命更长； ②一般为上装式结构，装配及维修更方便，可在线维修； ③单阀座单向密封	①阀门启闭时密封副无摩擦，密封性能好，使用寿命长； ②上装式结构装配维修方便，可在线维修	①阀杆导轨和导向销为滑动摩擦，摩擦力大，易磨损，影响使用寿命（图 11.2 – 6）； ②只能实现单向密封

图 11.2 – 5　轨道式球阀实物图及剖面图　　　图 11.2 – 6　轨道式球阀出现的导轨磨损情况

　　根据介质特性和用户需求，球阀可选择采用注脂、排污、防静电、耐火等结构设计，详见本章第八节。

六、美国 CAMERON 球阀的典型结构介绍

　　美国 CAMERON 球阀（图 11.2 – 7）是目前原油管输行业广泛使用的进口球阀，它将轻质高强的锻钢阀门部件与紧凑的球型阀体设计集于一体，使其同时具有高强度和低重量，并具有较大的抵抗管线压力和应力的能力。紧凑球型的全焊接阀体设计避免了阀体连接法兰，减小了阀门外形尺寸，减少了阀体上的泄漏渠道。

（一）阀体的设计

　　美国 CAMERON 球阀阀体为全焊接、球状，由若干块锻件拼接组成，焊接在产品组装完成后进行，焊接是最后一道工序，这样形成一个封闭的产品，不可再分解、拆卸。阀体整体提供了足够的强度和刚度，

图 11.2 – 7　CAMERON 球阀阀体结构

产品经弯曲试验和压缩试验等验证了阀体的刚度和强度，同时大大减少了阀体上的外泄通道。

（二）一体化固定球设计

球体上有两个轴孔，插入两个过盈配合的支承轴，形成一个组合球体，上支承轴作为驱动轴，与传动机构采用花键连接，见图 11.2 - 8。轴承采用低摩擦系数的聚四氟乙烯（PTFE）轴承，无需润滑，操作轻便。

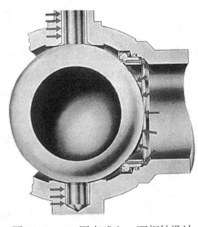

图 11.2 - 8　固定球上、下枢轴设计

（三）阀位观察孔设计

CAMERON 球阀顶部阀杆有整体式限位器（挡块），保证了阀门精准的开关位置，同时阀杆外阀体设置有阀位观察孔，可准确观察阀门是否开关到位（图 11.2 - 9）。

图 11.2 - 9　阀杆限位装置及阀位观察孔

（四）T31 旋转阀座设计

阀座外缘加工成棘轮，球体表面固定着一个拨动机构，球体每开关一次，棘轮在拨动下转动一定角度（图 11.2 - 10）。原始设计思路是将介质高速冲刷以及阀座与球体相对运动导致的磨损均匀分布在整个阀座密封带上，以提高阀座密封面寿命，同时使润滑脂、清洗液和密封脂均匀分布在球体和阀座的接触面。但因管道中不同程度存在坚硬杂质，一般沉积在管线和阀门底部，阀座的转动某种程度上可能导致杂质划伤密封面的扩展，增加泄漏点，故旋转阀座的设计尚存在一定争议。

图 11.2 - 10　旋转阀座设计

（五）其他结构设计

（1）阀杆上的密封环采用聚四氟乙烯（PTFE）制造，有上、下两个轴封，如果有需要，上轴封可以被更换。

（2）阀座上的密封环材料采用尼龙或 PTFE，被牢固地锁定在金属座圈内。阀座与阀体之间的密封采用唇式密封结构，用 PTFE 制作，背面由平板弹簧推动，提供密封座的初始密封。当密封座上软密封失效时，有一个密封脂紧急注入通道，密封脂通过一个注油嘴和单向阀通向球体表面，提供一个临时紧急密封。这一组合密封座结构满足 DBB 功能要求以及低的密封压力，避免了高的操作扭矩。DBB 功能球阀密封座设计为前级密封，具有自泄放功能，阀腔压力异常升高时，出口端阀座自动泄放。

（3）对于直埋地下的管线，阀门的阀杆可以被延伸，接至地面，排污管、注脂管等亦接至地面。

第三节 蝶 阀

蝶阀是启闭件为圆盘形蝶板，在阀体内绕固定轴线 90°旋转来开启、关闭和调节流体的阀门（图 11.3 – 1）。蝶阀可用于截断介质，也可用于调节流量，多用于中低压和大中口径的阀门，目前国外蝶阀通径可做到 DN10000 以上。蝶阀普遍应用于原油管输行业的消防管线上。

图 11.3 – 1 蝶阀实物图

一、蝶阀的种类

蝶阀根据常用结构形式可分为以下类型：

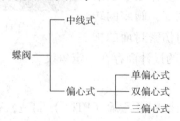

（1）中线蝶阀：阀杆轴心、蝶板中心、阀体中心在同一位置上的蝶阀。

（2）偏心蝶阀：阀杆轴心、蝶板中心、阀体中心中两个以上发生偏离的蝶阀。

二、蝶阀的特点

（一）优点

（1）与同规格、压力等级的其他阀门相比，蝶阀结构长度短、尺寸小、重量轻。

（2）启闭迅速、操作简便，可作为快速启闭阀门使用。

（3）有良好的流量调节性能和关闭密封性能，可作为调节阀使用。

（4）适合做大口径阀门，在大型给排水管道上被广泛采用。

（二）缺点

（1）相较于闸阀、球阀，蝶阀的压力损失较大。

（2）软密封副依靠弹性密封，强度较低，一般适用于较低工作温度和低压力介质。

（3）除三偏心形式，密封面在开或关的瞬间磨损较大。

三、蝶阀的型号编制示例

（一）结构形式代号

蝶阀结构形式代号见表 11.3 – 1。

表 11.3 – 1　蝶阀结构形式代号

蝶阀结构形式		代　号
密封型	单偏心	0
	中心垂直板式	1
	双偏心	2
	三偏心	3
	连杆机构	4
非密封型	单偏心	5
	中心垂直板式	6
	双偏心	7
	三偏心	8
	连杆机构	9

（二）蝶阀型号编制示例

结合第（一）条以及第十章第四节内容，以型号为 D943H – 10C、公称通径 400mm 的电动蝶阀为例，型号释义如表 11.3 – 2 所示。

表 11.3 – 2　蝶阀型号释义

代号	D	9	4	3	H	10	C
含义	蝶阀	电动	法兰连接	三偏心	Cr13 系不锈钢	压力代号：PN10	阀体材料代号：碳钢

四、蝶阀的基本结构

蝶阀主要由阀体、蝶板、阀座、阀杆及传动装置等组成，图 11.3 - 2 ～ 图 11.3 - 4 分别是中线式蝶阀、双偏心式蝶阀、三偏心式蝶阀的结构图。

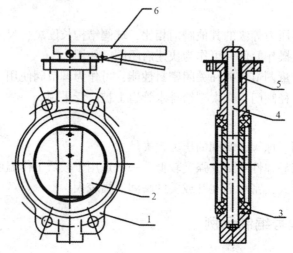

图 11.3 - 2　手动中线式蝶阀参考结构图

1—阀体；2—蝶板；3—密封阀座；4—阀杆；5—填料；6—手柄

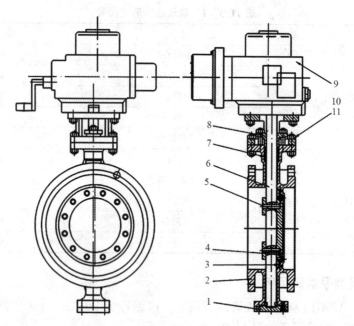

图 11.3 - 3　电动双偏心式蝶阀参考结构图

1—下阀盖；2—阀体；3—密封圈；4—压板；5—蝶板；6—阀杆；

7—填料；8—填料压盖；9—电动装置；10—螺柱；11—螺母

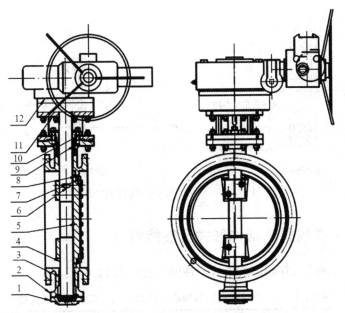

图 11.3 - 4　电动三偏心式蝶阀参考结构图

1—下端盖；2—阀体；3—轴套；4—阀杆；5—蝶板；6—销轴；7—压圈；
8—密封圈；9—填料；10—填料压盖；11—支架；12—电动装置

（一）阀体

蝶阀阀体呈圆筒状，上下部位各有一个圆柱形凸台，用以安装阀杆。蝶阀与管道多采用法兰连接，如采用对夹连接，其结构长度最小。

（二）阀杆

阀杆是蝶板的转轴，轴端采用填料函密封结构，可防止介质外漏。阀杆上端与传动装置直接相连，用以传递力矩。

（三）蝶板

蝶板是蝶阀的启闭件。根据蝶板在阀体中的放置位置，蝶阀可分为中心对称的（中线式）、偏置的（单偏心、双偏心和三偏心）或斜置的（图 11.3 - 5）。

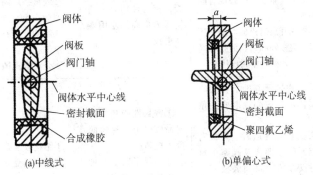

(a)中线式　　　　　　　　　(b)单偏心式

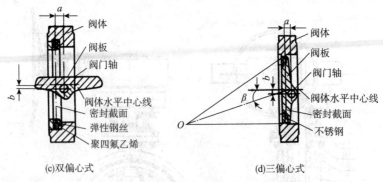

(c)双偏心式   (d)三偏心式

图 11.3 – 5   不同结构形式蝶阀的结构图

五、不同种类蝶阀的结构形式及性能特点

中线式蝶阀与偏心式蝶阀结构形式和性能比较见表 11.3 – 3。

表 11.3 – 3   中线式蝶阀与偏心式蝶阀的结构形式和性能比较

结构形式	结构特点	优　点	缺　点
中线式	蝶板中心轴线与阀体垂直中心线一致，橡胶等非金属压入阀体或阀座时，蝶板外圈与软密封阀座挤压会产生弹性变形，使阀门密封	①结构简单、操作方便； ②重量轻	①在几种结构的蝶阀中，密封性最差； ②受软密封材料限制，工作温度、压力及适用介质都受到限制
单偏心式	①蝶板中心轴线与阀体垂直中心线一致，但蝶板密封面与阀座密封面偏离蝶板中心轴线（阀体垂直中心线），间距为 a； ②单偏心距 a 的设置使蝶板与阀座密封面是一个完整的圆，启闭时密封面间的机械磨损和挤压降低，密封性能比中线式有所提高	密封性能、工作压力、使用寿命较中线式好	①蝶板与阀座密封面有机械磨损，有擦伤； ②蝶板挤压阀座，弹性材料会产生变形、冷流等失效； ③结构较中线式复杂，成本高； ④介质会汽蚀、冲蚀密封面
双偏心式	①蝶板中心轴线与阀体垂直中心线一致，但与蝶板密封面有间距，偏置为 a；又与阀体水平中心线有间距，偏置为 b； ②双偏心蝶阀开启时机械磨损挤压降低，关闭时蝶板外圆密封面挤压阀座，具有较大、较好的密封比压	相较单偏心式蝶阀，密封性能好，适用压力也高，使用寿命更长	①蝶板与阀座密封面有机械磨损，也有擦伤； ②蝶板挤压阀座，软密封阀座的弹性变形会产生冷流失效等； ③结构较偏心式蝶阀复杂，成本略高于单偏心式； ④介质会汽蚀、冲蚀密封面
三偏心式	①在双偏心式蝶阀基础上将阀座中心线与阀体水平中心线形成 β 角偏置； ②三偏心式蝶阀开启时，蝶板密封面在开启瞬间立即离开阀座密封面，关闭时仅在关闭瞬间蝶板密封面才会接触并压紧阀座密封面，两密封面之间的密封比压由偏心距和阀杆的转矩大小来决定	①密封性能和使用寿命较以上三种蝶阀大大提高； ②消除了以上三种蝶阀软密封阀座冷流弹性失效等因素	①结构较复杂，成本较高； ②密封面受介质汽蚀影响

第四节　止回阀

止回阀是启闭件借助介质作用力，自动阻止介质逆流的阀门。止回阀在介质顺流时自动开启，介质逆流时自动关闭，管路中，凡是不允许介质倒流的场合均需安装止回阀。在输油泵站中，止回阀普遍应用于并联泵出口管线和串联泵的出口汇管上，主要结构类型为单瓣旋启式止回阀和双板（双瓣）旋启式止回阀（图 11.4 – 1）。

图 11.4 – 1　单瓣旋启式止回阀（左）和双瓣旋启式止回阀（右）实物图

一、止回阀的种类

止回阀的种类很多，综合分类如下：

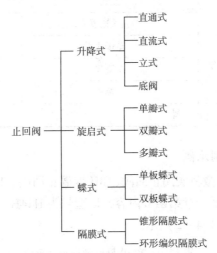

（1）升降式止回阀：阀瓣沿着阀座中心线做升降运动的止回阀。

（2）旋启式止回阀：阀瓣呈圆盘状，绕阀座通道外固定轴做旋转运动的止回阀。

（3）蝶式止回阀：形状与蝶阀相似，阀座倾斜，阀瓣（蝶板）旋转轴在阀内通道中心线偏上方水平安装，使转轴下部蝶板面积大于上部，从而做到蝶板依靠自身重量和逆流

介质作用旋转到阀座上，起到防止介质逆流的作用。

（4）隔膜式止回阀：关闭件由隔膜组成，该隔膜与阀座偏离或贴合起到密封作用。

二、止回阀的特点

（一）优点

（1）依靠重力、弹簧和介质作用实现自动启闭。

（2）阀门启闭动作灵活、迅速。

（3）可接受工作载荷变化大。

（二）缺点

（1）阀瓣阻碍介质流动，流动阻力较大。

（2）密封性能较差。

（3）阀门关闭时介质迅速冲击阀瓣，可能发生水击现象。

三、止回阀的型号编制示例

（一）结构形式代号

止回阀结构形式代号见表11.4－1。

表11.4－1　止回阀结构形式代号

止回阀结构形式		代　号
升降式	直通式	1
	立式	2
	角式通道	3
旋启式	单瓣式	4
	多瓣式	5
	双瓣式	6
蝶式止回阀		7

（二）止回阀型号编制示例

止回阀附加代号：HH 微阻缓闭止回阀、BH 保温止回阀、HQ 滚球式止回阀。

结合第（一）条以及第十章第四节内容，以型号为 H44H－64、公称通径350mm 的止回阀为例，型号释义如表11.4－2所示。

表11.4－2　止回阀型号编制示例

代号	H	4	4	H	64	—
含义	止回阀	法兰连接	单瓣旋启式	Cr13 系不锈钢	压力代号：PN64	阀体材料代号，CF3、CF8 等材料代号直接标注在阀体

四、不同种类止回阀的结构形式及性能特点

止回阀属于自动阀的一种，其结构一般由阀体、阀盖、阀瓣、密封装置等组成。

（一）升降式止回阀

阀瓣沿着阀座中心线作升降运动，结构如图 11.4-2、图 11.4-3 所示。阀瓣、阀体与截止阀结构一样，阀瓣上部、阀盖下部都加工出导向套筒，阀瓣导向筒可以在阀盖导向套筒内自由升降，确保阀瓣准确落在阀座上。在阀瓣导向筒下部或阀盖导向套筒上部加工出一个泄压孔。当阀瓣上升时，通过泄压孔排出筒内介质，以减小阀瓣开启的阻力。

由于升降式止回阀的液体阻力较大，只能安装在水平管道上，如果在阀瓣上部设置辅助弹簧，阀瓣组件在弹簧张力的作用下关闭，则可装在任何位置。高温、高压可采用自紧式密封结构，密封圈采用石墨填料或不锈钢车成，借助介质压力压紧密封圈来达到密封，介质压力越高，密封性能越好。

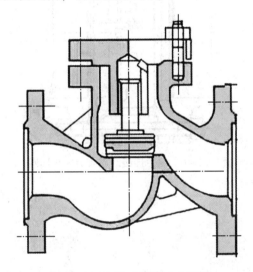

图 11.4-2 卧式升降式止回阀

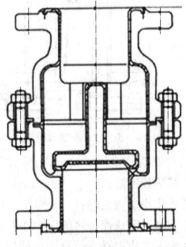

图 11.4-3 立式升降式止回阀

（二）旋启式止回阀

阀瓣呈圆盘状，绕阀座通道外固定轮作旋转运动。如图 11.4-4 所示。旋启式止回阀由阀体、阀盖、阀瓣、摇杆等组成；阀门通道呈流线型，流体阻力比升降式止回阀小；适用于大口径的场合。但在低压时，密封性能不如升降式止回阀，为提高密封性能，可采用辅助弹簧或重锤结构。

根据阀瓣的数目，可分为单瓣、双瓣和多瓣三种，其工作原理相同。

1. 单瓣式

单瓣式旋启式止回阀只有一个阀座通道和

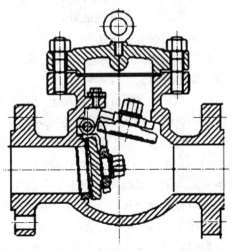

图 11.4-4 旋启式止回阀

一个阀瓣，一般适用于中等口径。

2. 双瓣（双板）式

双瓣（双板）旋启式止回阀有两个阀座通道和两个阀瓣，适用于较大口径，但一般不超过600mm。

针对传统止回阀体积大、流体阻力大、阀门关闭时水锤压力高、安装维修难、使用寿命短等特点，研制开发了双瓣（双板）旋启式止回阀，其与管道的连接有对夹式和法兰式（图11.4-5、图11.4-6）。因双瓣旋启式止回阀在原油管输行业的泵出口等位置广泛应用，在此对其进行重点介绍。

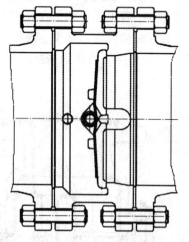 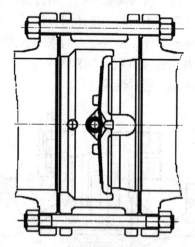

图11.4-5　对夹连接双瓣旋启式止回阀　　图11.4-6　法兰连接双瓣旋启式止回阀

（1）双瓣（双板）旋启式止回阀的特点：
①结构长度短；
②体积小、重量轻；
③阀瓣关闭快速，水锤压力小；
④水平管道或垂直管道均可使用，安装方便；
⑤流道通畅、流体阻力小；
⑥动作灵敏、密封性能好；
⑦阀瓣行程短、关闭冲击力小；
⑧整体结构简单紧凑、造型美观；
⑨使用寿命长、性能可靠。

（2）双瓣（双板）旋启式止回阀的结构：双瓣（双板）旋启式止回阀主要由阀体、阀瓣、止动销、销轴、弹簧、调整垫、螺塞、垫圈、吊环螺钉等组成。图11.4-7是对夹双瓣（双板）旋启式止回阀结构图。

（3）双瓣（双板）旋启式止回阀的工作原理：双瓣（双板）旋启式止回阀的双阀瓣结构采用弹簧负载阀瓣，悬挂在中心垂直的销轴上。当流体开始流动时，阀瓣在作用于密封表面中心的合力作用下开启，而起着反作用的弹簧支架力的作用点位于阀瓣面中心外的位置（图11.4-8），使得阀瓣根部首先开启，避免了旧型常规阀门在阀开启时所出现的密封表面摩擦现象，消除了部件的磨损，增加了阀门密封的持久性。

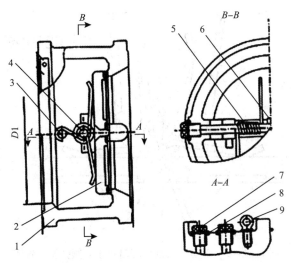

图 11.4 - 7　对夹双瓣旋启式止回阀结构图
1—阀体；2—阀瓣；3—止动销；4—销轴；5—弹簧；
6—调整垫；7—螺塞；8—垫圈；9—吊环螺钉

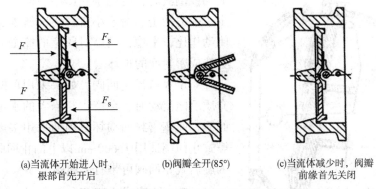

(a)当流体开始进入时，　　(b)阀瓣全开(85°)　　(c)当流体减少时，阀瓣
　　根部首先开启　　　　　　　　　　　　　　　　前缘首先关闭

图 11.4 - 8　双瓣（双板）旋启式止回阀工作原理

　　当流速减缓，在扭转弹簧反作用力的作用下，阀瓣逐渐向阀体阀座靠近，阀门进入了慢关闭阶段。当流体倒流时，阀瓣靠近阀体阀座，阀门的动态反应随之大大加速，有效地减小水锤现象的影响，降低水击的危害。

　　在关闭时，弹簧力作用点的作用使得阀瓣顶端首先关闭。防止了阀瓣根部出现咬磨现象，使得阀门密封面能够有较长的使用寿命。

　　阀门的弹簧结构使得在每个阀瓣上能够施加更大的扭矩，并且随着液流的变化而独立关闭。实验证明这种作用使得阀门寿命增加，水锤现象大大减少。

　　双阀瓣的每个部分都有自身的弹簧，这些弹簧提供独立的关闭作用力，所经受的角度偏移比较小，只有 140° ~ 145°（图 11.4 - 9），这使阀门能够更加快速反应，减少水锤出现的机会。

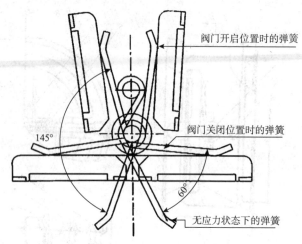

图 11.4 - 9　双瓣（双板）旋启式止回阀弹簧位置图

3. 多瓣式

如图 11.4 - 10 所示，多瓣式止回阀启闭件是由多个小直径的阀瓣组成，当介质停止流动或倒流时，这些小阀瓣不会同时关闭，大大减少了水力冲击。由于小直径的阀瓣本身重量轻，关闭动作比较平稳，阀瓣对阀座的撞击力较小，也不会造成密封面的损坏。

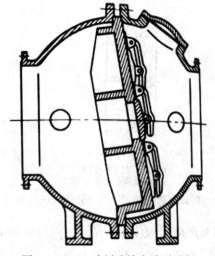

图 11.4 - 10　多瓣式旋启式逆止阀

对于大口径止回阀，如果采用单瓣式结构，当介质反向流动时，会产生相当大的水击，甚至造成阀瓣、阀座密封面损坏，因而采用多瓣式结构。多瓣式止回阀适用于 600mm 以上的止回阀，较大口径的旋启式止回阀可带有旁通阀。

（三）轴流式止回阀

轴流式止回阀的阀体内腔表面、导流罩、阀瓣等过流表面有流线形态，且前圆后尖。流体在其表面主要表现为层流，没有或很少有湍流。

轴流式止回阀在结构上采用了轴流梭式结构，具有流阻小、流量系数大、外形尺寸小等优点。其阀瓣安装有缓冲减震弹簧，当介质顺流时，阀瓣打开，介质通过阀体轴流式通道流通，介质推开阀瓣时，弹簧起到了缓冲效果，避免了普通止回阀开启时阀瓣与阀体之间的撞击振动。当介质逆向流动时，阀瓣快速关闭，阀瓣与阀座紧密贴合，阻止介质逆向流动。组合式硬密封带软密封结构能有效地降低阀瓣与阀座贴合时的冲击噪声和振动。

1. 类型

根据阀瓣结构形式不同可分为套筒形、圆盘形、环盘形等多种形式（图 11.4 - 11 ~ 图 11.4 - 13）。

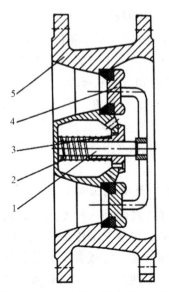

图 11.4 - 11　套筒形轴流式止回阀
1—固定螺杆；2—弹簧；3—导向套；
4—阀座；5—阀体

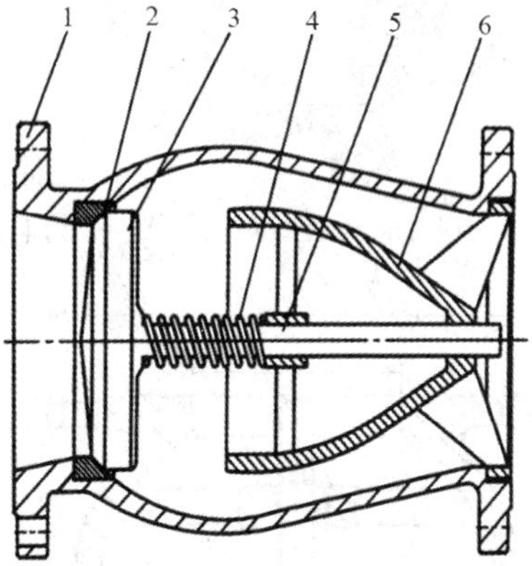

图 11.4 - 12　圆盘形轴流式止回阀
1—阀体；2—阀座；3—阀瓣；4—弹簧；
5—固定螺杆；6—导流罩

2. 结构特点

①设计有减震弹簧，避免了普通止回阀开启时阀瓣与阀体之间的直接撞击产生振动和噪声。

②阀座采用硬密封带软密封的组合式密封结构，具有消声、减震效果，便于用户现场检修。

③结构紧凑、造型美观、外形尺寸小。

④独特的轴流梭式结构，流阻小、流量系数大。

3. 工作原理

轴流式止回阀通过阀门进口端与出口端的压差来决定阀瓣的开启和关闭，当进口端压力大于出口端压力与弹簧力的总和时，阀门开启，只要有压差存在，阀瓣就一直处于开启状态，但开启度由压差的大小决定。当出口端压力与弹簧弹力

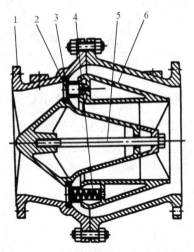

图 11.4 - 13　环盘形轴流式止回阀
1—阀体；2—导向套；3—阀座；4—弹簧；
5—固定螺杆；6—阀瓣

的总和大于进口端压力时，阀瓣则关闭并一直处于关闭状态。由于阀的开启与关闭是处于一个动态的力平衡系统中，因此阀门运行平稳，无噪声，水锤现象大大减少。

如果流体流速压力无法将阀门支承在一个较大的开启度并保持在稳定的开启位置，则阀瓣和相关的运动部件可能会处于一种持续振动的状态。为了避免出现运动部件的过早磨损、噪声或振动，就要根据流体状态选择止回阀的通径。

轴流式止回阀的阀瓣重量轻，可减小在导向面上的摩擦力，回座迅速。小重量低惯性的阀瓣经过一个短的行程并以极小的冲击力接触阀座面，这样能保持阀座密封面的良好状态，避免损坏。更重要的是，它能最大程度降低压力波动的形成，保证系统安全。

图 11.4 – 14　蝶式止回阀实物图

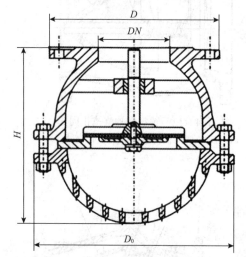

图 11.4 – 15　升降式底阀结构示意图

（四）蝶式止回阀

蝶式止回阀与蝶阀结构相似，阀座是倾斜的。蝶板（阀瓣）旋转轴水平安装，位于阀门内通道中心线偏上方，使转轴下部蝶板面积大于上部，当介质停止流动或倒流时，蝶板在自身重力和倒流介质作用下，旋转到阀座上。蝶式止回阀结构简单，但密封性能差，只能安装在水平管道上，其外形结构如图 11.4 – 14所示。

（五）升降式底阀

升降式底阀是一种专用止回阀，主要由阀体、阀瓣、过滤网等组成（图 11.4 – 15）。主要安装在不能自吸或者没有设置抽真空的泵吸入管尾端。使用时，介质必须把底阀淹没，其作用是防止进入吸入管中的介质或启动前预灌入泵和吸入管中的介质倒流，保证泵正常启动。升降式底阀底部一般有过滤网，作用是阻止杂物进入吸入管，以避免泵及有关设备受到损害。

五、止回阀的应用

管路中，凡是不允许介质逆流的场合均需安装止回阀。一般适用于清净介质，不宜用于含有固体颗粒和黏度较大的介质。

对于要求关闭时水击冲击比较小或无水击的管路，宜选用带有缓闭结构的止回阀。

安装止回阀时，应注意介质流动方向，应使介质正常流动方向与止回阀阀体介质流动箭头方向相一致。

第五节　截止阀

截止阀是启闭件（阀瓣）由阀杆带动，沿阀座轴线作升降运动达到启闭目的的阀门（图 11.5 – 1）。截止阀是截断阀的一种，在管路中主要作切断用，不宜用来调节介质压力或流量，如果长期处于节流状态，密封面会被介质冲蚀，不能保证其密封性。截止阀流体阻力及启闭力矩较大，适合于口径较小的场合。在输油站场中，截止阀普遍应用于污油系统、仪表测量系统等位置。

图 11.5 - 1　截止阀实物图

一、截止阀的种类

截止阀一般分为以下类型：

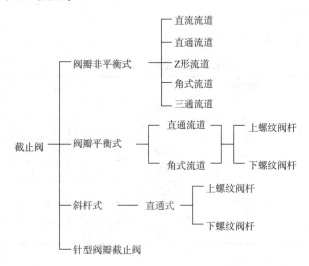

二、截止阀的特点

截止阀的密封形式为强制密封，在阀门关闭时必须向阀瓣施加足够的力，达到密封必须比压以上，才能实现密封。截止阀开启时，阀瓣的开启高度达到阀门公称尺寸的25% ~ 30%时，流量即已达到最大，即表明阀门已达到全开位置，所以截止阀的全开位置应该按阀瓣的行程来确定。

截止阀关闭时和再次开启的情况与强制密封闸阀相似，即阀门关闭后，要在密封面上施加足够操作力以实现密封。因此，阀门的关闭力矩应在操作力矩的基础上增加到规定值来确定。而阀门再次开启时，由于要克服静摩擦和热膨胀等因素的影响，阀门开启力阀矩通常要比关闭力矩还要大，才能可靠地开启阀门，因此在设计时应子以考虑。为了减小启闭阀门中形成的高冲击压力，截止阀操作时要缓慢，在某种意义上说，要产生与流量速度相一致的变化率。

（一）优点

（1）在开闭过程中阀瓣与阀体密封面之间无相对滑动，密封面的摩擦力比闸阀小，耐磨，使用寿命较长。

（2）开启高度小。

（3）通常只有一个密封面，制造工艺好，便于维修。

（4）结构比闸阀简单，制造与维修都较方便。

（二）缺点

（1）截止阀使用较为普遍，但由于开闭力矩较大，结构长度较长，一般公称通径都限制在 200mm 及以下。

（2）截止阀的流体阻力损失较大。

（3）全开时阀瓣经常受冲蚀。

三、截止阀的型号编制示例

（一）结构形式代号

截止阀结构形式代号见表 11.5 – 1。

表 11.5 – 1　截止阀结构形式代号

截止阀结构形式		代　号
阀瓣非平衡式	直通式	1
	Z 形流道	2
	三通流道	3
	角式	4
	直流式（Y 形）	5
阀瓣平衡式	直通	6
	角式	7

（二）型号编制示例

结合第（一）条以及第十章第四节内容，以型号为 WJ41H – 16C 的波纹管截止阀为例，型号释义如表 11.5 – 2 所示。

表 11.5 – 2　截止阀型号释义

代号	W	J	4	1	H	16	C
含义	波纹管	截止阀	法兰连接	直通式	密封材质为不锈钢	压力代号：PN16	阀体材料：碳钢

四、截止阀介质流向

一般截止阀的流通介质由阀座下方往上流动，即习惯上称为"低进高出"，这样当阀门关闭时，阀杆处的密封填料不致遭受工作介质压力和温度的作用，并且阀门关闭严密的情况下，还可进行填料的更换工作。其缺点是阀门的关闭力较大，较大口径的阀门很难实现密封。因此,有时也使介质由阀座上方往下流动,即习惯上称为"高进低出",由于介质压力作用于阀瓣的上方,阀门很容易实现密封,但这样阀门的开启力矩较大,容易造成密封填料的泄漏并且不能在线更换阀门的填料。

一般 DN150 及以下的截止阀介质大都从阀瓣的下方流入,而 DN200 及以上截止阀介质大部分从阀瓣的上方流入,这是考虑到阀门的关闭力矩所致。为了减少开启或关闭力矩,一般 DN200 及以上的截止阀都设内旁通或外旁通阀门。

五、截止阀的基本结构

截止阀一般有阀体、阀瓣、阀盖、填料、阀杆、手轮等主要组成部分。图 11.5 - 2 为截止阀的基本结构。

(一) 阀体

截止阀阀体的基本形式有 T 形阀体、角式阀体和 Y 形阀体。

T 形阀体最为常见,但这种形式阀体的曲折流道产生的流阻是最高的,T 形阀体具有低流动特性和较高的压降,可以用于快速节流,也可以用于仅要求节流而不考虑压力降的场合,属于直通流道。

角式阀体用于有脉动流动的地方,属于角式流道。

Y 形阀体在截止阀的阀体类型中流阻最小,可以长期微启而无严重冲蚀,属于直流流道。

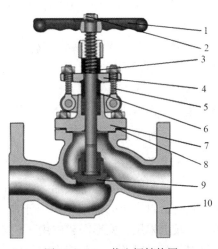

图 11.5 - 2 截止阀结构图
1—手轮;2—阀杆螺母;3—阀杆;4—填料压盖;
5—T 形螺栓;6—填料;7—阀盖;8—垫片;
9—阀瓣;10—阀体

(二) 阀瓣 (阀座) 密封圈结构

阀瓣是截止阀的启闭件,与阀座一起形成密封副接通或截断介质,通常阀瓣呈圆盘状,对于小口径截止阀,阀瓣多与阀杆成一整体。阀瓣和阀座的密封圈直接影响密封性能,是截止阀的关键部件,其常见结构形式和连接方式如图 11.5 - 3 所示。

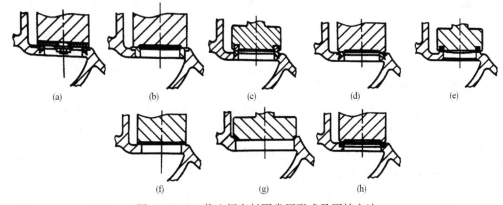

(a)　　　(b)　　　(c)　　　(d)　　　(e)

(f)　　　(g)　　　(h)

图 11.5 - 3 截止阀密封圈常用形式及固接方法

图 11.5 – 3（a）中，阀瓣密封圈用橡胶、塑料等软质材料制成，靠螺钉固定在阀瓣上；阀座密封圈用铜合金制成，或在铸铁阀体上直接加工出密封面。适用于低压小口径截止阀。

图 11.5 – 3（b）中，阀瓣密封面是在阀上直接加工而成，阀座密封圈用铬不锈钢制造，用螺纹与阀体固接。适用于中压小口径截止阀。

图 11.5 – 3（c）中，阀体与阀瓣材料均为铸铁，加工出燕尾槽，再分别压入铜合金密封圈，靠塑性变形固接。适用于低压截止阀。

图 11.5 – 3（d）中，阀瓣密封面是直接在阀瓣上加工而成；阀座密封圈用铜合金或铬不锈钢制造。适用于小口径截止阀。

图 11.5 – 3（e）中，在阀瓣燕尾槽内压入氟塑料密封圈或浇注巴氏合金，在阀体上直接加工出阀座密封面，适用于氨阀。

图 11.5 – 3（f）中，在阀体和阀瓣上堆焊铬不锈钢加工成密封面。适用于高、中压截止阀。

图 11.5 – 3（g）中，在阀体和阀瓣上堆焊硬质合金，加工成锥形密封面，适用于高温、高压及不锈钢截止阀。

图 11.5 – 3（h）中，阀瓣密封面是直接加工而成的；阀座密封圈材料为铬不锈钢，采用摩擦焊将阀座固定在阀体上。适用于高，中压小口径截止阀。

（三）阀瓣

1. 阀瓣形状

截止阀阀瓣主要有平板形、锥形、带导向的平板形和球形（图 11.5 – 4）。尽管球形阀瓣具有密封力小的优点，但由于制造工艺相较于前三种阀瓣复杂，现场维修也比较困难，故较少采用；锥形阀瓣应用比较普遍，尤其是公称尺寸较小的阀门，但需要考虑密封副材料的配对问题，避免擦伤密封面；而平板形阀瓣主要用于公称尺寸较大的阀门，阀瓣带有导向爪以后，可以改善阀瓣的对中性，为使阀瓣与阀座之间的流通面积不被过分削弱，导向爪的截面尺寸不宜过大，而且应当对称布置。

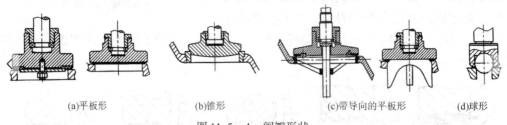

(a)平板形　　　　　　(b)锥形　　　　　　(c)带导向的平板形　　　　(d)球形

图 11.5 – 4　阀瓣形状

2. 压力平衡式阀瓣

其阀瓣结构如图 11.5 – 5 所示，流体流动方向从阀瓣上方流入下方，即"高进低出"。从图中可以看出平衡式截止阀主阀瓣内有一条小孔通道连通其上部和下部，在开闭阀门时，阀杆首先打开小孔通道，使阀瓣上部和下部的压力平衡，减轻阀瓣单面受力时的总压力，也大大减少开启阀门时的驱动转矩，克服了高压、大口径截止阀阀瓣单面受压过大、密封面易损和操作困难的缺陷。但由于平衡式阀瓣结构比较复杂，一般只用于高压及口径较大的截止阀。压力平衡式阀瓣的工作原理见图 11.5 – 6。

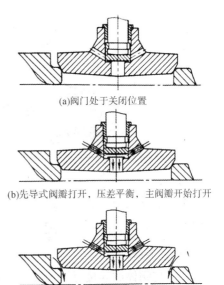

(a)阀门处于关闭位置

(b)先导式阀瓣打开，压差平衡，主阀瓣开始打开

(c)主阀瓣提升，大量液体通过

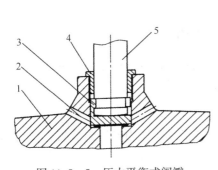

图 11.5 - 5 压力平衡式阀瓣

1—主阀瓣；2—压力平衡孔；3—先导阀瓣；4—阀瓣盖；5—阀杆

图 11.5 - 6 压力平衡式阀瓣的工作原理

3. 阀瓣导向

对于大口径和高压力等级的阀门，应该考虑阀瓣全程导向的要求。导向可以确保阀瓣在运动时不会倾斜或翘起而导致阀座不均匀磨损和泄漏。导向可以避免在高压差下阀门启闭时，阀瓣被流体推向侧面，导致阀瓣与阀座无法密封，也可避免在极端条件下，造成阀杆弯曲现象。阀瓣导向可保持阀瓣密封面和阀体密封面紧密同心，有利于密封。阀瓣导向与阀体精密配合，保证了阀瓣与阀座的同轴度要求，还可防止在阀杆上产生侧面推力。导向可以确保阀杆受力均衡，阀门启闭灵活，不会发生卡涩现象。

①直接在阀瓣上加工导向环。对于口径不超过 DN100 的锻钢截止阀，可以在阀瓣上直接加工 2 道导向环（图 11.5 - 7）。

②在阀座上加工导向孔。对于船用截止阀及液化石油气截止阀，通常在阀瓣上铸造出轮毂及连接筋，轮毂加工导向孔，用于阀瓣导向杆的导向，如图 11.5 - 8 所示。

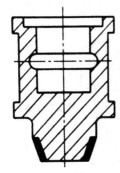

图 11.5 - 7 直接在阀瓣上加工导向环

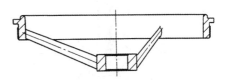

图 11.5 - 8 在阀座上加工导向孔

③直接在阀体上加工导向笼。对于铸钢截止阀，可以在铸造时在阀体中腔按 120°均布铸造出导向筋，然后加工成导向笼，如图 11.5 - 9 所示。

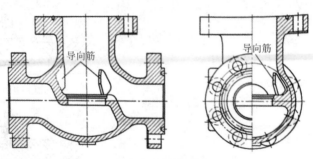

图 11.5 – 9　直接在阀体上加工导向笼

④配带导向架。对于一些大口径截止阀，特别是锻造成形的阀体，使用上述方法很难实现，这时可以在阀瓣上装配导向架进行导向。

（四）阀盖

阀盖与阀体的连接可用螺纹、法兰、焊接，或借助于压力白密封装置，也可以把阀盖和阀体做成一个整体。

（五）阀杆

截止阀的阀杆螺纹位置的不同，可分为上螺纹阀杆和下螺纹阀杆。

上螺纹阀杆：传动螺纹位于阀杆上部并处于阀盖填料箱之外，螺纹不接触介质，因此不会受到介质腐蚀，也便于润滑。上螺纹阀杆不易歪斜，能保证阀瓣与阀座的良好对中，有利于密封。填料函设计深度不受限制，易防止产生外泄漏。上螺纹阀杆适用于较大口径、高温、高压或腐蚀性介质的截止阀。

下螺纹阀杆：传动螺纹位于阀杆下部，处于阀体腔内，与介质接触，易受介质腐蚀，且无法润滑，对黏度较大以及带悬浮固体的介质，还会使螺纹卡塞。下螺纹阀杆的优点是阀杆长度相对较短，从而可以减小阀门开启的高度，通常用于小口径、常温和非腐蚀性、较洁净介质的截止阀。

六、不同种类截止阀的结构形式及性能特点

（1）直通式截止阀（图 11.5 – 10）：流动阻力大，压力降大。

（2）角式截止阀（图 11.5 – 11）：具有弯头作用，流动阻力小。

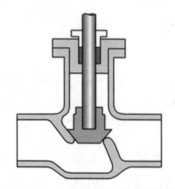
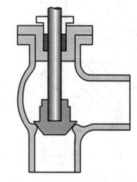

图 11.5 – 10　直通形截止阀结构简图　　图 11.5 – 11　角形截止阀结构简图

（3）直流式截止阀（图 11.5 - 12）：阀体与阀杆成 45°，流动阻力小，压降也小，便于检修和更换。

（4）针形截止阀（图 11.5 - 13）：阀瓣为锥形针形，阀杆通常用细螺纹以取得微量调节（详见本章第 7 节）。

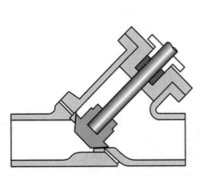 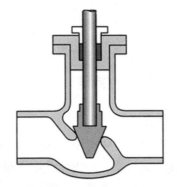

图 11.5 - 12　直流式截止阀结构简图　　　　图 11.5 - 13　针型截止阀结构简图

第六节　旋塞阀

旋塞阀是旋塞体绕阀体中心线旋转 90°，使旋塞上的通道口与阀体上的通道口接通或断开，以达到开启与关闭目的阀门（图 11.6 - 1）。旋塞阀是最早被人们用来截流的阀类。旋塞阀根据旋塞类型可分为圆柱形旋塞阀和圆锥形旋塞阀两大类，圆柱形旋塞的通道一般为矩形，锥形旋塞的通道一般为梯形，这些形状使阀门结构变得轻巧，但也牺牲了压降。旋塞阀最适于作为切断介质和分流使用，依据适用的介质和密封面的耐冲蚀性，也可以用于节流。因其密封面之间运动带有擦拭作用，在全开时可完全防止与介质的接触，通常也可以用于带悬浮颗粒的介质。原油管输行业所用旋塞阀多为直通式结构，普遍应用于交接计量流量计出口处。

图 11.6 - 1　旋塞阀实物图

一、旋塞阀的种类

根据结构形式，旋塞阀一般分类如下：

二、旋塞阀的特点

（一）优点

（1）结构简单、零件少、体积小、重量轻。

（2）流体阻力小，介质流经旋塞阀时，流体通道可以不缩小，

（3）启闭迅速、方便，只需旋转90°旋塞即可完成启闭，介质流向不受限制。

（二）缺点

（1）启闭力矩大。阀体与旋塞之间，接触面积较大，故启闭力矩大。如采用有润滑的结构，或在启闭时能先提升旋塞，则可大大减少启闭力矩。

（2）密封面为锥面，且面积大，易磨损，高温下容易变形而被卡住。

（3）锥面加工困难，难以保证密封，如采用油封结构，可提高密封性能。

三、旋塞阀的型号编制示例

（一）结构形式代号

旋塞阀结构形式代号见表11.6-1。

表11.6-1　旋塞阀结构形式代号

旋塞阀结构形式		代　号
填料密封	直通式	1
	T形三通式	2
	四通式	3
油密封	直通流道	5
	T形三通流道	6

（二）旋塞阀型号编制示例

结合第（一）条以及第十章第四节内容，以型号为 X44H-16P、公称通径300mm 的旋塞阀为例，型号释义如表11.6-2所示。

表11.6-2　旋塞阀型号释义

代号	X	4	4	H	16	P
含义	旋塞阀	法兰连接	T形三通式	Cr13系不锈钢	压力代号：PN16	阀体材料代号，铬镍系不锈钢

四、旋塞阀的结构形式及性能特点

旋塞阀主要由阀体、旋塞和填料压盖等部件组成。图11.6-2是旋塞阀的参考结构图。

(一) 阀体

阀体结构有直通式、三通式、四通式等形式。直通式旋塞阀用于截断介质,阀体有成一直线的进出口通道。三通和四通旋塞阀用于改变介质流动方向或进行介质分配。旋塞阀的阀体一般铸造而成。

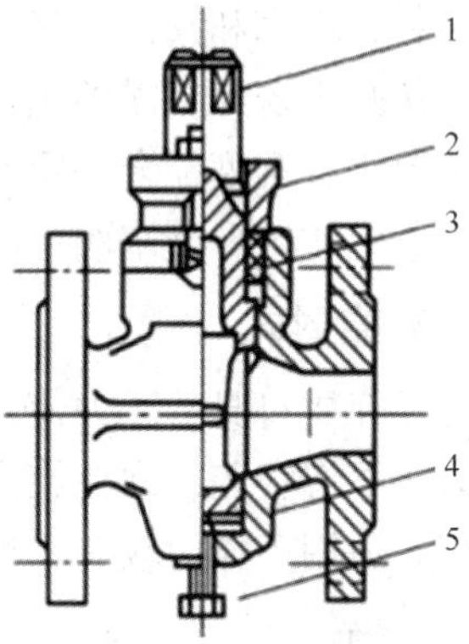

(二) 旋塞

旋塞是旋塞阀的启闭件,呈圆柱形或圆锥形,旋塞阀的旋塞与阀杆可制成一体。旋塞与阀体的密封面由本体直接加工而成,锥度一般为1:6或1:7,密封面的精度要求高。

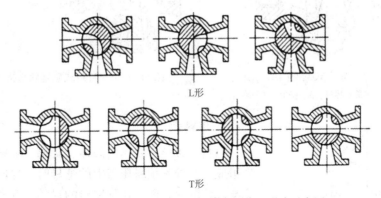

图11.6-2 旋塞阀参考结构图
1—旋塞;2—压环;3—填料;
4—阀体;5—调节螺栓

旋塞体分为有油润滑和无油润滑两种。在低压场合可用无油润滑的衬套结构,即在阀体上衬有聚四氟乙烯套。三通式旋塞阀的旋塞通道分为L形和T形,L通道有三种分配形式,T形通道有四种分配形式,见图11.6-3;四通旋塞阀的旋塞有两个L形通道,三种分配形式,见图11.6-4。

L形

T形

图11.6-3 L形和T形三通旋塞阀分配形式示意图

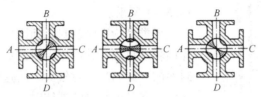

图11.6-4 四通旋塞阀三种分配形式示意图

(三) 密封

为了保证密封,必须沿旋塞轴线方向施加作用力,使密封面紧密接触,形成一定的密封压力,保证密封良好。根据作用力方式不同,旋塞阀密封形式分为四种,本节针对锥形旋塞阀进行讲解。

1. 紧定式

紧定式锥形旋塞阀（图11.6－5）结构最为简单，旋塞下端伸出阀体外，并加工成螺纹，当拧紧紧固螺母时，将旋塞往下拉，使其压紧在阀体密封面上。紧定式锥形旋塞阀不带填料，旋塞和阀体密封面间一般靠本体金属来密封，密封力靠拧紧旋塞下面的螺母来实现，从减小密封所需的预紧力角度考虑，密封副表面粗糙度精度一定要高、几何形状误差一定要小、锥度配合一定要准。

紧定式锥形旋塞阀一般用于 PN≤0.6MPa 的低压场合，目前已很少使用。

2. 自封式

靠介质自身的压力使旋塞与阀体密封面紧密接触。介质由旋塞内的小孔进入倒装的旋塞大头下端空腔，顶住旋塞而密封。介质压力越大，则密封性能越好，其弹簧起着预紧的作用。适用于压力较高、口径较大的旋塞阀。如图11.6－6所示。

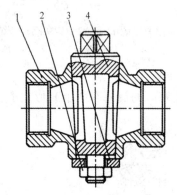

图 11.6－5　紧定式旋塞阀结构图

1—阀体；2—紧固螺母；3—垫圈；4—旋塞

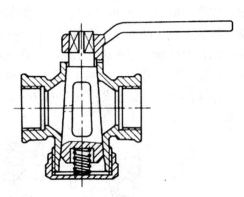

图 11.6－6　自封式旋塞阀结构图

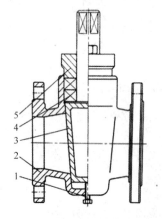

图 11.6－7　填料式旋塞阀结构图

1—调节螺钉；2—阀体；3—旋塞；

4—填料；5—压盖

3. 填料式

填料式锥形旋塞阀由阀体、旋塞、填料和压盖等部件组成，当拧紧填料压盖上的螺母时，也同时压紧了旋塞与阀体的密封面，达到密封的目的。旋塞下面的螺母起到旋塞与阀体密封面之间配合松紧的调节作用。如图11.6－7所示。

该类型旋塞阀密封副间摩擦较大，为保证旋塞在阀体内转动自如，其许用密封载荷受到一定限制，因此密封面的泄漏间隙相对较大，故这种阀只有使用在具有表面张力和黏度较高的液体时才能达到满意的密封效果。

4. 油封式

油封式锥形旋塞阀的结构和填料式旋塞阀基本相同，不同之处在于油封式旋塞阀设有注油装置，并在旋塞的密封面间加工出横向和纵向油槽。使用时通过注油孔向阀内注入润滑油脂，使旋塞与阀体之间形成一层很薄的膜，起密封和增加润滑的作用。该类型旋塞阀启闭省力，密封可靠，寿命长，其使用温度由润滑脂决定，适用于较高压力的场所。如图11.6-8所示。

五、强制密封双关断旋塞阀

目前国内外原油管输行业中，为保证管道的密封效果，在站场的特殊部位如商务交接流量计出口、高低压分界点等部位，广泛采用一种理论上能达到零泄漏的强制密封双关断旋塞阀，其具有密封性能好、启闭时密封件旋转无摩擦、使用寿命长、可实现在线维护等特点。

（一）工作原理及特点

强制密封双关断旋塞阀是一种采用提升式结构并具有DBB功能的高性能截断阀，它采用两片独立安装于楔形旋塞上的滑片来截断流体。双关断旋塞阀工

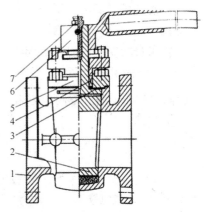

图11.6-8　油封式旋塞阀参考结构图
1—阀体；2—旋塞；3—垫片；4—填料；
5—阀盖；6—手柄；7—注脂阀

作过程如图11.6-9所示，打开时，操作器使旋塞提升，通过燕尾槽连接将滑片（密封件）缩回，使滑片离开阀体，在密封件与阀体无接触的情况下转动90°，使旋塞通道与管道入口对齐，阀门打开。关闭时，旋塞和滑片在密封件与阀体无接触的情况下反向转动90°，直到滑片位置对准出入口，然后由操作器使旋塞向下运动，楔形旋塞向外推动滑片使之与阀体贴合，密封件密封，从而切断上游和下游。

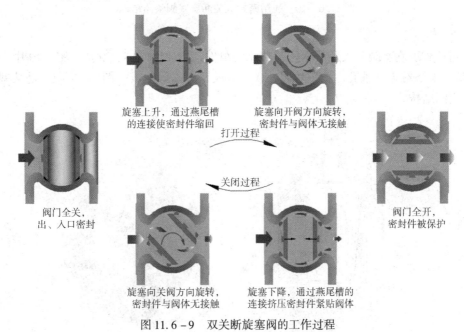

图11.6-9　双关断旋塞阀的工作过程

强制密封双关断旋塞阀具有以下特点：

（1）消除了密封磨损，密封性可达气泡级，寿命长；

（2）采用楔形旋塞设计，为主动密封，靠外加力量强制实现密封，保证零泄漏；

（3）实现 DBB 功能，可在线进行密封检测与验证；

（4）操作扭矩小，使用寿命长，适合频繁操作；

（5）旋塞无需润滑，不会对介质造成污染；

（6）可在线维护和检修；

（7）可释放阀腔因温升引起的高压。

（二）结构形式

强制密封双关断旋塞阀主要由主阀、操作器、泄放装置及执行机构四部分组成，如图 11.6 - 10 所示。

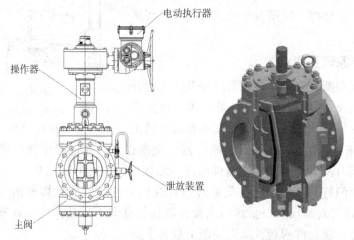

图 11.6 - 10　强制密封双关断旋塞阀整体结构

1. 主阀

主阀是实现旋塞阀开关及严密密封功能的组件，主要由阀体、旋塞、密封滑片（嵌主密封圈）、上下端盖、轴套、石墨填料、O 形橡胶密封圈等组成，图 11.6 - 11 是某型号旋塞阀的主阀结构。

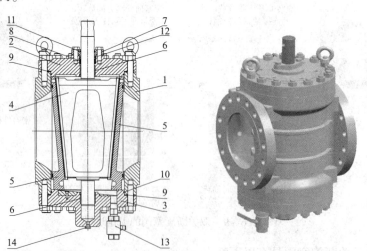

图 11.6 - 11　某型号强制密封双关断旋塞阀主阀结构

1—阀体；2—上端盖；3—下端盖；4—旋塞；5—密封滑片；6—轴套；7—填料压盖
8—石墨填料；9—金属缠绕垫；10 ~ 12—O 形密封圈；13—排污球阀；14—堵塞

主阀的密封主要通过直接硫化在滑片上的橡胶材料的压缩变形实现。关闭时，旋塞向下运动，向外挤推滑片，使密封滑片与阀体贴合，密封圈产生变形量，实现气泡级关闭密封，不需要介质的压力，属于主动密封。

2. 操作器

操作器的作用是实现运动的转换，将执行机构的多回转运动转换为90°旋转运动和上下直线运动。操作器主要由操作器护套、滚子、驱动销、导向销、螺套及螺杆组成的螺旋传动机构和蜗杆传动机构组成，见图11.6－12。

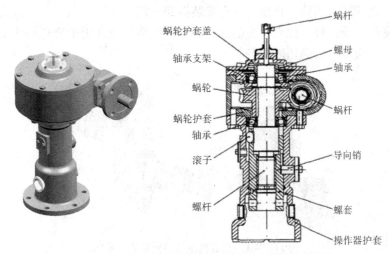

图11.6－12 某型号强制密封双关断旋塞阀操作器结构

螺纹传动机构与上、下阀杆以及涡轮蜗杆传动机构配合，实现了下阀杆的上升、下降及正、反向旋转运动，蜗杆传动机构的作用是力矩放大。

3. 泄放装置

外界环境温度波动时会引起旋塞阀中腔内压力急剧变化，泄放装置主要是防止阀腔内的压力升高。

如图11.6－13所示，手动泄放阀用于手动泄放中腔压力，也可用来检查阀门关闭时的密封性。自动泄放阀为一单向阀，该单向阀打开，自动将中腔的压力泄至入口管线，压力表可实时监测中腔的压力。隔离阀为起隔离作用，在线维修时可以切断入口管线的压力。

图11.6－13 压力释放装置

4. 执行机构

执行机构采用智能型多回转开关型电动执行器，一般采用阀位限位和力矩限位两种方式。

第七节　针型阀

一、针型阀简介

针型阀（图 11.7 - 1）是截止阀的一种，是仪表测量管路系统中的重要组成部分，其功能是开启或切断管道通路。针型阀具有安装拆卸方便、连接紧固、利于防火、防爆和耐压能力高、密封性能良好等优点。在输油站场中，针型阀通常用于公称尺寸小的管线，多用于取样阀、仪表测量管路切断阀等。

图 11.7 - 1　仪表测量管路安装的针形阀

二、针型阀的组成及特点

由图 11.7 - 2 可以看出，针型阀由阀体、阀盖、阀杆、阀瓣、填料、手轮等组成。

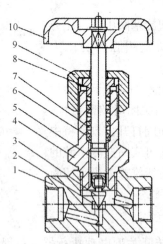

图 11.7 - 2　针型阀剖面结构示意图

1—阀体；2—阀座；3—阀瓣；4—阀盖；5—阀杆；6—填料垫；
7—填料；8—填料压盖；9—压盖螺母；10—手轮

（一）阀体与阀盖

不同公称压力下的针型阀阀体和阀盖最小壁厚是不同的。阀体和阀盖最小壁厚应符合表 11.7－1 的规定。

表 11.7－1　针型阀阀体、阀盖的最小壁厚

公称尺寸 DN	阀座执行/ mm	最小壁厚/mm						
		公称压力 PN						
		16	25	40	63	100	160	320
3	3.0	3.0	3.0	3.0	3.0	3.0	3.3	4.2
6	5.0	3.0	3.0	3.0	3.0	3.0	3.3	4.2
10	5.0	3.0	3.0	3.0	3.1	3.3	3.8	5.2
15	5.0	3.0	3.0	3.1	3.2	3.3	4.3	6.2
20	7.0	3.0	3.4	3.7	4.2	4.4	5.3	7.4
25	8.0	4.0	4.2	4.6	4.8	4.8	6.4	8.7

阀体和阀盖推荐采用整体式结构，也可采用分体式结构，分体式结构的阀体与阀盖连接处应设有防松罩或防松销等防松结构，以避免误操作、振动引起的阀盖松动。阀体与阀盖的螺纹精度不应低于 GB/T 197 规定的 6H/6g 级。阀盖结构设计应保证在卸下阀杆螺母时，阀杆不会因阀体内部的压力而脱出。

（二）阀座

阀座可采用压入、胀滚或焊接等形式与阀体连接，也可以在阀体上直接加工或堆焊制成。阀座装配时严禁使用密封剂，但允许使用轻质润滑油，阀座和阀瓣密封面间应有适当的硬度差。

（三）阀瓣

阀瓣与阀杆可设计成一体，也可与阀杆组装在一起，组装后阀瓣应灵活回转，且连接可靠。阀瓣密封面可在阀瓣上直接加工成，也可堆焊制成，阀瓣密封面可采用锥面、球面或平面（见图 11.7－3）。

锥面密封　　　球面密封　　　平面密封

图 11.7－3　阀瓣密封面形式

（四）阀杆

阀杆可采用下螺纹式和上螺纹式，阀杆与阀盖或阀杆与阀杆螺母的螺纹旋合长度应符合 JB/T 7747 的要求，阀杆螺母与阀杆的螺纹精度不低于 GB/T 197 规定的 6H/6g 级。

（五）填料函和填料

钢制针型阀除有特殊要求外，填料函的深度应不小于五圈未经压缩的填料高度，当采用聚四氟乙烯成型填料时，填料函深度不小于三圈填料的高度，填料函与填料接触表面粗糙度不大于 $R_a3.2$。钢制针型阀填料函中的填料应在压盖未压紧之前全部装满，填料在未压紧之前，填料的截面可以是方形、矩形或 V 形的，当采用方形、矩形时，允许切成 45°

切口，并按圆周方向120°交叉错开安装。钢制针型阀的填料一般采用聚四氟乙烯或柔性石墨成型填料。

（六）手轮

手轮顺时针方向为关；在轮缘上要有明显的指示关闭方向的箭头和"关"字，或开、关双向箭头及"开""关"字样。

三、针型阀的安装及应用

（一）针型阀的安装

（1）针型阀安装前必须进行外观检查：针型阀锻造阀体不需切削的表面应无可见裂纹或夹层疏松、夹渣等有害缺陷；经切削加工后的表面不应有明显影响美观的磕、碰、划伤；碳素钢针型阀表面应作防腐处理，应镀锌或镀镍磷合金，镀层厚度为0.03~0.05mm。

（2）针型阀安装位置、高度、进出口方向必须符合设计要求，注意介质流动的方向应与阀体所标箭头方向一致，连接应牢固紧密。

（二）针型阀的应用

针型阀多与测量仪表配套使用，是仪表测量管路中的重要组成部分，其功用是开启或切断管道通路。原油管输行业中常用的仪表阀组为两个或两个以上的针型阀的组合体，按组成阀组的针型阀数量可分为：二阀组、三阀组、五阀组。

二阀组（图11.7-4）由一个针型阀（主阀）及一个排污（校验）阀组成，常与压力表、压力变送器、压力开关等压力仪表配套使用，其功用是开启或切断管道通路。工作时将排污（校验）阀关闭，打开主阀，当需校验或排污时，只需将主阀关闭，打开排污（校验）阀，即可对压力仪表进行校验或排污。

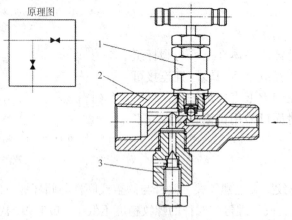

图11.7-4 二阀组示意图
1—主阀；2—阀体；3—排污阀

三阀组（图11.7-5）一般与差压变送器配套使用，它由高压阀、低压阀和平衡阀三个阀组成。其高压阀接差压变送器正压室，低压阀接差压变送器负压室。三阀组的作用是将差压变送器正、负压室与引压导压管导通或切断，或将正、负压室导通或切断。

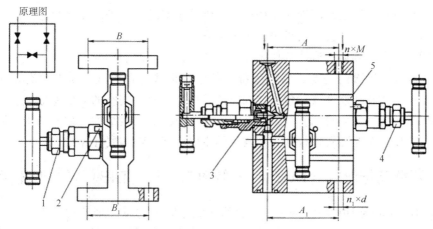

图 11.7 - 5　三阀组示意图

1—平衡阀；2—防松销；3—左阀；4—右阀；5—阀体

五阀组（图 11.7 - 6）由高、低压阀、平衡阀及两个校验（排污）阀组成，五阀组适用于各种仪表装置中，与各种差压、流量、液位等变送器配套安装，工作时将两组校验阀与平衡阀关闭，如需检验时，只要将高、低压阀切断，打开平衡阀及打开两个校验阀，然后再关闭平衡阀即可对变送器进行校验和平衡。

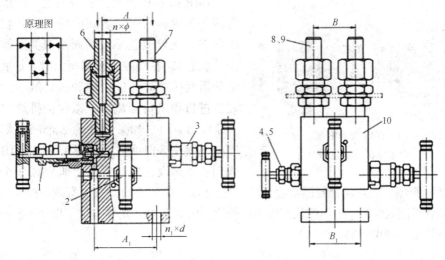

图 11.7 - 6　五阀组示意图

1—左阀；2—平衡阀；3—右阀；4、5—左、右排污阀；6、7—输入穿板接管；

8、9—排污穿板接管；10—阀体

第八节　原油管输企业常用阀门结构及性能特点

在原油管输行业中，阀门是使用量最大、操作最为频繁的机械设备，从输油站场到外管道，在输油、消防、给排水、采暖伴热等管线及设备上，都要用到各种类型、各种功能的阀门，类别主要包括球阀、闸阀、止回阀、旋塞阀等，少则几百台，多则数千台。伴随着科技的不断进步，以及阀门现场使用操作、维护、修理中各类问题和事故所带来的经验教训，阀门本身的质量和技术要求也在不断提升。

管道阀门除了起到切断流体的作用之外，还有很多其他的功能需求，经过几十年的发展和改进，原油管道阀门基本具备较为统一的结构形式，在标准规范上也有了相应的要求。这些结构形式和功能性设计包括：阀座的单活塞效应、阀座的双活塞效应、双截流与泄放（DBB）功能、双隔离与泄放（DIB）功能、阀杆防飞出结构、耐火结构、防静电结构等。本节主要针对原油管输行业阀门常用的主要功能、结构展开介绍。

一、双截流与泄放（DBB）、双隔离与泄放（DIB）及中腔排污功能

阀门 DBB 功能与 DIB 功能基于单、双活塞效应阀座的设计来实现。单活塞效应阀座为单向活塞式，因密封面两个方向作用力的差值而产生的最终作用力方向不同，从而使阀座密封在压力差（压力差的产生一般通过设计介质所作用在阀座密封结构上的截面积差来实现）的推动下，产生推向阀腔方向的活塞运动；双活塞效应阀座的原理与单活塞效应阀座类似，只是在密封圈的设计上，要保证无论在管道压力高于阀腔，还是阀腔压力高于管道压力时，密封圈都能在压力差作用下被推向阀腔方向以实现密封，从而避免阀腔介质向管道泄放。

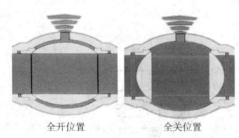

全开位置　　　全关位置

图 11.8 - 1　DBB 及 DIB 球阀全开全关位状态示意图

DBB 和 DIB 功能，通俗来说，是指对于具有两个密封座的阀门，阀门处于全开状态或全关状态（无导流孔平板闸阀及双关断旋塞阀为全关状态），在阀腔中充满压力时，如底部的排污阀需要排放时，进口端和出口端的阀座应该切断进口和出口的流体，以保证排放时的安全（图 11.8 - 1）。如果设计的 2 个阀座都是单活塞效应阀座，即单向密封阀座，则为 DBB 功能阀门；如果设计的其中 1 个阀座或 2 个阀座为双活塞效应阀座，即双向密封隔离型阀座，则为 DIB 功能阀门。双活塞效应阀座可使流体既不能从管线流入阀腔，也不能从阀腔流向管线。DBB 和 DIB 功能保证了操作人员打开底部排污阀进行排污操作时的安全。

DIB 阀门具体细分为 DIB - 1 阀门和 DIB - 2 阀门，其中 DIB - 1 阀两个阀座均为双活塞效应阀座，双活塞效应阀座对正向和反向流体均能起到密封作用，DIB - 1 阀门无安装方向性要求，但其无法通过阀座本身实现中腔压力的自动泄放，需配备安全阀或者手动进行中腔压力泄放；而 DIB - 2 阀一个阀座为单活塞效应阀座，另一个阀座为双活塞效应阀座，可以实现中腔压力向其中一个方向的自动泄放，具有方向要求，对于收发球筒、泵进出口、泄压阀前等易发生阀门内漏且内漏对作业或维修影响较大的位置，在选型上可尝试选用 DIB - 2 阀门，即上游方向阀座为单活塞效应阀座，下游方向阀座为双活塞效应阀座，这样一方面可满足中腔压力自动泄放到上游管线的功能，另一方面在其中一个阀座密封损伤时，另一个阀座还能对防止内漏多一层保障作用。

原油管输行业所采用的平板闸阀、固定式球阀以及旋塞阀普遍使用 DBB 结构功能。

两侧阀座均为单活塞效应阀座，可实现阀门两侧向阀腔方向的密封，阀门处于全开或全关状态（无导流孔平板闸阀及双关断旋塞阀为全关状态）时，上下游侧的阀座可阻断中腔和管道内流体。

DBB 和 DIB 功能阀门底部设有排污螺塞（阀）（图 11.8 - 2 ~ 图 11.8 - 4），阀体中腔的积滞物可通过底部排污口排放，其具有如下功能：

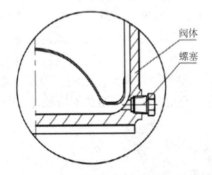

图 11.8 - 2　阀门排污装置结构 1 示意图

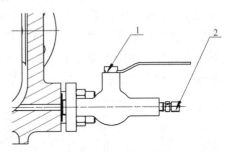

图 11.8 - 3　阀门排污装置结构 2 示意图
1—排污球阀；2—丝堵

①阀门出厂试验时验证阀座密封性；
②管线投产前、清管后排空阀腔内污物，避免杂质碎屑对密封面的损伤；
③在线检查阀座密封性；
④抢修时，代替管线上的排污与放空；
⑤工作压力下，密封完好的阀门处于全开或全关状态时，可在中腔泄压后更换阀杆部位的填料。

图 11.8 - 4　阀门排污结构实物图

二、阀杆防吹出结构

作为从安全使用角度必须保证的基本条件，阀门应确保在填料密封组件或阀门驱动装置定位组件被拆除时，阀杆不会被内压冲出。阀杆防吹出设计一般通过将阀杆靠近启闭件的一端设计成 T 形结构、凸肩形式或将阀杆与启闭件做成整体型结构，达到防止阀杆被内腔压力吹出的目的（图 11.8 - 5）。

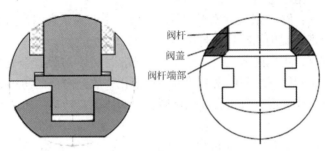

阀杆
阀盖
阀杆端部

图 11.8 - 5　阀杆防吹出结构示意图

三、防静电结构

防静电结构是指具有两个非金属材料制造的密封座的阀门，启闭件运动可能产生静电的积聚，应及时与阀体导通释放静电。对于软密封球阀、旋塞阀和闸阀等，应设计防静电装置，一般方法是在阀杆/轴的头部有一小孔，内置一个弹簧和钢球，使其与启闭件相接触，在阀杆/轴的径向部位也有一小孔，内置一个弹簧和钢球，使其与填料函内壁相接触（图11.8-6），这样启闭件上可能产生的静电就可导入阀体，而阀体是接地的，避免了阀门开关摩擦或流体冲击阀体内腔产生静电积聚。除另有协议外，原油管道阀门防静电试验应按以下规定进行：使用不超过12V的直流电源，测量关闭件和阀体之间、阀杆、轴和阀体之间的电阻；在压力试验前和阀体干燥情况下进行测量，实测电阻值不应超过10Ω。

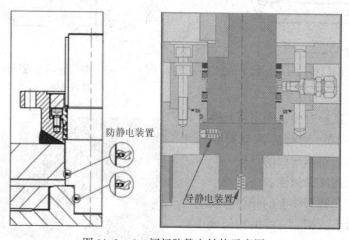

图11.8-6　阀门防静电结构示意图

四、耐火结构

耐火设计的意义是保证阀门在遇到火灾时是安全的，安全是指其内、外泄漏量不超过API 607所规定的允许值，在结构上为了保证这一安全，在四个泄漏点上就要有失火安全的设计（以球阀为例）。

阀座的锥面与球体之间：当火灾发生时，一旦软密封被烧毁，应使锥面和球面金属对金属接触实现密封而阻断管线流体。

阀座与阀体之间：除O形圈软密封之外，应有一个石墨密封圈，当火灾发生时，O形圈一旦失效，石墨密封圈仍能起到密封作用（图11.8-7）。

对于分体式球阀的主副阀体之间，除橡胶O形圈之外，应设置金属缠绕式垫片或者石墨垫，一旦主阀体与副阀体之间的密封圈因高温熔化失效，内部的防火缠绕石墨垫片等二重密封，仍能阻止流体外泄；对于全焊接球阀，因阀体没有栓接，所以其具备天然的防火功能。

阀杆密封处：除O形圈外，还应设置石墨等耐火材质密封组件，一旦O形圈因高温熔化失效，石墨等耐火材质组成的垫片、填料等仍能阻止流体外泄。

阀门耐火设计应按照API 6F/API 607规定进行耐火行式试验，并提供耐火行式试验证书。

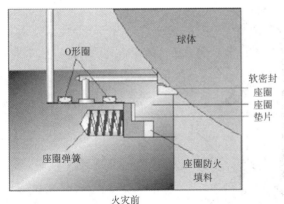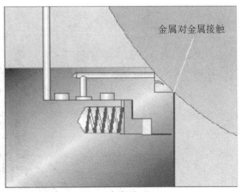

图 11.8 - 7　球阀阀座与球体、阀座与阀体的耐火设计示意图

五、密封注脂装置

在阀杆和阀座密封处的阀体上设置密封注脂装置（图 11.8 - 8、图 11.8 - 9），当密封因各种原因失效时，可通过此装置对阀门密封部位进行清洗或注脂，以减缓或紧急消除内漏。

当买方有规定时，应在阀座和（或）阀杆处设置密封脂、润滑脂的注脂口，并且每个注脂口应设置单独的止回阀和辅助装置。密封脂配件的设计压力应不小于管线或管道阀门的最大额定压力和注入压力。

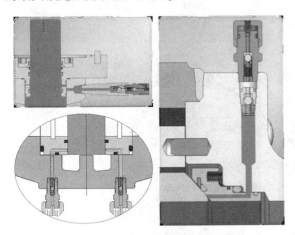

图 11.8 - 8　阀门注脂结构示意图　　　　图 11.8 - 9　阀门注脂结构实物图

六、埋地全焊接球阀的加长杆结构

带加长杆全焊接球阀（图 11.8 - 10、图 11.8 - 11）一般用于外管道截断阀。全焊接阀门的设计减小了阀门外形尺寸、提升了阀体强度、减少了阀体泄漏渠道，一般阀门两侧带有袖管，与管道焊接连接。加长杆结构适用于埋地安装环境，地埋装置加长杆设置有加长金属保护套，阀门所有排放和注入口均被引至阀门顶部的地面之上，以便操作和维护。

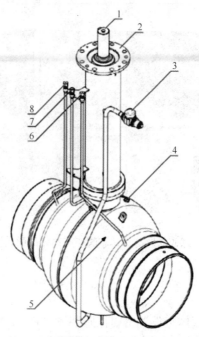

图 11.8 – 10　带加长杆全焊接球阀结构示意图

1—操纵杆；2—传动连接法兰盘；3—排污阀（可选）；

4—排气接头（可选）；5—阀座区域；6、8—次级密封剂压头（阀座、可选）；

7—次级密封压头（操纵杆、可选）

图 11.8 – 11　带加长杆全焊接球阀实物图

思考题

1. 明杆闸阀与暗杆闸阀有什么区别？对于不同工况的选用原则是什么？

2. DBB、DIB – 1、DIB – 2 在功能上有什么区别？DBB 结构一般在什么类型的阀门上应用较多？

3. 双瓣旋启式止回阀相对于其他类型的止回阀，最明显的优势是什么？

4. 请根据阀门型号编制规则描述 "Z943Y－16C" 代表的阀门规格。

5. 阀门上的底部排污阀起什么作用？

6. 阀杆防吹出设计的作用是什么？一般通过何种结构实现？

7. 阀门一般在哪些部位安装有紧急注脂装置？紧急注脂的作用是什么？

8. 带导流孔平板闸阀与不带导流孔平板闸阀有什么区别？各适用于什么工况？

第十二章 阀门的传动与密封形式

第一节 阀门的传动形式

一、阀门的传动类型

阀门执行操作任务，主要依靠阀门的驱动装置来完成，阀门的驱动方式可分为手动操作和动力驱动两种。手动操作可以采用手轮、手柄或齿轮驱动，而动力驱动可分为电动、气动、液动、电磁动等或其之间的组合。

对于阀门的传动机构，最广泛的定义是：一种能提供直线或旋转运动的驱动装置，它利用某种驱动能源并在某种控制信号作用下工作，用于操作阀门并与阀门相连的一种装置。执行机构使用液体、气体、电力或其他能源并通过电机、气缸或其他装置将其转化成驱动作用。其基本类型有部分回转（Part – Turn）、多回转（Multi – Turn）及直行程（Linear）三种驱动方式。

二、各种驱动方式的特点

（一）手轮或手柄驱动

手动阀门是借助手轮、手柄、杠杆或链轮等，由人力来操作的阀门。手动阀门是最常见的一种阀门驱动方式，一般在启闭阀门所需的力矩较小时（一般小于100kg·m），采用手动驱动。手轮或手柄采用正方、锥方、键和螺纹等形式直接固定在阀杆或阀杆螺母上，阀门的启闭是通过手轮、阀杆和阀杆螺母来实现的。

阀门手轮和手柄驱动结构形式见图 12.1 – 1、图 12.1 – 2。

图 12.1 – 1　手轮驱动阀门

图 12.1 – 2　手柄驱动阀门

（二）齿轮、蜗轮传动

当阀门启闭所需的力矩较大时，一般采用齿轮或蜗轮驱动。齿轮传动装置是用主、从动轮轮齿直接传递运动和动力的装置。按齿轮轴线的相对位置分平行轴圆柱齿轮传动（正齿轮）、相交轴圆锥齿轮传动（伞齿轮）和交错轴螺旋齿轮传动，具有传动平稳，传动比精确，工作可靠，效率高，寿命长，使用的功率、速度和尺寸范围大等特点。

齿轮和蜗轮传动装置形式见图12.1-3。

(a)正齿轮驱动　　(b)伞齿轮驱动　　(c)蜗轮驱动

图12.1-3　齿轮和蜗轮传动装置

齿轮传动装置在较大型阀门中均有较多应用，通过省力齿轮将阀门较大的推力和扭矩转化为可操作的较小扭矩，从而实现阀门的开关操作，齿轮传动比通常取1:3。齿轮传动装置具有传动比恒定、工作平稳性高、结构紧凑、传动效率高、维护简便等优点，多用于闸阀、截止阀等。

蜗轮蜗杆传动装置用于两轴交叉成90°的减速齿轮装置，用来传递两交错轴之间的运动和动力，通过旋转蜗轮蜗杆以达到启闭阀门的目的，并起到减速增力的作用。球阀、蝶阀和旋塞阀通常采用蜗轮驱动。蜗轮蜗杆传动装置的结构示意见图12.1-4。

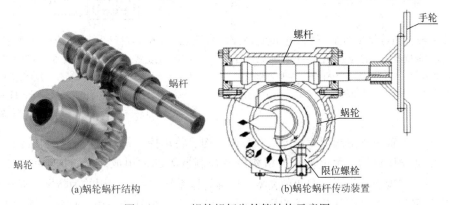

(a)蜗轮蜗杆结构　　(b)蜗轮蜗杆传动装置

图12.1-4　蜗轮蜗杆齿轮箱结构示意图

蜗轮蜗杆的结构紧凑，通常可以得到很大的传动比，其承载能力大大高于交错轴斜齿轮机构，传动比一般为7~80。蜗轮蜗杆传动平稳，噪声较小。通常在蜗轮蜗杆传动中，蜗杆是主动件，蜗轮是被动件，蜗轮和蜗杆可以频繁地正回转，具有自锁性，可通过限位螺钉固定。但蜗轮蜗杆的传动效率较低，蜗杆受轴向力较大，磨损较严重。蜗轮蜗杆通常与其他驱动装置如电动执行器等配合使用。

（三）电动执行机构

电动执行机构，又称电动执行器、电装、电动头，是一种自动控制领域的常用机电一体化设备（器件），是自动化仪表终端的三大组成部分中的执行设备。主要是对一些阀门、挡板等设备进行自动操作，控制其开关和调节，代替人工作业。

开关型执行机构用于把阀门驱动至全开或全关的位置，调节型执行机构能够精确地使阀门开关到任何位置。尽管大部分执行机构都是用于开关阀门，但是如今的执行机构的设计远远超出了简单的开关功能，它们包含了位置感应装置、力矩感应装置、电极保护装置、逻辑控制装置、数字通信模块及 PID 控制模块等，而这些装置全部安装在一个紧凑的外壳内。

目前电动执行机构一般分为两种类型，即部分回转电动执行机构（Part-Turn Electric Valve Actuator）和多回转电动执行机构（Multi-Turn Electric Valve Actuator），分别用于控制需要部分回转的阀门及需要多圈数旋转的阀门。部分回转式电动执行机构结构组成见图12.1-5，多回转式电动执行机构结构组成见图12.1-6。

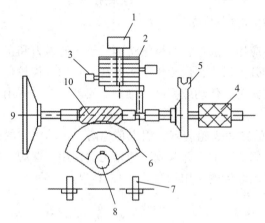 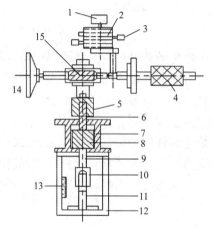

图 12.1-5　角行程（部分回转）电动执行机构　　　图 12.1-6　直行程（多回转）电动执行机构
1—反馈电位器；2—凸轮组件；3—行程限位开关；　　　　1—反馈电位器；2—限位凸轮；3—行程限位开关；
4—电动机；5—过力矩保护机构；6—扇形蜗轮；　　　　4—电动机；5—螺母；6—丝杆；7—限位套筒；
7—限位螺钉；8—输出轴；9—手轮；10—蜗杆　　　　8—限位挡块；9—推杆；10—连接螺母；11—阀杆；
　　　　　　　　　　　　　　　　　　　　　　12—支架；13—行程标牌；14—手轮；15—斜齿轮

电动驱动装置一般由阀门专用电机、减速机构、转矩控制机构、行程控制机构、位置指示机构、手动操作机构、手电动切换机构以及控制器等部件组成。其防护类型一般有普通型、户外型、防爆型及防辐射型四种类型，原油管输系统中一般采用的为防爆型或户外型。

角行程阀门一般采用部分回转式执行机构，这类阀门包括旋塞阀、球阀、蝶阀等，此类阀门需要以要求的力矩进行 90°旋转操作；直行程阀门一般采用多回转式执行机构，这类阀门可以是非旋转提升式阀杆或旋转非提升式阀杆，或者说它们需要多转操作去驱动阀门到开或关的位置，这类阀门包括闸阀、截止阀、节流阀及需要多圈转动的其他调节阀等。

电动执行机构的主要优点就是高度的稳定性和用户可选用的恒定推力，其抗偏离能力很强，输出的推力或力矩基本上是恒定的，可以很好地克服介质的不平衡力，达到对工艺参数的准确控制，其控制精度比气动执行器要高；缺点是结构较复杂，容易发生故障，对现场维护人员的技术要求相对较高，调节太频繁容易造成电机过热，响应时间较长，运行速度较慢。

（四）液动、电液执行机构

液动执行机构是用液压力启闭或调节阀门的驱动装置，它由控制、动力和执行机构三大部分组成。控制部分由压力控制阀、流量控制阀、方向控制阀等和电气控制系统组成。动力部分由电动机或气动马达、液压泵、油箱等构成，其作用是把电动或气动马达旋转轴上的有效功率转变成液压传动的流体压力能。液动执行机构有两种，一种是液压缸执行机构，实现往复直线运动；另一种是液压马达执行机构，实现回转运动。液动传动装置的优点是结构简单、输出力矩大、传动平稳可靠、速度调节方便、能远距离自动控制。液动传动装置可与电动、气动配合而组成电液、气液联动装置。

电液执行机构是将标准输入信号（4～20mA，DC）通过电液转换、液压放大并转变为与输入信号相对应的0°～90°转角位移输出力矩或直线位移输出力的执行装置。常用电液执行机构结构形式如图12.1－7所示。

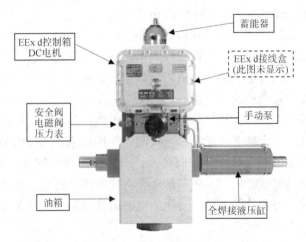

图12.1－7　电液执行机构

电液执行机构相对于传统的气动执行机构和电动执行机构有较大优势，具有行程大、推力或力矩大、智能化程度高、运行平稳、响应时间快、精度和灵敏度高、机构紧凑等特点，主要缺点是体积较为庞大笨重、结构复杂、造价比较昂贵。

（五）气动执行机构

气动执行机构是用气压驱动启闭或调节阀门的执行装置，又称为气动执行器或气动装置，可以分为单作用和双作用两种类型：执行器的开关动作都通过气源来驱动执行，叫做双作用（DOUBLE ACTING）。单作用（SPRING RETURN）的开关动作只有开动作是气源驱动，而关动作时弹簧复位。

气动执行器由执行机构和调节机构两个部分组成，调节机构的种类和构造大致相同，主要是执行机构不同，分为薄膜式、活塞式、拨叉式和齿轮齿条式多种类型。气动执行器根据控制信号的大小，产生相应的推力，推动调节阀（调节机构）动作。调节阀是气动执行器的调节部分，在执行机构推力的作用下，调节阀产生一定的位移或转角，直接调节流体的流量。常用气动执行机构结构形式如图12.1－8所示。

图 12.1 - 8　气动执行机构

一般的气动执行机构采用 0.4 ~ 0.7MPa 的气源工作，特殊气源的压力可高达 5 ~ 10MPa，因此可以采用外形很小的气动驱动装置打开转矩较大或要求快速动作的阀门。气动执行机构的使用温度一般为 - 15 ~ 80℃，有的可以在 - 60 ~ 120℃ 下操作。气动控制系统通常用压缩空气或氮气作动力源，选用低温阀门时，采用氮气作为工作介质。

气动执行机构结构简单、维护便捷、易于操作和校定、负载大可以适应高力矩输出的应用，同时可以在各种恶劣工作环境中使用，如有防爆要求、多粉尘或潮湿的工况。但响应较慢、控制精度较低、抗偏离能力较差，双作用的气动执行器，断气源后不能回到预设位置。

（六）电磁执行机构

电磁执行机构由电磁机构和执行机构两部分组成，其中电磁机构由励磁线圈、铁芯和衔铁三部分组成。当励磁线圈通以一定的电压或电流时，就会产生激励磁场及吸力，衔铁在吸力作用下产生机械位移，进而带动执行机构动作。常用的电磁执行机构有电磁阀、电磁离合器、电磁抱闸、液压电磁阀等，其中在原油管输系统中应用较多的是电磁阀。

电磁阀是用来控制流体的自动化基础元件，属于执行器。电磁阀由电磁部件和阀体两部分组成：电磁部件由固定铁芯、动铁芯、线圈等部件组成，阀体由滑阀芯、滑阀套、弹簧底座等组成。电磁线圈被直接安装在阀体上，阀体被封闭在密封管中，构成一个简洁、紧凑的组合。当线圈通电或断电时，磁芯的运转将导致流体通过阀体或者被切断，以达到改变流体方向的目的。原油管输系统中常用的电磁阀多为小型的开关型电磁阀，用于流道的开关控制。

三、阀门驱动装置的选择

阀门驱动装置的选择一般需根据阀门的规格、结构、启闭力矩、推力、启闭速度和时间、连接方式以及使用环境温度、工况等条件综合考虑。

现代控制中各种系统愈发复杂和精细，并不是某一种驱动控制技术就可满足系统的多种控制功能。电动执行机构主要用于需要精密控制的场所，一般需要执行器进行多点定位控制，而且要对执行机构的运行速度及力矩进行精确控制或同步跟踪；液动或电液执行机构一般用在需求推力、力矩较大或需精确和灵敏控制的设备上；而气动执行机构一般用在推力扭矩需求较大、有气源供应的场所，尤其是一些环境条件较差、防爆要求较高的场所。

第二节　阀门的密封形式

阀门的密封性能是指阀门各密封部位阻止介质泄漏的能力，它是阀门最重要的技术性能指标，也是决定阀门寿命的主要因素。

阀门的密封按密封面是否接触分为接触密封和非接触密封，靠密封力使密封面相互靠紧、接触并嵌入以减小或消除间隙的各类密封称为接触密封，密封面间预留固定的装配间隙，无需密封力压紧密封面的各类密封为非接触密封。根据接触密封副是否相对运动，密封又分为动密封和静密封，静密封通常都属于接触密封，动密封既有接触型的，也有非接触型的。

一、静密封

阀门静密封通常是指阀门的两个静止面之间的密封，如阀体与阀盖之间的密封，密封方法主要是使用垫圈和垫片。静密封的结构形式很多，有平面垫、梯形（椭圆）垫、锥面垫、液体密封垫、O 形圈以及各种自密封垫圈等。这些垫片按制作材料可分为非金属垫片、金属垫片、复合材料垫片三大类。为了适应各种不同类型的阀门和不同的压力、温度，以及不同性质介质的需要，垫片品种多种多样。

（一）垫片材料

1. 非金属垫片材料

常用非金属垫片材料有纸、麻、牛皮、石棉制品、塑料、橡胶等。

（1）纸、麻、牛皮之类，有毛细孔，易渗透，使用时须浸渍油、蜡或其他防渗透材料。阀门一般很少采用。

（2）石棉制品，包括石棉带、绳、板和石棉橡胶板等。其中石棉橡胶板结构致密，耐压和耐温性能好，在阀门本身和阀门与管道的法兰连接中，使用极为广泛。但是，由于石棉制品含有较强的人类致癌物成分，近年来在多数行业特别是石油石化行业已禁止使用。

（3）塑料制品，有很好的耐腐蚀性能，使用也较普遍。品种有聚乙烯、聚丙烯、软聚氯乙烯、聚四氟乙烯、尼龙 66、尼龙 1010 等。

（4）橡胶制品，质地柔软，各种橡胶分别有一定耐酸、耐碱、耐油、耐海水的能力，品种有天然橡胶、丁苯橡胶、丁腈橡胶、氯丁橡胶、异丁橡胶、聚氨酯橡胶、氟橡胶等。

2. 金属垫片材料

一般地说，金属材料强度高，耐温性能强。常用品种有黄铜、紫铜、铝、低碳钢、不锈钢、蒙乃尔合金、银、镍等。

3. 复合垫片材料

目前阀门中常使用的复合型垫片有金属包覆（内部柔性石墨）垫片、组合波形垫片、缠绕垫片等。

（二）常用垫片性能

根据具体情况，使用阀门时可能会经常更换垫片。常用的垫片有：橡胶平垫片、橡胶 O 形片、塑料平垫片、聚四氟乙烯包覆垫片、金属平垫片、金属异形垫片、金属包覆垫片、波形垫片、缠绕垫片等。

1. 橡胶平垫片

变形容易，压紧时不费力，但耐压、耐温能力都较差，只用于压力低、温度不高的地方。天然橡胶有一定耐酸碱性能，使用温度不宜超过60℃；氯丁橡胶也能耐某些酸碱，使用温度80℃；丁腈橡胶耐油，可用至80℃；氟橡胶耐腐蚀性能很好，耐温性能也比一般橡胶强，可在150℃介质中使用。

2. 橡胶 O 形垫圈

断面形状是正圆，有一定的自紧作用，密封效果比平垫圈好，压紧力更小。

3. 塑料平垫片

塑料的最大特点是耐腐蚀性好，但大部分塑料耐温性能不好。聚四氟乙烯为塑料之冠，不但耐腐蚀性能优异，而且耐温范围比较宽阔，可在 $-180 \sim 200$℃之内长期使用。

4. 聚四氟乙烯包覆垫片

为了充分发挥聚四氟乙烯的优点，同时弥补它弹性较差的缺点，做成聚四氟乙烯包裹橡胶的垫片。这样，既同聚四氟乙烯平垫片一样耐腐蚀，又有良好的弹性，增强密封效果，减小压紧力。

5. 金属平垫片

不同材质的金属平垫片，其耐温和耐压不同，如铅制耐温100℃，铝制耐温430℃，铜制耐温315℃，低碳钢类耐温550℃，银制耐温650℃，镍类耐温810℃，蒙乃尔合金（镍铜）耐温810℃，不锈钢耐温870℃。其中铅耐压能力较差，铝可耐 $64 kg/cm^2$，其他材料可耐高压。

6. 金属异形垫片

（1）透镜垫片：有自紧作用，用于高压阀门。

（2）椭圆形垫片：属于高压自紧垫圈。

（3）锥面双垫片：用于高压内自紧密封。

此外，还有方形、菱形、三角形、齿形、燕尾形、B形、C形等，一般只在高中压阀门中使用。

7. 金属包覆垫片

金属既有良好的耐温耐压性能，又有良好的弹性。包覆材料有铝、铜、低碳钢、不锈钢、蒙乃尔合金等，内部填充材料有聚四氟乙烯、柔性石墨、碳纤维、玻璃纤维等。

8. 波形垫圈

具有压紧力小、密封效果好的特点。常采用金属与非金属组合的形式。

9. 缠绕垫片

是把很薄的金属带和非金属带紧贴在一起，缠绕成多层的圆形，断面呈波浪状，有很好的弹性和密封性。金属带可用08钢、0Cr13、1Cr13、2Cr13、1Cr18Ni9Ti、铜、铝、钛、蒙乃尔合金等制作，非金属带材料有柔性石墨、聚四氟乙烯等。

金属缠绕垫是目前阀门的对接法兰间使用最为广泛的一种密封垫片，根据其适用法兰类型及使用要求的不同，可分为四种类型：基本型、带内环型、带定位环型、带内环和定位环型。根据标准体系不同可分为 Class 系列和 PN 系列。金属缠绕式垫片的形式、代号及适用法兰面见表12.2 – 1。

表 12.2 – 1　金属缠绕式垫片形式、代号及适用法兰面

型　式	代　号	外形图	适用的法兰密封面类型
基本型	A	填充带　金属带	榫槽面
带内环型	B	内环　填充带　金属带	凹凸面
带定位环型	C	定位环　填充带　金属带	全平面
带内环和定位环型	D	定位环　内环　填充带　金属带	突　面

几种常用垫片类型见表 12.2 – 2。

表 12.2 – 2　常用垫片类型

垫片名称	垫片类型图	材　料
非金属平垫片	内包边	天然橡胶、合成橡胶、石棉橡胶板、合成纤维的橡胶压制板、改性或合成的聚四氟乙烯板
聚四氟乙烯包覆垫片		聚四氟乙烯板，不锈钢薄板
柔性石墨复合垫片		由冲击式冲孔金属芯板与膨胀石墨粒子复合而成
金属包覆垫片	金属片　石棉橡胶	外包覆材料为纯铝片、纯铜片或低碳钢薄片、不锈钢片，内包材料通常为石棉板、石棉橡胶板

垫片名称	垫片类型图	材　料
金属缠绕垫片	金属片　柔性石墨	外包覆材料为不锈钢带等，内包材料为特种石棉纸、柔性石墨、聚四氟乙烯
齿型组合垫片		由金属齿环（由碳钢或不锈钢材料制成）和上下两面覆盖柔性石墨或聚四氟乙烯薄板等非金属平垫片材料组合而成
金属环垫		优质碳素钢、不锈钢
碳化纤维复合垫片		碳纤维、聚四氟乙烯树脂

必须说明的是，上述讲解密封垫片性能时所列举的数据跟法兰形式、介质情况和安装修理技术等有密切的关系，有时可以超过，有时达不到，且耐压和耐温性能也是相互转化的，例如温度高了，耐压能力往往降低，这些细节问题在垫片使用中应注意。

（三）新密封材料和技术

随着密封技术的迅猛发展，近年来又出现了多种新型密封材料和新技术。

1. 液体密封

随着高分子有机合成工业的迅猛发展，近年出现了液态密封胶，使用于静密封。这项新技术，通常叫做液体密封。液体密封的原理，是利用液态密封胶的黏附性、流动性和单分子膜效应（越薄的膜自然回复倾向越大），在适当压力下，使它像垫片一样起作用，所以对使用着的密封胶，也叫做液体垫片。

2. 聚四氟乙烯生料密封

聚四氟乙烯也是高分子有机化合物，它在烧结成制品之前，叫做生料，质地柔软，也有单分子膜效应。用生料做成的带叫生料带，可以卷成盘长期保存。使用时能自由成形，任意接头，只要一有压力，便形成一个均匀地起着密封作用的环形膜。作为阀门中阀体与阀盖间的垫片，可在不取出阀瓣或闸板的情况下，撬开一缝隙，塞进生料带去即可。其压紧力小，不粘手，也不粘法兰面，更换十分方便，对于榫槽法兰最适宜。聚四氟乙烯生料，还可做成管形和棒状，作密封用。

3. 金属空心 O 形圈

弹性好，压紧力小，有自紧作用，可选用多种金属材料，从而在低温、高温和强腐蚀性介质中都能适应。

4. 柔性石墨密封片

在人们印象中，石墨是脆性物质，缺乏弹性和韧性，但经过特殊处理的石墨，却质地柔软，弹性良好。这样，石墨的耐热性能和化学稳定性，便可以在垫片材料中得以体现；而且这种垫片压紧力小，密封效果异常优越。这种石墨还能做成带，跟金属带配合，组成性能优异的缠绕垫片。石墨密封垫片和石墨金属缠绕垫片的出现，是高温抗腐蚀密封的重大突破。

5. 碳化纤维复合垫片

碳纤维或碳纤维粉与聚四氟乙烯树脂等可组成一种有机复合密封材料，具有耐磨性、耐腐蚀性好和使用寿命长等特点。

6. 金属波齿复合垫片

它是由实体锯齿状的金属芯以及粘接到表面的柔性密封衬料组成。柔性密封衬料在装配时提供初始的低应力，用特定加工工艺精密加工过的同心圆齿状金属芯，在垫片紧固过程中可使应力集中在齿峰上，从而提高密封性能。锯齿型结构使材料的流动性最小化，而金属芯使垫片保持刚性和优良的抗爆裂性。金属齿形垫片表现出优良的压缩性能和回弹特性，在具有压力和温度波动、法兰截面温差、法兰转动、螺栓应力松弛和蠕变等因素影响下，仍然保持密封完整性。

金属波齿复合垫片可以加内环、外定位环或内外环（基本型、带定位环型、带定位耳型以及用在换热器上的带隔条型）。表面粘贴柔性石墨或聚四氟乙烯等，对于耐高温、高压及易腐蚀的场合，尺寸任意，可用于不太平整的密封面，可直接代替缠绕式垫片或包覆型垫片使用。图12.2-1是某型号金属波齿复合垫片结构和外形。

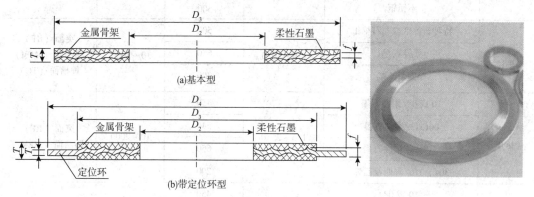

图12.2-1 某型号金属波齿复合垫片结构及外形

（四）常用垫片类型及适用工况

垫片的形式和材料应根据流体、使用工况（压力、温度）以及法兰接头的密封要求选用。法兰的密封面形式和表面粗糙度应与垫片的形式和材料相适应。各类垫片的形式、尺寸、技术条件、选配等详见 HG/T 20614、HG/T 20635、GB/T 4622 等技术标准。常用垫片类型及适用工况如表12.2-3所示。

表 12.2-3 几种常用垫片的适用工况

垫片类型		公称压力/MPa	使用温度/℃	公称尺寸 DN	使用密封面形式
非金属平垫片	天然橡胶（NR）	0.25~1.6	-50~90	10~2000	全平面（FF）突面（RF）凹凸面（MFM）榫槽面（TG）
	氯丁橡胶（CR）	0.25~1.6	-40~100		
	丁腈橡胶（NBR）	0.25~1.6	-30~110		
	丁苯橡胶（SBR）	0.25~1.6	-30~100		
	乙丙橡胶（EPDM）	0.25~1.6	-40~130		
	氟橡胶（FPM）	0.25~1.6	-50~200		
	石棉橡胶垫（XB350，XB450）	0.25~2.5	≤300		
	耐油石棉橡胶板（NY400）	0.25~2.5	≤300		
	合成纤维橡胶压制板　无机	0.25~4.0	-40~290		
	合成纤维橡胶压制板　有机		-40~200		
	改性或填充的聚四氟乙烯板	0.25~4.0	-196~260		
聚四氟乙烯包覆垫片		0.6~4.0	≤150	10~600	突面（RF）
柔性石墨复合垫片	低碳钢	1.0~6.3	450	10~2000	突面（RF）凹凸面（MFM）榫槽面（TG）
	06Cr19Ni10		650		
金属包覆垫片	纯铝板 L3	2.5~10.0	200	10~900	突面（RF）
	纯铜板 T3		300		
	低碳钢		400		
	不锈钢		500		
金属缠绕垫片	特种石棉纸或非石棉纸	1.6~16.0	500	10~2000	突面（RF）凹凸面（MFM）榫槽面（TG）
	柔性石墨		650		
	聚四氟乙烯		200		
齿形组合垫片	10 或 08/柔性石墨	1.6~25.0	450	10~2000	突面（RF）凹凸面（MFM）
	06Cr13/柔性石墨		540		
	不锈钢/柔性石墨		650		
	304、316/聚四氟乙烯		200		
金属环垫片	10 或 08	6.3~25.0	450	10~400	环连接面（RJ）
	06Cr13		540		
	304 或 316		650		
碳化纤维复合垫片	碳化纤维与聚四氟乙烯树脂	1.0~16.0	-200~260	10~2000	突面（RF）凹凸面（MFM）

二、动密封

通常所说的阀门动密封主要是指阀杆密封，它是相对于阀体与阀盖间连接的法兰密封和阀门端法兰与管道法兰连接的静密封而言的。为了不使阀体内的介质外泄，处于运动状态之中的阀杆密封问题，一直是阀门行业所关注的课题，也是阀门使用者经常遇到的一个棘手问题。阀门动密封是阀门设计的关键点也是难点，其泄漏会影响系统的正常运行。

密封面的材料是保证阀门密封性能的关键因素之一，各种阀门对其动密封结构和材料的要求较高，要求具有高耐磨性、高密封性以及较强的抗腐蚀性能等，以适应高温、高压及低温等恶劣工况。一般常用的阀门动密封结构和特性如下：

（一）填料密封

填料密封结构是阀门中应用最广泛的一种动密封结构，一般用于阀盖与阀杆之间的密封。填料函通常在阀盖上部，为防止介质从阀杆和阀盖的间隙处渗漏，填料的材料和填料函的结构是保证阀门在填料函不渗漏的重要条件。填料函由填料压盖、填料和填料垫等组成，要求填料函结构简单、密封可靠、装拆方便。填料函结构分为压盖式、压紧螺母式等（图12.2－2）。

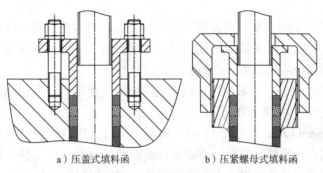

a）压盖式填料函　　　　　　　　b）压紧螺母式填料函

图12.2－2　常用填料函结构形式

1. 压盖式

压盖式是使用最多的形式，同一形式又有许多细节区别。例如，从压紧螺栓来说，可分为T形螺栓（用于压力≤16kg/cm² 的低压阀门）、双头螺栓和活节螺栓等。从压盖来说，可分为整体式和组合式。

2. 压紧螺母式

压紧螺母式外形尺寸小，但压紧力受限制，一般使用于小阀门中。

阀门中使用最多的是压缩填料，它是按不同的使用条件，将各种密封材料组合制成绳状、环状密封件。常用的压缩密封填料有：

（1）柔性石墨：新型的密封材料，具有耐腐蚀、耐低温、耐高温的性能，以及自润滑性好、弹性大、扭矩小的特点，是一种应用广泛的密封填料。

柔性石墨通常制成柔性石墨编织填料（图12.2－3）和柔性石墨压制填料环（图12.2－4）。柔性石墨填料适用公称压力≤PN320，其质量标准应符合JB/T 7370《柔性石墨编织填料》和JB/T 6617《柔性石墨填料环技术条件》的规定。

（2）石棉盘根：耐温和耐腐蚀性能都很好，但单独使用时，密封效果不佳，所以总是浸渍或附加其他材料。

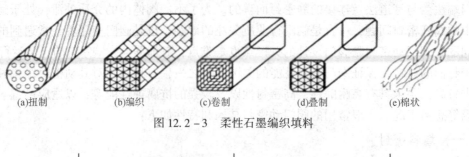

(a)扭制 (b)编织 (c)卷制 (d)叠制 (e)棉状

图 12.2 – 3 柔性石墨编织填料

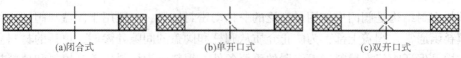

(a)闭合式 (b)单开口式 (c)双开口式

图 12.2 – 4 柔性石墨压制填料环

（3）油浸石棉盘根：它的基本结构形式有两种，一种是扭制，另一种是编结。又可分为圆形和方形。

（4）聚四氟乙烯编织盘根：将聚四氟乙烯细带编织为盘根，具有摩擦系数低、高润滑不黏性和良好的密封性，以及良好的耐温性、耐腐蚀性、电绝缘性和优良的化学稳定性、抗老化能力，是阀门中应用最为广泛的填料密封材料。

（5）塑料成型填料：一般做成三件式，也可做成其他形状。所用塑料以聚四氟乙烯为多，也有采用尼龙 66 和尼龙 1010 的。

（6）其他填料密封方法：在 250℃蒸汽阀门中，用石棉盘根和铅圈交替，漏汽情况就会减轻；有的阀门，介质经常变换，如以石棉盘根和聚四氟乙烯生料带共同使用，密封效果更好些；为减轻对阀杆的摩擦，有的场合，可以加二硫化钼（MoS_2）或其他润滑剂。

（二）O 形圈密封结构

O 形圈是一种截面为圆形的圆环形密封元件，一般为合成橡胶材料，也可采用金属或其他非橡胶材料加工而成，一般安装在矩形沟槽、端面倒角槽或其他形状的沟槽中，O 形圈密封结构既可用于静密封，也可用于动密封。

橡胶 O 形圈是我国目前需求量最大的一种密封件，用作 O 形圈的常用材料还有硅胶、氟胶和丁腈橡胶等，具有以下优点：结构简单、体积小、安装部位紧凑、具有自密封作用、工作压力区间较宽、适应性大、价格便宜。但也有不足之处：启动摩擦阻力大，如使用不当，容易引起 O 形圈剪切、挤扭、断裂等事故。部分橡胶 O 形圈的使用压力和使用温度受限制，如天然橡胶只能用于 60℃。随着特种橡胶的出现，如丁腈橡胶（NBR）、氟橡胶（FRM），其使用温度可达 120℃以上，使用压力也可提高到 32MPa。

（三）波纹管密封

随着化学工业、电力和原子能工业的迅速发展，易燃、易爆、剧毒和带放射性的物质增多，对阀门密封有了更严格的要求，有的场合已无法使用填料密封，因此产生了新的密封形式——波纹管密封。这种密封不需填料，所以也叫无填料密封。

金属波纹管动密封是通过金属波纹管组合件实现动密封，金属波纹管组合件的一端与移动的阀头相连，另一端与固定不动的阀壳体相连，从而构成轴向移动的运动副。当阀杆升降时，波纹管伸缩，只要波纹管本身不漏，介质便无法泄出。波纹管常用不锈钢

（1Cr18Ni9Ti）和高锌黄铜等材料制成，一般使用压力为 0.6MPa，使用温度≤150℃。为保险起见，在一些存在剧毒介质和密封要求较高的场合，往往采用波纹管与填料的双重密封。

三、阀门启闭件间密封

阀门的密封除通常所说的动、静密封等外密封外，还有一类特殊的密封，就是阀门启闭件间的密封，即阀门的内密封。阀门的外密封不严容易造成阀门的外漏，而阀门内密封不严则会造成阀门的内漏，使阀门失去隔断介质的效果，阀门的内密封是考核阀门性能的一项重要指标。

不同阀门的结构形式不同，其阀门启闭件间的密封形式也不相同，通常阀门启闭件间的密封为两个接触面间的接触密封，需借助于一定的外力来实现密封。常见的阀门密封形式有软密封、硬密封、软硬双重密封及密封剂密封等几种，不同的阀门根据其使用要求不同分别采用不同的密封形式。

（一）固定式球阀密封

常用的固定球球阀均采用浮动阀座形式的密封结构，阀座依靠镶嵌在阀体上预制弹簧产生的弹力和介质的压力共同作用将阀座密封环紧紧地推向球体。阀座密封采用组合密封的结构（图 12.2 - 5），初级的金属密封能有效地防止固体颗粒对密封面的损坏；次级密封是橡胶或聚四氟乙烯密封圈，它有两个功能，一方面是擦拭球体的表面，防止它的表面受损，另一方面能保证阀门达到"零"泄漏的密封要求。

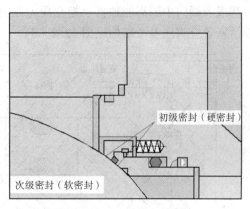

初级密封（硬密封）

次级密封（软密封）

图 12.2 - 5　组合密封结构

固定式球阀中，通常采用两种形式的软密封阀座结构，一种是单活塞效应阀座（自泄压式阀座），另一种是双活塞效应阀座。传统的固定式球阀一般采用自泄压式阀座，近年来，双活塞效应阀座也越来越多地应用于管线固定球阀中。

1. 自泄压式阀座

自泄压式阀座又称为上游密封自动泄压式阀座。上游密封是指阀门使用时靠上游阀座起密封作用，当阀外为低压力或无压力时，通过阀座背面设置的弹簧提供初始密封预紧力从而保证在此状态下的密封性能。当阀外为正常压力时，通过介质压力将上游座推向球面而形成密封。自动泄压是指阀门中腔压力异常升高时，中腔压力反推阀座，压缩预紧弹簧，使阀座脱离球面形成泄放通道，从而保证中腔压力顺利泄放至管道内，避免了中腔异常升压带来的安全隐患。自泄压式阀座参考结构及泄压示意见图 12.2 - 6、图 12.2 - 7。

由于自泄压式阀座只有上游阀座起密封作用，因此当上游阀座损坏时，阀门密封性能就会受到影响。

典型的自泄压式阀座由阀座、密封环、弹簧、O 形密封圈等组成。弹簧可以选用一组螺旋弹簧或一只碟形弹簧，可以设置在管线侧阀座的底部，也可以设置在阀腔侧阀座的背部。阀座与阀体侧的密封，可以是 O 形橡胶密封圈，也可以用由 PTFE 制成 V 形碗。

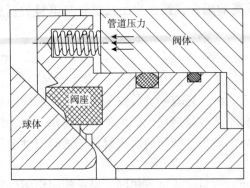
图 12.2 - 6 自泄压式阀座参考结构

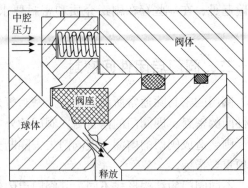
图 12.2 - 7 自泄式阀座泄压示意图

2. 双活塞效应阀座

双活塞效应阀座又称为双向密封阀座，其特点在于无论球阀前后的压差大小，阀门每一端或者阀门中腔都能独自承担全压差密封，而且能保证上下游同时密封，确保无泄漏。双活塞效应阀座参考结构见图 12.2 - 8。

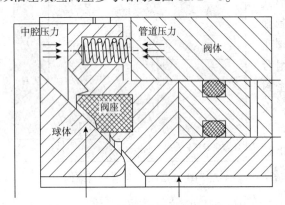
图 12.2 - 8 关闭状态的双活塞效应阀座

双活塞效应阀座在工作时上下游阀座同时起密封作用，可以保证在任何一端阀座损坏时，另一侧阀座同样能单独起到密封作用，具备正和反两个方向都具有切断流体的功能，因此密封性能更加可靠。而自泄压式阀座设计，就阀座本身而言，是单向密封。

双活塞效应阀座不具备自动泄压功能，所以在不增加额外泄放装置时，如果中腔压力异常升高，其压力得不到泄放，对阀门的安全性会造成一定的影响。因此双活塞效应阀座通常使用于稳定的气态介质（如天然气、空气、氮气、惰性气体等）中，液态介质、冷凝介质及不稳定的气态介质输送时，必须在阀腔上设置压力泄放装置。由于双活塞效应阀座在工作时是两侧阀座同时压紧球体，因此操作力矩大于采用自泄压式阀座的球阀。

（二） 平板闸阀密封

闸阀是启闭件（闸板）由阀杆带动，沿阀座（密封面）做直线升降运动的阀门。由于闸阀启闭时闸板与阀座相接触的两密封面之间有相对滑动，在介质推力作用下易产生擦伤，从而破坏密封性能，因此平板闸阀特别是软密封平板闸阀的密封结构设计十分重要。

对于单闸板的平板闸阀而言，闸板与阀座间密封比压的形成，是由介质压力推动浮动阀座产生的。对于双闸板平板闸阀，两闸板间的撑开机构可以形成预紧比压，以补充密封比压。

平板闸阀的密封根据密封面材料有硬密封和软硬双重密封两种，平行单闸板阀门因其不能靠阀门自身的结构达到强制密封，所以当闸板两侧压力差较小时，闸板与阀座间的密封性能就大为降低，因此通常在阀体、阀座上采用固定或浮动的软质密封材料来增加其在压差较小时的密封性能。

1. 平行单闸板闸阀

平行单闸板闸阀的密封原理如图12.2－9所示。

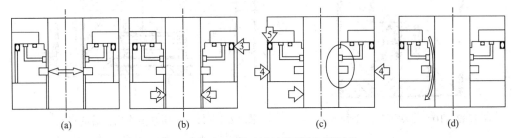

图12.2－9　平行单闸板闸阀密封原理

如图12.2－9（a）所示，当闸板处于关闭状态时，阀座表面PTFE密封环形成初始密封，当阀门开启时，阀座圈能自动清洁闸板两侧的附着物。如图12.2－9（b）所示，阀门处于关闭状态时，介质压力作用于闸板，推动闸板贴近出口端阀座上的PTFE环，压缩它直到闸板与阀座上金属密封面吻合，这样，就形成了双重密封，首先是PTFE对金属密封，然后是金属对金属密封，出口端阀座也被推向阀体的阀座槽内，通过后部的O形密封圈阻止任何后部介质流。如图12.2－9（c）所示，阀腔压力释放后，形成进口密封，管道压力作用于进口阀座，推动其压向闸板，这时形成PTFE对金属密封，同时O形圈与阀座槽形成紧密的密封。如图12.2－9（d）所示，阀门自动泄压。由于热膨胀或其他因素，造成阀腔压力大于管道压力时，进口端阀座会在中腔压力作用下缩回阀座槽内，阀腔内压力与进口端管道压力平衡。

2. 自动密封式平行双板闸阀

自动密封式平行双闸板闸阀是依靠介质的压力将闸板压向出口侧阀座密封面，达到单面密封目的。若介质压力较低，则其密封性不易保证。为此，可在两块闸板之间加入预紧弹簧，阀门关闭时，弹簧被压缩，依靠弹簧预紧力辅助实现密封。

最简单有效的自动密封式平行双闸板闸阀结构是采用图12.2－10所示的弹簧式结构。其关闭件由两块闸板组成，中间装有弹簧。这些弹簧的作用是保持与上、下游的密封面滑动接触并在低压力时增加密封力。闸板被限制在带状孔内，目的是当处于全启位置时，不会无限制地撑开。但弹簧的作用常常不是像假设的那样，使两密封面借此均达到压力密封，所以中间带弹簧的自动密封式平行双闸板闸阀，在介质压力不足以克服弹簧作用力时，属于双面强制密封；但当介质压力足以克服弹簧作用力，并推动闸板向出口端压紧时，就成了单面强制密封（图12.2－11），此时弹簧的作用主要是预防闸板的颤动。

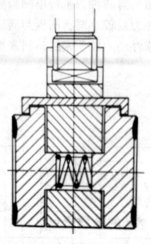

图 12.2 – 10 自动密封式平行双闸板

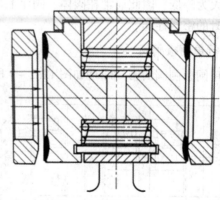

图 12.2 – 11 克服弹簧作用力后的自动
密封式平行双闸板闸阀的动作特性

3. 撑开式平行双闸板

撑开式平行双闸板常用的结构有顶楔式和双斜面式两种结构，顶楔式分为上顶楔、下顶楔两种。撑开式平行双闸板闸阀结构如图 12.2 – 12 所示。

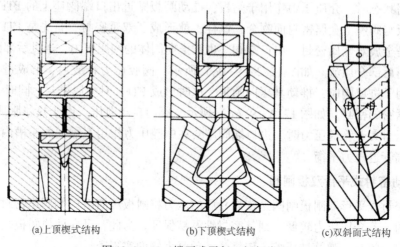

(a)上顶楔式结构   (b)下顶楔式结构   (c)双斜面式结构

图 12.2 – 12 撑开式平行双闸板类型

撑开式平行双闸板闸阀的三种结构形式虽有所不同，但其密封原理都是通过两板间的楔顶或楔块，迫使两闸板向两侧撑开，两侧密封面与各自阀座间滑动接触并产生预紧比压，关闭力越大密封比压越大，保证进出口端同时密封，属于双面强制密封。

目前原油管输行业主要采用平行单闸板闸阀，其结构简单，适用于高、中压，大、中口径等各种输油工况，应用十分广泛。通常平行单闸板闸阀采用浮动式阀座，弹簧预紧自动密封结构，启闭力小，工作压力越高，密封性能越好。阀座密封采用金属和非金属软硬双重密封，即将高弹性体的合成橡胶或聚四氟乙烯等软质材料镶嵌于不锈钢或者带防腐镀层（如 ENP 等）锻钢件支承圈中，与闸板形成软密封对金属和金属对金属的双重密封，金属密封主要采用碳素钢、不锈耐酸钢、合金钢等材料制造，阀座密封设有密封脂注入机构。带导流孔平行单闸板闸阀的闸板下部有一个和公称尺寸相等的导流孔，阀门全开时，闸板上的导流孔与阀座孔贯通，同时与阀座面密封阀体的腔室而防止固体颗粒进入。浮动阀座的密封可实现双截断与泄放（DBB）功能。如果阀座密封在使用中失效，则可通过向密封面注入密封脂进行临时应急密封。通常在阀体的下部还设有排污螺塞，打开排污螺塞可以清除体腔内的污垢。

用于可调节流量的调节型平板闸阀一般采用金属对金属的硬密封，以防止阀门在部分开启时介质冲蚀对软密封面造成损坏。

（三）截止阀阀瓣密封

截止阀是一种启闭件（阀瓣）由阀杆带动，沿阀座（密封面）轴线做直线升降运动的阀门。截止阀关闭时，阀瓣密封面与阀座密封面紧密接触，其密封形式为强制密封，即阀门关闭时必须向阀瓣施加足够的力，达到必需的密封比压以上，才能实现密封。

根据截止阀密封副的材料不同，截止阀可使用金属密封和非金属密封。使用金属密封及非金属陶瓷密封时，不但需要密封比压高，而且需要四周均匀，以达到所需的密封性。密封副的结构设计有很多种，其密封原理也不尽相同。

1. 平面密封

平面密封的优点是阀瓣在装配时有一定的横向余量，阀瓣可以自动找正并和阀座密封面吻合，因而对阀瓣的导向要求并不重要；阀瓣是在没有被旋转时落在阀座上的，密封副之间就不会产生摩擦，因此对密封面材料抗擦伤的要求也不严格。同时，由于管道应力导致阀座的内孔圆度变形时，也不会影响密封性能。缺点是介质中的固体颗粒和沉淀物易损伤密封面。平面密封结构见图 12.2 – 13（a）。

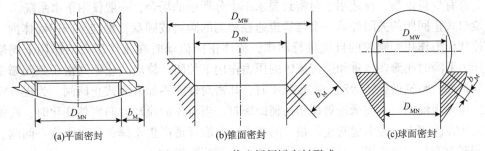

图 12.2 – 13　截止阀阀瓣密封形式

2. 锥面面密封

锥面密封是把密封面做成锥形，使接触面变窄，这种密封在一定的密封力作用下，其密封比压大大增加，更容易实现密封，与平面密封结构相比较，所施加的密封力较小。由于密封面狭窄，关闭时为了使阀瓣准确地压向阀座面，提高密封性能，必须对阀瓣进行导向。阀瓣在阀体中导向时，阀瓣受到流体的侧向推力由阀体承受，而不是由阀杆来承受，这就进一步增强了密封性能和填料密封的可靠性。锥形用于大口径阀门时，因为管道应力的作用，使阀座孔的圆度产生一定的变形量，不容易实现密封。

锥形密封是在两密封面有摩擦的情况下吻合，所以密封材料必须能耐擦伤。锥面密封和平面密封相比，受固体颗粒和介质沉淀物的损伤相对较小，但也不宜在含有固体颗粒和介质沉淀物的介质中使用。锥面密封结构见图 12.2 – 13（b）。

3. 球面密封

把阀瓣做成球形［见图12.2－13（c）］，阀座做成锥形，阀瓣的球体在阀杆的孔内能自由转动，因此阀瓣能在阀座上做一定范围的转动而进行调整。由于两密封面的接触几乎成一线，即线密封，故密封应力很高，更容易实现密封。阀瓣球体还可以使用硬质合金或陶瓷材料，硬度可达到40～60HRC，而且能耐很高的温度，因此可以应用于高温截止阀。缺点是密封面线型接触容易受冲蚀而损坏，所以阀座应选择耐冲蚀材料。球面密封的截止阀可适用于介质中带有微小固体颗粒的气体或液体。

软密封截止阀中，为防止软密封材料受热损坏，常在软密封件前安装一种散热装置，它是由一块带有较大散热表面的金属片组成。软密封材料包括橡胶包覆阀瓣、PTFE（或其他塑料）阀座或金属阀瓣镶嵌非金属材料以及软硬双重密封阀瓣结构。软密封阀门所需的关闭力很小，软密封阀瓣易于更换，常用于蒸汽或气体介质中。而常用的直通式截止阀、角式截止阀、三通截止阀等多采用的金属硬密封截止阀，材质一般为铸钢、不锈钢、合金钢等材料。

（四）止回阀密封

止回阀是启闭件（阀瓣）借助介质作用力，自动阻止介质逆流的阀门。其启闭动作是依靠介质本身的能量来驱动的，同样其阀瓣与阀体间的密封也是靠介质的压力及其预作用的弹簧（如果有）来实现的。

升降式止回阀的结构与截止阀相似，其阀瓣形式也与截止阀阀瓣相类似，一般靠阀瓣的自重力或阀瓣上加设的弹簧预载实现阀门关闭。采用金属对金属密封副的升降式止回阀，允许有少量泄漏，仅适用于对密封要求不十分严格的场合，一般仅用于水系统。

旋启式止回阀的关闭件是一个与管道通径相当的阀瓣或圆盘，悬挂于阀门腔体内，也是靠流体压力作用和阀瓣的自重自行动作，流体正向流动时在流体压力的作用下阀瓣打开，压力下降时阀瓣在自重和逆流流体的压力作用下关闭。旋启式止回阀由于其阀瓣是绕阀座通道外的销轴做旋转运动，在较低压时，其密封性能不如升降式止回阀。为提高密封性能，可采用辅助弹簧或采用重锤结构辅助密封。当流体的流动方向突然变化时，阀瓣会猛烈关闭在阀座上，会引起阀座的很大的磨损，并沿管道产生水锤，为克服这一问题，可以在阀瓣上安装阻尼装置，并采用金属阀座减少阀座磨损。

双板止回阀具有两个弹簧荷重的D形阀瓣，在弹簧的作用下实现关闭，由于采用了弹簧载荷，这种阀门对于倒流的反应非常迅速，其双瓣的轻型结构使阀座密封和运行更加有效。双板止回阀的长臂弹簧作用使得阀瓣能够在不摩擦阀座的情况下开启和关闭，避免了旧型常规阀门在阀瓣开启时所出现的密封表面摩擦现象，消除了部件的磨损。

各类止回阀，由于其自身的特性，实现自动型关闭，因此对其密封性能的要求不是很严格，一般允许有少量泄漏，为减少磨损和维修量，一般止回阀多采用金属对金属的硬质密封。

（五）阀座密封面或衬里材料

阀门常用的密封面材料有以下几种。

1. 软密封材料

（1）橡胶类：包括丁腈橡胶，氟橡胶等；

（2）塑料类：聚四氟乙烯，尼龙等。

2. 硬密封材料

（1）铜合金（用于低压阀门）；

（2）铬不锈钢（用于普通高中压阀门）；

（3）司太立合金（用于高温高压阀门及强腐蚀阀门）；

（4）镍基合金（用于腐蚀性介质）。

常见阀座密封面或衬里材料详见表10.4-5。

思考题

1. 常见的阀门驱动方式有哪些类型？

2. 电动驱动装置有哪两种类型？分别适用于哪类阀门？

3. 金属缠绕式垫片有哪些类型？分别适用于哪些工况？

4. 常见的阀门密封形式有哪些？列举原油长输管道用阀门普遍采用何种密封。

第十三章　阀门的安装与压力试验

第一节　阀门的运输、仓储与安装

一、阀门运输中的保管

（1）运输阀门之前，应准备好绳索、起吊设备和运输工具等。检查阀门包装是否符合标准要求，阀门应处于全关闭状态（球阀、旋塞阀应处于全开状态），封闭进出口通道，对法兰端和对焊端阀门的端面，应用金属板、硬质纤维板、厚塑料板或木板保护。

（2）阀门装运起吊时，绳索应系在法兰处或支架上，放置姿态应直立或斜立，阀杆向上。

（3）手工装卸阀门时，严禁抛扔，阀门顺次排列，严禁堆放。

（4）阀门运输中，要保护油漆、铭牌和法兰密封面，不允许在地面上拖拉阀门，更不允许将阀门进出口密封面落地移动。

（5）在施工现场暂不安装的阀门，应做好防雨、防尘保护工作，放置在安全的地方。

二、阀门仓储中的保管与维护

（1）阀门到场后及时办理入库手续。入库前应核对阀门的型号规格与数量，检查阀门外观质量，可根据采购方要求选择对阀门进行入库前的强度试验和密封性试验。

（2）储存场所应通风、干燥、清洁，不得露天存放，同一场所不能存放腐蚀物品；存储场所不得选在低洼处，即使遇大风大雨也不会积水；储存区域应便于运输和起吊。

（3）清洁阀门，对容易生锈的加工面、阀杆、密封面应涂上一层防锈剂或贴上一层防锈纸加以保护；封闭阀门进出口通道。

（4）库存的阀门应做到账物相符，分门别类，摆放整齐，标签清楚，醒目易认。阀门应直立或斜立放置，不可将法兰密封面接触地面，更不允许堆垛在一起。对特大阀门和暂不能入库的阀门，应按类别和大小直立放置在室外干燥、通风的地方，并用油毛毡或雨布等将物品盖好，阀门密封面应涂油保护，通道封闭。

（5）仓储保管的阀门，应定期检查维护，一般从出厂之日起，18 个月后宜重新进行试压检查。

（6）对在搬运过程中损坏、丢失的阀门零件，如手轮、手柄、标尺等，应及时配齐，不能缺少。

（7）超过规定使用期的防锈剂、润滑剂，应按规定定期更换或添加。

三、阀门安装前的维护检查

（1）阀门安装前应对阀门的质量证明文件以及外观、配套驱动装置等进行必要的检查和查验。

（2）安装人员应阅知用户手册内容。

（3）阀门安装前应检查填料，其压盖螺栓应留有调节余量。

（4）根据设计文件核对阀门型号，并按介质流向确定安装方向。

（5）端部为焊接连接的阀门，焊接热处理及焊接时应对阀座密封面、关闭件等采取有效保护措施。

（6）阀门安装前应确保管道内清洁，无积水，无焊渣等杂物遗留。

（7）清除阀腔（阀座与阀芯之间等部位）的杂物。

（8）检查配套执行机构完好，附件齐全。

（9）阀门检查与维保工作完成后应封好端口存放。

四、阀门的安装调试与投产

（1）参与安装调试的制造商、施工方等单位技术人员应具备相应资格。

（2）阀门（执行机构）手轮应朝向便于操作的方位，执行机构液晶显示屏方位应便于巡检观察。

（3）执行机构应按照技术文件要求进行功能调试，相关功能满足技术文件要求，调试记录应交由阀门使用单位保存。

（4）检查调整阀门机械限位符合说明书要求。

（5）管线投产前应将技术资料移交使用单位。

五、阀门安装的一般注意事项

（1）阀门吊装时，钢丝绳索切勿拴在手轮或阀杆上，以防折断阀杆。

（2）安装前应检查阀杆是否灵活，有无卡阻和歪斜现象，启闭件必须关闭严密，安装前可根据采购方要求选择进行强度试验和严密性试验，不合格的阀门不能安装。

（3）在水平管道上安装时，阀杆应垂直向上，或者是倾斜某一角度，除特殊设计外，一般不可阀杆向下安装。

（4）应注意阀门的方向性，如截止阀、止回阀、减压阀等不可安反。安装截止阀时应使介质自阀盘下面流向上面，俗称低进高出。安装止回阀时，必须特别注意介质的（阀体上有箭头表示）流向，才能保证阀盘能自动开启。

（5）阀门的填料压盖螺栓要平衡交替拧好，注意两侧间隙均匀。

（6）安装法兰式阀门时，必须清除法兰面上的脏物，垫子不要放偏；应保证两法兰端面互相平行和同心。拧紧螺栓时，应对称或十字交叉地进行。

（7）阀门的安装高度应执行设计图纸规定尺寸。当图纸无要求时一般以离操作面1.2m为宜。操作较多的阀门，当必须安装在距操作面1.8m以上时，应设置固定的平台。

（8）水平管道上安装重型阀门时，要考虑在阀门底部装设基础和支架。

（9）阀门安装位置应有足够的空间，以便于人员进行操作和维修。

（10）在安装阀门之前检查阀门，确保阀门尺寸规格、压力等级、阀门材料、端部连接等对于特定用途的正确性。

（11）在安装之前，必须仔细地清除阀门在储存期间所累积的灰尘杂质。在安装的过程中也要保持清洁。

（12）阀门法兰与管道安装应垂直并且定位准确，以避免应力和管道的变形。管道要适当地支承，以防止它在阀门重量作用下发生弯曲变形。

（13）阀门与管道焊接时必须严格避免焊渣飞溅入阀门内，焊渣的存在有损阀门的性能。

第二节　阀门的压力试验

阀门的试验通常分为压力试验、行式试验、静压寿命试验和其他试验。本节主要以SY/T 4102—2013《阀门检验与安装规范》为依据，重点对阀门的压力试验内容进行介绍。

本节试验方法及内容适用于油气储运工程通用阀门的压力试验，不适用于仪表用阀门。

一、一般规定

（1）阀门压力试验包括壳体压力试验、密封试验和上密封试验。

（2）阀门安装前应逐个进行壳体压力试验和密封试验。有上密封结构的阀门应进行上密封试验，低压密封试验应根据设计要求进行。

（3）出厂前应到制造厂逐件见证阀门试验。有见证试验记录的阀门，可免除阀门试验。

（4）带袖管的阀门应在制造厂进行阀门本体的见证试验。

（5）装有旁通阀的阀门，旁通阀门应随主阀一起试验。

（6）阀门试验宜在专设的试验场地和试验台上进行，安全阀校验应由具备相应资格的检验机构进行。

（7）阀门壳体压力试验、上密封试验和密封试验，试验介质宜选择空气、惰性气体、煤油、洁净水或黏度不大水的非腐蚀性液体等；低压密封试验介质可选择空气或惰性气体。设计无特殊要求时，试验介质的温度应为5~40℃，当低于5℃时，应采取升温措施。

（8）不锈钢阀门用洁净水做试验介质时，水中的氯离子含量不得超过25×10^{-6}。

（9）阀门试验前，应将阀体内的杂物清理干净，除去密封面上的油渍、污物；不得在密封面涂抹防渗漏油脂。

（10）试验用压力表应校验合格，并在有效期内，其精度不得低于1.6级，表的满刻度值应为被测量最大压力的1.5~2倍，压力表不得少于2块。

（11）试验介质为液体时，试验前应先排净阀内的空气，试验合格后应及时排尽阀内积液，并保护密封面。阀门试验时，应采取安全防护措施。

二、壳体压力试验

（1）壳体压力试验介质是液体时，试验压力应为阀门在20℃时最大允许工作压力的1.5倍；试验介质是气体时，试验压力应为阀门在20℃时最大允许工作压力的1.1倍。夹套阀门的夹套部分试验压力应为阀门在20℃时最大允许工作压力的1.5倍。带袖管阀门的现场试验压力应为袖管的试验压力。

（2）如订货合同有气体介质壳体试验要求，试验压力应不大于上述第1条之规定，应先进行液体介质的壳体试验，液体介质试验合格后，再进行气体介质的壳体试验，并应采取相应的安全保护措施。

（3）阀门壳体试验在试验压力下持续时间不得少于5min。

（4）公称压力小于1.0MPa且公称直径大于或等于600mm的闸阀，可不单独进行壳体试验，壳体压力试验宜在系统试压时按管道系统的试验压力进行试验。

（5）壳体试验时，应封闭进出口各端口，阀门部分开启，向壳体内充入试验液体，排净阀门体腔内的空气，逐渐加压到试验压力，检查阀门壳体各处的情况（包括阀体、阀盖法兰、填料箱等各连接处），以壳体表面、阀体与阀盖连接处无渗漏或无潮湿现象为合格；用气体进行壳体试验时，用涂刷发泡剂方法检漏，无渗漏、无压降为合格。

三、密封试验

（1）阀门密封试验压力应为阀门在20℃时最大允许工作压力的1.1倍，当阀门铭牌标示对最大工作压差或阀门配带的操作机构不适宜进行密封试验时，试验压力应为阀门铭牌标示的最大工作压差的1.1倍；低压密封试验压力应为0.6MPa。

（2）密封试验宜在壳体压力试验和上密封试验合格后进行，上密封试验宜在壳体压力试验时一并进行。

（3）蝶阀密封试验最短持续时间应符合表13.2-1的规定，止回阀和其他阀门密封试验最短持时间应符合表13.2-2的规定，密封面无渗漏为合格。

表13.2-1　蝶阀密封试验最短持续时间

阀门公称直径 DN/mm	保持试验力最短持续时间/s
≤50	15
65~200	30
≥250	60

表13.2-2　止回阀和其他阀门密封试验最短持续时间

阀门公称直径 DN/mm	保持试验压力最短持续时间/s		
	上密封试验	密封试验和低压密封试验	
		止回阀	其他类型阀
≤50	15	60	15
65~150	60	60	60

阀门公称直径 DN/ mm	保持试验压力最短持续时间/s		
	上密封试验	密封试验和低压密封试验	
		止回阀	其他类型阀
200～300	60	60	120
≥350	120	120	120

（4）主要类型阀门的密封试验方法和检查应符合表 13.2－3 的规定。

表 13.2－3　密封试验方法和检查

阀门种类	试验方法
闸阀 球阀 旋塞阀	封闭阀门两端，阀门的启闭件处于部分开启状态，给阀门内腔充满试验介质，逐渐加压到规定的试验压力，关闭阀门的启闭件；按规定的时间保持一端的试验压力，释放另一端的压力，检查该端的泄漏情况 重复上述步骤和动作，将阀门换方向进行试验和检查
截止阀 隔膜阀	封闭阀门对阀座密封不利的一端，关门阀门的启闭件，给阀门内腔允满试验介质，逐渐加压到规定的试验压力，检查另一端的泄漏情况
蝶阀	封闭阀门的一端，关闭阀门的启闭件，给阀门内腔充满试验介质，逐渐加压到规定的试验压力，在规定的时间内保持试验压力不变，检查另一端的泄漏情况 重复上述步骤和动作，将阀门换方向试验
止回阀	止回阀在阀瓣关闭状态下，封闭止回阀出口端，给阀门内充满试验介质，逐渐加压到规定的试验压力，检查进口端的泄漏情况
双截断与 排放结构	关闭阀门的启闭件，在阀门的一端充满试验介质，逐渐加压到规定的试验压力，在规定的时间内保持试验压力不变，检查两个阀座中腔的螺塞孔处泄漏情况 重复上述步骤和动作，将阀门换方向试验另一端的泄漏情况
单向密封 结构	关闭阀门的启闭件，按阀门标记显示的流向方向封闭该端，充满试验介质，逐渐加压到规定的试验压力，在规定的时间内保持试验压力不变，检查另一端的泄漏情况

（5）带袖管阀门应在制造厂进行阀门本体的见证试验，如有需要对带袖管阀门进行整体压力试验，试验压力宜按阀门壳体材料 38℃时最大允许工作压力值的 1.25 倍进行，也可与阀门厂商协议确定。

（6）当设计文件或阀门技术条件对检查和试压有特殊要求时，应按照特殊要求执行。

四、管线试压时阀门的保护

（1）阀门不得作为管线试压的盲板或封头使用。

（2）试压前应确保管道、阀腔内清洁，无杂物、泥沙和污油污水等。

（3）管线试压注水前阀门应保持全开状态，阀门附属的排污阀、放空阀保持关闭状态，泄压阀更换为丝堵（试压结束后再调换）。

（4）管线注满水后，球阀的阀位置于 10°～30°，闸阀和旋塞阀开关 1～2 次，使阀门内件受力均匀。

（5）设计压力大于等于 1.6MPa 的管线，管线试压结束后，保持管线压力 1.0MPa 左右，关闭阀门进行排污泄放，检查测试阀门内漏状况。

（6）再次排空阀腔内积水，并确认排污阀、放空阀、丝堵等关闭拧紧。

（7）系统泄压后应对阀门润滑情况进行检查，必要时补注润滑脂，注脂量为推荐注脂量的 1/4。

思考题

1. 对阀门压力试验的压力表的选择有何要求？
2. 阀门压力试验应选择何种试验介质？
3. 阀门壳体试验步骤是什么？
4. 闸阀密封试验方法是什么？
5. 止回阀密封试验方法是什么？
6. 壳体试验合格结果是什么？

第十四章　阀门的操作与维护保养

第一节　阀门的操作

一、阀门操作使用的一般要求

（1）阀门操作前应取得调度许可，操作时应根据工艺要求，注意操作顺序、掌握开关速度，不得超出设计参数使用。

（2）开关型阀门不得当作调节阀使用，操作开关型阀门时，应全开或全关。

（3）开启有旁通阀的阀门时，若两端压差较大，应先打开旁通阀调压，再开主阀，主阀全开后，应立即关闭旁通阀。

（4）阀门应保证良好润滑，运行灵活，不得出现卡阻。

（5）阀门现场开关状态指示牌开关标识应与阀门实际开关状态保持一致。

（6）阀门进行功能测试（开、关、停远控测试和开位、关位、远控/就地、故障状态检查）前，应制定测试方案。

（7）阀门应定期、定人进行检查，专业管理人员及岗位值班人员应严格执行巡检制度，按规范要求填写巡检记录。

（8）阀门远控操作，现场应有人监护，确认阀门最终状态。

（9）不能利用管钳、加长套管暴力开关阀门，以免损坏手轮和阀杆，必要时可使用特制的阀门扳手。

二、手动阀门的操作

（一）操作前检查

（1）检查阀门各连接部位牢固可靠。

（2）检查操作阀门工艺编号是否正确。

（二）手动操作

（1）通常情况下，关闭阀门时手轮向顺时针方向旋转，开启阀门时手轮向逆时针方向旋转。

（2）操作阀门时，应均匀用力，不得用冲击力开关阀门。

（3）手轮直径（长度）小于或等于320mm时，应由一人操作。手轮直径（长度）大于320mm时，允许多人共同操作，或者借助适当杠杆操作阀门。

（4）明杆式楔式闸阀在开启过程中阀杆应随着阀门的开启不断上升，反之关闭时阀杆应随着阀门的关闭不断下降，如发现开闭不动、手轮空转等异常情况应立即停止操作，报值班调度。

（5）平板闸阀、球阀在开启过程中刻度盘的开度指示应随着阀门的开启不断扩大直到开启度为100%为止，在关闭过程中刻度盘的指示应随着阀门的关闭不断指向"0"位，直到指针回"0"为止。如发现开启不动、手轮空转等异常情况应立即停止操作，报值班调度。

（6）蝶阀在开启时应逆时针转动手轮直到刻度指针指向刻度盘上的"OPEN"，关闭时则应顺时针转动手轮直到刻度指针指向刻度盘上的"CLOSE"，如发现开闭不动、手轮空转等异常情况应立即停止操作，报值班调度。

（7）手动操作闸阀和截止阀到全开或全关位置时，应适当回转手轮半圈。

三、电动阀门的操作

（一）操作前检查

（1）操作前应确认电动阀门无综合报警信号。

（2）电动阀门启动前，应检查电动阀操作方式选择开关（LOR），处于远控操作时，LOR开关处于R（远控）状态。处于现场操作时，LOR开关处于L（现场）状态。

（3）检查阀位指示与阀的实际开关位置应相符，阀门现场开关状态指示与远传开关状态指示应一致。

（4）远程操作电动阀门开（关）时，确认阀门在关（开）状态，电动阀处于非检修状态、无故障状态。

（5）电动阀门现场操作时，应监视阀门开关位置指示和阀杆运行情况，阀门开度应符合要求。

（6）在开、关阀门过程中，发现信号指示灯指示有误、阀门有异常响声时，应及时停机检查。

（二）就地控制的手动操作

（1）压下手动/自动手柄，使其处于手动定位，旋转手轮挂上离合器。

（2）松开手柄，手动/自动手柄将回到初始位置，手轮轴上的离合器将保持啮合状态。

（3）顺时针旋转手轮，关闭阀门，逆时针旋转手轮，开启阀门。

（三）就地控制的电动操作

（1）将电动阀操作方式选择开关（LOR）置于L（现场）状态，黄色指示灯亮。

（2）旋启选择器于"OPEN"（开启）或者"CLOSE"（关闭）位置，阀门缓慢开启或者关闭，阀门开启时红色灯闪烁，阀门关闭时绿色灯闪烁。阀门全开后红色指示灯亮，阀门全关后绿色指示灯亮。

（3）设置有中间位置的阀门，当液晶显示屏上显示"×××%"OPEN在符合要求的中间位置时，将旋启选择器置于"STOP"位置使之停止，保持在这个开度，黄色指示灯亮。

（四）电动阀门远程操作

（1）在控制室电脑 SCADA 系统上选择需要开启（关闭）的阀门，点击图标进入操作界面。

（2）选择"开阀"（"关阀"）按钮，再点击确认按钮，完成开启（关闭）阀门的操作。

（3）操作完成以后，在监控画面上观察此阀门的动作状态及阀门开度，最终状态由现场监护人员完成确认。

（五）可调节电动阀操作

（1）在控制室电脑 SCADA 系统上选择需要开启（关闭）的阀门，点击图标进入操作界面。

（2）选择"开阀"（"关阀"）按钮，再点击确认按钮，完成开启（关闭）阀门的操作。

（3）选择"设定开度"按钮，此时按钮变绿，点击白色数据框，输入所需要的阀门开度，输入开度后在键盘上敲回车键，点击确定（如想取消此操作，可点击取消或者关闭此画面，就可以取消操作），阀门将运行到设定开度。

（4）操作完成以后，在监控画面上观察此阀的动作状态及阀门开度，最终状态由现场监护人员完成确认。

第二节　阀门的运行检查

一、检查要求

（1）巡检人员应按照岗位职责及输油设施巡检实施细则进行检查。

（2）电动阀门运行中应明确液晶显示屏状态信息的含义和状态，以便及时发现问题。

二、检查内容

（1）检查运行状态指示牌指示是否准确无误。

（2）检查阀门各静密封点有无泄漏，接地是否完好。

（3）检查阀门阀杆部位润滑是否正常，阀杆有无变形、有无划伤。

（4）检查减速机构密封是否正常，有无润滑油泄漏，运行时有无异响。

（5）检查配套执行机构状态指示是否正常，通信控制是否畅通，现场指示与站控是否一致。

（6）检查阀门阀杆螺纹和阀杆螺母及传动机构的润滑情况，及时加注合格润滑油（脂）。

（7）阀门常见故障、原因及处理方法参见附表2，减速机构常见故障、原因及处理方法参见附表3，电动执行机构常见故障、原因及处理方法参见附表4。

（8）电液联动执行机构检查：

①检查执行器各连接点有无泄漏液压油情况；

②检查各液压管、截止阀是否完好，有无泄漏、有无震动、有无腐蚀；

③检查所有连接有无松动；

④检查各指示仪表工作是否正常，准确度是否在允许范围内；

⑤检查液压系统工作压力是否在正常范围内。

第三节　阀门的维护保养

一、维护保养周期

阀门及执行机构的维护保养分为日常维护保养和定期维护保养，定期维护保养每年至少开展一次。

二、日常维护保养内容

（一）阀门日常维护保养内容

（1）检查阀体表面应无锈蚀，及时进行除锈刷漆。

（2）检查各连接部位（法兰之间、阀杆、螺纹和丝杠护套等），应紧固无锈蚀。

（3）检查阀门各密封点，应无外漏。如阀杆处有外漏，应先均匀压紧填料压盖，若仍泄漏，通过阀杆注脂嘴注入少量密封脂，所注入密封脂的型号和用量应遵照阀门厂家说明书的要求。

（4）检查阀门基础或支承，应无沉降和损坏，能够起到良好的支承作用。

（5）及时处理检查中发现的缺陷和故障。

（二）电动执行机构日常维护保养内容

（1）检查执行机构的外观，涂层漆应完好无脱落，手动转动自由，手轮驱动轴无变形。

（2）检查执行机构及其零部件应齐全、完整、清洁、无锈蚀，各连接处应紧固。

（3）检查执行机构（含传动机构）与阀门的连接应牢固，紧固件不应松动。

（4）检查执行机构（含传动机构）各密封（圈）可靠，无润滑油（脂）渗漏及进水现象。

（5）检查电源及电缆连接应正常，执行机构外壳接地连接应可靠。

（6）检查执行机构电池，当电量警告或电量耗尽时，应及时更换电池。

（7）及时处理检查中发现的缺陷和故障。

三、年度维护保养内容

（一）阀门年度维护保养内容

（1）完成阀门日常维护保养内容。

（2）对线路截断阀、站内干线阀门、与干线相连接的阀门、储罐进出口及站内阀组区阀门等关键位置的阀门进行全行程开关测试，检查阀门全行程时间、阀门扭矩（卡阻）、阀门密封性能、阀门限位等项目，测试后保存记录。该项测试时间安排可灵活调整，尽可能在各管线正常停输时（或阀门不参与生产时）安排，且必须经生产调度部门许可，在线测试时应做好应急预案；同时应充分考虑阀门开启后原油进入末端管线引起（凝管、腐蚀、憋压等）的危害。

（3）对线路截断阀、站内干线阀门、与干线相连接的阀门、储罐进出口及站内阀组区阀门进行阀门清洗和排污，清洗完成后注入润滑脂，防止阀腔积水导致阀门冻裂等危害，并有效减少阀门内杂物对阀门密封的损害，减少阀门内漏故障的发生。该项维保的时间安排可灵活调整，尽可能在各管线正常停输时（或阀门不参与生产时）安排。阀门清洗液、润滑（密封）脂注入量应按设备技术文件要求执行，固定球球阀的清洗液、润滑（密封）脂注入量可参考附表1，清洗和注脂工作完成后，应保存维保记录。

（4）清洁阀杆、螺栓等部位，并进行润滑保养。手动伞齿轮部位、阀杆部位、阀杆密封部位等位置容易沉积油泥、锈渣，导致阀门不能开关（到位），应重点检查保养。

（二）电动执行机构年度维护保养内容

（1）完成日常维修保养内容。

（2）对电动执行机构的性能进行检查，包含：检查就地/远控功能、检查开/关/停阀功能、检查全行程时间、检查开关限位、检测扭矩值和故障状态。日常工艺操作时，将完整的远控操作过程进行监控并规范记录，同样可以达到检查远控功能是否正常的目的，每台远控阀每年至少应检查一次。

（3）检查机械传动部件润滑应良好。如发现齿轮箱内积水，除去所有变质的润滑油（脂），重新涂上新的润滑油（脂），并更换密封垫圈。

（4）检查机械传动部件是否有异响、卡阻等现象，如有故障应拆卸检查；执行机构投运超过6年时，应拆卸检查，更换有缺陷的部件和润滑油（脂），更换全部O形圈。

（5）检查机械传动部件是否松动，如有松动，在阀门全关的状态下进行紧固。

（6）检查O形圈密封及老化情况，更换卷边、老化的O形圈。

（三）注意事项

（1）排污前应对执行机构上锁挂牌，排污时注意风向，注意管线及阀腔的压力。

（2）注脂前应缓慢拧开注脂嘴的防护盖，如有漏气或漏油现象，应拧紧防护盖暂停注脂，待阀门退出运行后方可处理注脂通道内止回阀泄漏问题，并更换注脂嘴。

思考题

1. 对于关键位置阀门为何要定期进行全行程开关测试和排污？

2. 阀门电动执行机构的远控功能检查内容有哪些？

3. 某配有传动机构的阀门操作时出现卡阻、操作不灵活、异响问题，首先应进行何种检查？

4. 阀门定期维护保养周期一般为多久？一般在什么时间进行？

5. 主阀门侧有旁通阀门，在两侧全压差时对该阀门进行开阀操作，出现了难以开阀的情况，通常可采取何种方法解决？

6. 某输油站串联泵进出口阀门为普通固定球软硬双重密封球阀，在工艺操作时，将泵出口阀长期保持在75%以调节输量和出站压力，这种方式是否正确？有何弊端？

第十五章 阀门的检修与故障处理

第一节 阀门的检修

一、阀门的检修内容

阀门的检修一般是根据使用单位设备的技术状况而定，输油站宜结合设备技术状态和实际生产运行情况按需制定阀门单体维修计划。

阀门检修一般分为两类，具体如下：

小修：更换填料，清除阀内杂物，紧固更换螺栓，配齐手轮等。小修项目可以现场在线进行。

大修：更换阀杆，研磨闸板，更换阀座密封件等。大修项目需拆解阀门或返厂进行维修。

二、解体检修的一般程序

（1）吹扫阀门外表面。

（2）检查并记下阀门上的标志。

（3）将阀门全部拆卸。

（4）清洗零件。

（5）检查零件的缺陷。以水压试验检查阀体强度；检查阀座与阀体及关闭件与密封圈的配合情况，并进行密封试验；检查阀杆及阀杆螺母的螺纹磨损情况；检验关闭件及阀体的密封圈；检查阀盖表面，消除毛刺；检验法兰的结合面。

（6）修理阀体。焊补缺陷；更换密封圈或堆焊密封面；对阀体、新换的密封圈以及堆焊金属与阀体的连接处，进行密封试验；修整法兰结合面；研磨密封面。

（7）修理关闭件。焊补缺陷或堆焊密封面，车光或研磨密封面。

（8）修理填料室。检查并修整填料室，修整压盖和填料室底部的锥面。

（9）更换不能修复的零件。

（10）重新组装阀门。

（11）进行阀门整体的压力试验。

（12）阀门涂漆并按原记录做标志。

三、检修内容

（一）检修前的准备

（1）制定施工组织措施、安全措施和技术措施。

（2）落实物资（包括材料、备品配件、安全用具、施工机具等）和检修施工场地。

（3）根据相应的检修工艺规程准备好技术记录。

（4）确定需要测绘和校核的备品配件加工图，并做好有关设计、试验和技术鉴定工作。

（5）制定实施检修计划的网络图或施工进度表。

（6）组织检修人员学习相应的检修工艺规程，掌握检修计划、项目、进度、措施及质量要求，特殊工艺要进行专门培训。做好特殊工种和劳动力的安排，确定检修项目施工、验收的负责人。

（7）阀门检修开工前，根据需要检查阀门的运行技术状况和检测记录，分析故障原因和部位，制定详尽的检修技术方案，并在检修中解决。

（二）拆卸

（1）将需要检修的阀门从管道上拆卸前，在阀门及与阀门相连的管道法兰表面上做标识，作为检修后安装复位时的标记。

（2）拆卸、组装应按工艺程序，使用专门的工装、工具，严禁强行拆装。

（3）根据所需拆卸力矩，拆卸连接螺栓，松开阀门的固定螺栓，取下阀门。

（4）如果螺栓拆卸困难可加渗透液。

（三）检查

（1）测量法兰与阀体之间的间隙，并记录测量数据，供装配时使用。

（2）检查阀体密封面有无凹坑、划痕。

（3）检查阀座及阀芯密封部位有无影响密封的缺陷。

（4）清洗各螺栓孔，并检查其损伤情况。

（5）阀体根据需要进行无损探伤，尤其需要对应力集中部位检查有无疲劳裂纹的产生，必要时做耐压试验。

（6）检查填料箱内壁有无影响密封的缺陷。

（7）检查阀杆直线度、填料密封部位有无划痕、阀杆螺纹的损坏情况。

（四）检修

阀门的解体检修工作，一般应在室内进行。如在室外时，必须做好防尘、防雨等措施。

1. 填料的安装与拆卸

从阀门填料函中取出的旧填料原则上不能再使用。填料函窄而深，不便于操作，容易划伤阀杆，因此填料拆卸比安装更为困难。

（1）填料安装前的准备

①填料的选用与核对。填料按照填料函的形式和介质的压力、温度、腐蚀性能来选

用，填料的行式、尺寸、材质及性能应符合有关标准和规定。核对选用填料名称、规格、型号、材质及阀门工况（压力、温度，介质腐蚀等），填料与填料函结构应配套，与有关标准和规定应相符。

②填料检查。

A. 编结填料应编制松紧度一致，表面平整干净。表面应无背股，无外露线头、创伤、跳线、夹丝外露、填充剂剥落和变质等缺陷。编结填料的搭角应一致，角度应成 45°或 30°，尺寸应符合要求，不允许切口有松散的线头、齐口、张口缺陷。

B. 切制的编结填料最好在安装前预制成形。

C. 柔性石墨填料是成形填料，表面应光滑平整，不得有毛边、扭曲、划痕等缺陷。

D. O 形圈填料应粗细一致，表面光洁，不得有老化、毛边、扭曲、划痕等缺陷。

③填料装置的清理和修整。安装填料前，应对填料装置各部件进行清洗、检查和修整，损坏的部件应更换。填料函不允许有腐蚀和机械损伤，其内部残存填料应彻底清理干净。压盖压套表面光洁，不得有毛刺、裂纹和严重的腐蚀等缺陷。压紧螺栓应无乱扣、滑扣现象，螺栓螺母相配时无明显晃动，螺栓销轴应无弯曲和磨损，插销齐全。

④阀杆检查。阀杆、压盖、填料函三者之间的配合间隙、阀杆的光洁度、圆度、直线度等技术指标应符合要求。阀杆、压盖、填料函应同轴线，三者之间的间隙要适当，一般为 0.15~0.3mm。阀杆表面不允许有明显的划痕、蚀点、压痕等缺陷。

（2）填料的拆卸

①填料拆卸。拆卸时，首先拆除压盖螺栓或压套螺母，用手转动一下压盖，然后将压盖或压套提起，并用绳索或卡子把它们固定在阀杆上面，以方便操作。一般按照填料接头拔松—挑出—钩起或钻接提起的顺序拆卸。在拆卸过程中，要尽量避免拆卸工具与阀杆碰撞，以防擦伤阀杆。

②O 形圈拆卸。拆卸下来的 O 形圈，有时还能继续使用，因此，拆卸时要特别小心。孔内的 O 形圈拆卸，可用"勺具、铲具、翘具、推具、翘具"将 O 形圈拨出。拆卸时，工具斜立，另一工具斜插入 O 形圈内，并沿轴转动，将 O 形圈拨出。操作时，不应使 O 形圈拉伸太长，以免产生变形。拆卸 O 形圈时注意将工具、O 形圈涂上一层石墨等润滑剂，以减少拆卸中的摩擦。

（3）填料的安装

填料的安装，应在填料装置各部件完好、阀杆无缺陷并处于开启位置（现场维修除外）、填料预制成形、安装工具准备就绪的条件下进行。

①搭接盘根安装方法。先将搭口上下错开，斜着把盘根套在阀杆上，然后上下复原，使切口吻合，轻轻地嵌入填料函中。左右拉开填料安装是错误的方法，容易使填料变形，甚至拉裂，一般不允许用这种方法，特别是对于柔性石墨盘根应切忌使用这种错误方法。

②压好关键的第一圈。仔细地检查填料函底部是否平整，填料是否装上，确认底面平整无歪斜时，先将第一圈填料用压具轻轻地压到底面，然后抽出压具，检查填料无歪斜，搭接吻合无误，用压具把第一圈填料压紧，但不要用力过大。

③安放一圈压紧一圈。向填料函内安放填料时，应安放一圈，压紧一圈，不允许采用连续缠绕的方法安装填料。正确的方法是将填料各圈的切口搭接位置，相互错开 120°。填料安装过程中，填装 1~2 圈应旋转一下阀杆，以免阀杆与填料咬死，影响阀门的开关。

④填料函基本上满后，应用压盖压紧填料。使用压盖时，用力要均匀，两边螺栓应对称地拧紧，不得把压盖压歪，以免填料受力不均与阀杆产生摩擦。压盖的压套在填料函内的深度为其高度的 1/4～1/3，也可用填料一圈高度作为压盖压入填料函的尺度，一般不得小于 5mm 预紧间隙。最后检查阀杆与压盖、压盖与填料函三者的间隙应一致，旋转阀杆，阀杆应操作灵活，用力正常，无卡阻现象为好。如果用力过大应适当将压盖放松一点，减少填料对阀杆的抱紧力。

⑤填料严禁以小代大。填料宽度没有合适的情况下，允许用比填料函槽宽 1～2mm 的填料代替，不允许用锤子打扁，应用平板或碾子均匀地压扁。

2. 阀杆的修理

阀杆是阀门的主要零件之一。它与传动装置、启闭件，以及填料相连接，并与介质直接接触。阀杆承受传动装置的转矩、填料的摩擦、启闭件关闭力的冲击以及介质的腐蚀，它不仅是受力件、密封件，也是易损件。

（1）阀杆的矫直。阀杆容易产生弯曲，弯曲的阀杆使阀门在开启和关闭时传动力受阻，造成填料处泄漏，如不及时进行矫直修复，还会损坏其他零件。

输油闸阀、消防闸阀常常会因为冬季未排污或者排污不彻底导致阀门阀腔底部积水受冻成冰顶起闸板，造成阀杆受压弯曲。阀杆弯曲常用的矫直方法有静压矫直和加热矫直。

阀杆静压矫直在矫直平台上进行。矫直平台由平板、V形块、压力螺杆、压头、千分表等组成。阀在矫直时，用V形块支承，使弯曲的凸面向上，爪头压住凸面，压力螺杆加力使凸面向下变形。静压一定时间后，用千分表校核。如此重复进行，直至将阀杆矫直为止。因为阀杆一般都进行了调质和表面淬火处理，它具有一定的刚度和硬度，因此在静压时，压弯量大于原阀杆的弯曲变形量。凡是经过热处理的阀杆，其静压变形量一般为原弯曲变形量的 8～15 倍。为了防止矫直的阀杆"回潮"，一是在矫直阀杆原弯曲处反方向有意压弯 0.02～0.03mm，随时间推迟而慢慢地消失；二是将矫直的阀杆置于 200℃温度下，保温 5h，消除其残余内应力。阀杆局部弯曲矫直可在台虎钳上进行，也可在摩擦压力机上进行。阀杆上部螺纹处弯曲矫直，先在螺纹端旋上螺母，夹在台虎钳上，将阀杆向弯曲的相反方向加力矫直，再把阀杆旋转一周，重复上述操作。这样矫直几次，即可将阀杆上部的螺纹矫直。

加热矫直的原理是在轴类零件弯曲的最高点加热，由于加热区受热膨胀，使轴两端向下弯曲（更增了弯曲度），当轴冷却时，加热区就产生较大的收缩应力，使零件两端往上翘，而且超过了加热区的弯曲度，这个超过部分也就是矫直的部分。必须指出的是，若阀杆的弯曲量较大，需数次加热矫直，不可一次加热过长，以免烧焦工件表面，尤其是经过镀铬的阀杆。

（2）阀杆密封面研磨。通常认为的阀杆密封面是与填料相接触的圆柱密封面，即阀杆的光杆部分。圆柱面与填料接触，容易产生电化学腐蚀，产生斑点凹坑；此外，沙粒、铁锈等杂质可能落在阀杆与盘根之间，在阀杆运动的过程中划伤阀杆，造成泄漏。阀杆密封面的现场修理通常用砂布研磨即可。

砂布研磨是用砂布沿圆周均匀研磨阀杆密封面的方法。如果阀杆密封面腐蚀和磨损不大，可在现场研磨。将砂布撕成长条，包在阀杆上，上下来回地拉动砂布，砂布上下一次后，操作者按顺序调换一个角度，重复上述动作，检查研磨质量，直到满意为止。

阀杆密封面经研磨后，缺陷虽然消除，但阀杆密封耐腐性能和力学性能却下降了，这一点往往极易疏忽。经过研磨后的阀杆可视情况进行表面处理。表面处理工艺有镀铬、氮化、淬火等。

第二节　阀门的常见故障及排除

一、闸阀内漏

案例 15 - 1：某站一台平板闸阀关闭不严。

1. 故障现象及判断方法

（1）阀门全关情况下，阀门后端管线及容器压力发生变化。

（2）如无法通过阀门后端管线和容器判断，对于 DBB 功能阀门可通过排污功能检查阀门是否内漏。

（3）在关闭阀门前后存在一定压差情况下观察阀门是否存在过流声。

（4）通过阀门内漏专业检测仪器判断是否发生内漏。

2. 故障原因分析

（1）长期使用非调节型平板闸阀调节流量，导致闸板密封被流体冲蚀，造成密封不严。

（2）介质中夹带有固体颗粒，造成密封面的磨损或划伤（图 15.2 - 1）。

（3）大量杂物沉积在阀门内部，导致阀门无法关严（图 15.2 - 2）。

图 15.2 - 1　密封阀座密封面受损

图 15.2 - 2　杂物和铁锈等沉积导致阀门关不严

3. 故障处理

（1）检查限位情况：对于电子限位、机械限位问题可通过调整、调试解决。

（2）对具备条件的阀门进行清洗和注脂。先注入清洗液对阀座和闸板密封进行彻底的清洗，然后再注入润滑密封脂（非密封脂），可在一定程度上减轻或消除内漏，尤其是对于投用时间相对较短、运行压力较低的阀门，具有较好的效果。如仍不能消除内漏，在因管道抢修等原因需要紧急密封时，可注入密封脂进行辅助密封（需要注意的是，加注密封脂是一种紧急情况下的临时密封手段，不能作为常规维护方法使用，在阀门正常使用情况下，千万不要向阀门注入密封脂，因为密封脂可能含有固体颗粒且比较黏稠，它会阻塞注脂通道或将管道内的杂质吸附在启闭件、阀座等密封副附近，造成阀门在启闭过程中杂质损伤密封副，降低阀门使用寿命）。阀门清洗、注脂操作方法（适用于配备注脂装置的球阀、闸阀等）如下。

①阀座密封清洗方法：清洗宜在管道停输（或该阀门不参与运行）、阀门全关状态下进行，采用注脂枪，通过阀门的阀座密封注脂口（图15.2-3）均匀缓慢地注入规定数量的阀门清洗剂。每加注一次清洗剂，将清洗剂保留在阀体内30min以上，并将阀门开关操作一次，使阀门清洗剂通过阀座尽可能涂到闸板及阀座密封面上，这样有助于清除阀体内的杂质，可消除由于阀座密封圈与闸板之间存在杂质引起的内漏。

②阀座密封注脂方法：先全关阀门，尽可能泄放阀体内腔压力，再用注脂枪向阀座内均匀加注润滑脂（密封脂），注入润滑脂（密封脂）后，应将阀门作2~3次全开、全关运动，并在开、关结束后再注入润滑脂（密封脂），以使其在密封面上均匀分布。所注入润滑脂（密封脂）的型号和用量应遵照阀门厂家说明书的要求。

③填料密封脂加注方法：当阀杆填料泄漏时，填料中部（图15.2-3）可加注密封脂，所注入密封脂的型号和用量应遵照阀门厂家说明书的要求，尽可能在阀门内腔没有压力的情况下进行。用注脂枪通过注脂口向填料函内加注密封脂，一般情况下，当密封脂注满后引起压力增加，加注变得十分困难，这时可停止注入，当密封脂充分渗透后，泄漏停止。

图15.2-3　阀门注脂口

④进行以上清洗及注脂操作时应注意：松动注脂阀压盖时要缓慢，同时严密注意有无泄漏，操作过程中操作人员不得正对注脂阀。

（3）对于阀门内部杂物太多引起的内漏，进行排污（适用于具备 DBB 结构的球阀、平板闸阀等），排污方法如下：

排污时，先使阀门处于全开或全关位置（对于无导流孔平板闸阀，应使闸板处于全关位置），然后松动阀腔底部丝堵（或先将排污阀开启 10%）泄压，待阀腔压力基本泄完后，拆下丝堵（或排污阀），从排污孔处清除阀腔污物。排污结束后将丝堵复原（或关闭排污阀）。排污操作时不可正对排污孔。

（4）如以上措施仍不能解决问题，说明阀门密封副发生损伤，对具备维修条件、有修复价值的阀门，立即组织修复工作。难以通过修复解决或修复成本接近阀门价值的，宜进行整体更换，对于内漏较轻的阀门，可调整到对阀门严密性要求不高的次要工艺位置，降低压力等级使用。

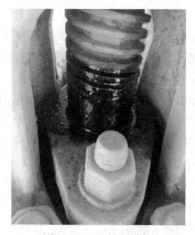

图 15.2-4　填料渗漏

二、闸阀填料密封漏油

案例 15-2：某油库平板闸阀填料处渗油严重（图 15.2-4）。

1. 故障现象

填料处不断有油流出，检查阀杆完好，经调整、适当拧紧填料压盖，并不能消除故障。

2. 故障原因分析

（1）填料安装不对，存在着以小代大、接头不良、上紧下松等缺陷。

（2）填料超过使用期，已老化、丧失弹性。

3. 故障处理

按照以下步骤对填料进行检查、拆卸和更换，填料的拆卸和更换应在阀门腔体压力泄放完毕的情况下进行。

（1）使用扳手缓慢、均匀地松动填料压盖螺母，观察填料函内压力泄漏情况。

（2）确定压力泄漏稳定，不再增大时，取下填料压盖的螺母、抬起填料压盖，观察泄漏情况和填料函内原有填料上移情况。

（3）当填料函内压力泄漏稳定呈下降趋势，填料轻微上移基本稳定时，才能继续进行以下步骤。

（4）准备好的盘根填料剪成长度与填料函周长相符、两端面为 45°斜口的短节。

（5）取一节剪好的盘根填料，绕阀杆一圈，平整压入填料函内，未填满时，继续加入第二条，注意两条的接口位置应错开约 120°，直至加满。

（6）盖好填料压盖，旋上填料压盖螺母，用扳手对称、均匀拧紧螺母，适度压紧填料压盖。

（7）用检漏工具检查填料是否泄漏，如有泄漏，适当拧紧压盖螺母，以进一步压紧填料，至不漏为止。

4. 技术要求及注意事项

（1）加填料前应确定闸阀处于全关位置，操作时人体严禁正对阀杆（具有上密封结构的阀门，则可将阀门开启至全开位置）。

（2）松动填料压盖螺母时要缓慢，用力均匀，严密注意观察压力泄漏情况，如果松动螺母时发现泄漏量过大，应立即拧紧填料压盖螺母，停止加填料操作。

（3）每节盘根填料的端面斜口为 30°～45°，长度应刚好绕阀杆一圈，压入填料函内时，两端斜口应平整对接，上下两条盘根填料的接口应错开约 90°～120°。

（4）拧紧填料压盖螺母时，应对称、均匀用力，压盖的压紧程度应满足填料无泄漏、阀杆上下运动灵活。

（5）填料不可加得太满，以压紧后不超过填料函深度的 3/4 为宜。

（6）操作完成后，应对工具进行清洁、维护。

（7）安装填料的四个要点：

①选得对：应根据工作条件及安装位置正确选用填料。

②查得细：检查填料函、阀杆、活接螺栓、填料压盖有无机械损伤和严重腐蚀等缺陷，是否黏附有机械杂质或出现弯曲现象。

检查盘根填料的外观是否平整，角度是否合适，表面有无缺陷等。

不要使用带有锋利刃口的装入工具，以免割坏填料。

③尺寸准：盘根宽度应与填料函尺寸一致或稍大 1～2mm。剪切填料的尺寸要准，切口整齐无缺陷，接口平整，交接面一般成 30°～45°角。

④压得好：关键的第一圈要压紧压平，使用油浸石墨盘根填料时，第一圈和最后一圈应装入未浸油盘根，以免油质渗出。每圈填料应单独分别压入填料函。

压入填料函内时，两端斜口应平整，上下两条盘根填料的接口应错开约 90°～120°。

三、闸阀中开面漏油

案例 15-3：某站平板闸阀中开面渗漏。最终对该阀门进行了检修，更换了阀门中开面垫片。

1. 故障现象

阀门中开面法兰连接处有原油流出。

2. 原因分析

阀门中开面垫片损坏。

3. 故障处理

先适当紧固螺栓，若不能解决，应更换中开面垫片。更换垫片前，应对阀门及所在管线进行排空，使油位降至阀门中开面以下。

四、阀杆被划伤

案例 15 - 4：某站闸阀阀杆被划伤，导致填料处密封不严，泄漏原油。

图 15.2 - 5　阀杆划伤

1. 故障现象

阀门填料处密封不严，有原油流出，观察发现阀杆被划伤（图 15.2 - 5）。

2. 原因分析

当沙粒、铁锈等杂质落入阀杆与填料压盖结合处，或钢制密封环、填料压盖安装偏斜的情况下，开启或关闭阀门时，沙粒、铁锈等杂质或安装偏斜的密封环、填料压盖会划伤阀杆，造成泄漏。

3. 故障处理

对于较小的划伤，可以使用砂纸进行打磨处理；对于较严重的划伤，需要更换阀杆。更换阀杆的步骤与更换中开面垫片的要求基本一致。

五、阀杆被顶弯

案例 15 - 5：某站一阀门发现阀杆被顶弯，电动执行机构与阀门支架分离。

1. 故障现象

可见明显的阀杆被顶弯（图 15.2 - 6），阀门无法操作，电动执行机构与支架分离。

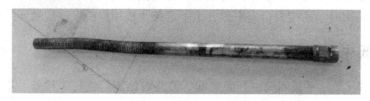

图 15.2 - 6　被顶弯的阀杆

2. 原因分析

（1）电动执行机构关行程限位设置错误，过扭矩保护失灵，阀门关闭到位后电动执行机构电机仍持续运转，造成阀杆顶弯。

（2）冬季由于阀门阀腔底部积水较多，未及时排污，导致水结冰膨胀顶弯阀杆。

3. 故障处理及预防

阀杆顶弯可以更换新阀杆或对阀杆进行矫正。阀门电动执行机构应按照维护保养要求，定期检查其设置参数，确保完好；对于不常走油管段的阀门，应定期活动，在冬季时应进行定期排污，防止阀腔底部积水在低温下结冰顶弯阀杆或胀坏阀门。

六、闸阀操作困难

案例 15 – 6：某站平板闸阀操作困难。

1. 故障现象

阀门操作困难，操作扭矩增大，需要多人协作才能动作。阀杆上可见铁锈堆积（图 15.2 – 7、图 15.2 – 8）。

图 15.2 – 7 锈蚀的阀杆、电装推力轴承

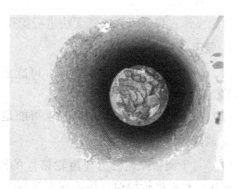

图 15.2 – 8 阀杆上的铁锈

2. 原因分析

阀门阀杆护套、轴承等部件采用碳钢材质，表面发生锈蚀而产生锈渣，加之阀门长期不动作，锈渣脱落后填满支架与阀杆、阀杆与填料之间的缝隙，导致阀门不能动作或动作困难。

3. 故障处理

针对此问题，应将阀杆的护套更换为不锈钢或有机玻璃材质，同时定期活动、润滑阀门。

七、闸板损伤导致阀门无法动作

案例 15 – 7：某站储罐罐前平板闸阀闸板长期遭受原油中杂质冲刷，导致其损伤严重，阀门无法动作（图 15.2 – 9）。

1. 故障现象

阀门无法操作或难以操作。

2. 原因分析

平板闸阀一般适用于清洁介质中，受施工、清管等因素影响，有时原油内部杂质较多，长期冲蚀闸板和密封阀座，导致二者被划伤，同时部分沙粒、铁屑等坚硬夹杂在闸板和阀座之间，开启或关闭阀门时形成研磨，所产生阻力超过电装力矩后导致阀门无法操作，闸板和阀座彻底抱死，需要拆解处理。

图 15.2 – 9 损伤的闸板

3. 故障处理

阀门返厂维修，研磨闸板，更换阀座密封。

八、球阀操作困难或无法操作阀门（外部原因）

案例 15 - 8：某站球阀操作困难。

1. 故障现象

球阀操作过程卡阻，或者无法进行操作。

2. 原因分析

（1）对于配备传动机构的阀门：可能是齿轮箱部件损坏、润滑不良、齿轮操作器内部结冰等原因。

（2）对于配备执行机构的阀门：可能是动力源或执行机构问题。

3. 故障处理

（1）对于配备减速机构（齿轮箱）的阀门：首先检查所有齿轮操作器内部部件确认是否损坏；检查齿轮箱检查是否润滑良好，所有金属对金属的接触是否完全涂上润滑脂；用于此处的润滑脂通常为石油基的，容易被水污染，在寒冷天气，这些水可引起操作器结冰，使阀门无法操作。如果出现这种情况，拆开齿轮箱去除冰、水和受污染的润滑脂，重新涂上新的润滑脂。如果特别季节特别寒冷，可能需要使用低温润滑脂，例如乙醇基的润滑脂。

（2）对于配备各种动力类型的阀门：确认动力源，无论是电动、气动或液动，应连接良好并且动力供应充足，如有必要，进行调整；检查所有软管、绳索、齿轮和所有动作部件的连接及配合，如有必要，进行调整；检查阀门执行器动作（如执行器在高扭矩下松动，这可能会妨碍阀门全开或全关），如有必要，拆下执行器，检查工作状况，排除故障；如果有任何外部影响阀门操作的障碍，这种障碍是在阀门外部可见的，必须排除。如果排除以上外部可见障碍后，阀门仍然难以操作或无法操作，则应考虑故障由内部问题引起。

九、球阀操作困难或无法操作（内部原因）

案例 15 - 9：某站球阀操作困难。

1. 故障现象

球阀操作过程卡阻，或者无法进行操作。

2. 原因分析

（1）阀杆密封压紧螺丝过紧（存在该结构时）。阀杆上密封压得过紧，这样会使阀杆密封、阀体和球体的摩擦增加。压紧螺丝不应过松或过紧。

（2）阀体内部结冰。阀门内部有时会存在凝析水，水会存在阀门的最低点，通常是下枢轴或球阀阀体底部，在寒冷情况下，水结冰导致阀门无法动作。

（3）阀座和球体卡住。如果球阀很长时间不操作，阀座则可能与球抱死。这种情况要求增加额外的力使球与阀座松动从而操作阀门。

（4）阀座环卡死。管线里的垃圾、沙子、老化硬化的密封脂等堆积在阀座环周围，影响阀座动作，导致阀座卡死。

3. 故障处理

（1）松动压紧螺丝重新调整。

（2）低温天气到来之前，通过排污口排放阀腔的水。如果已结冰，采用适当的方法融化冰（如：采用安全的加热措施加热阀体外壳，或注入阀腔一些除冰液，如酒精等）。

（3）增加适当的力来操作阀门，或注入阀门清洗液或润滑脂，然后开关阀门几次。

（4）注入阀门清洗液除去杂质。

十、球阀阀杆泄漏

案例 15 - 10：某站球阀阀杆处发生泄漏。

1. 故障现象

球阀阀杆处发生泄漏。

2. 原因分析

（1）阀杆处带填料函密封（图 15.2 - 10）的阀门：填料压紧螺丝松动。

（2）阀杆处带 O 形密封圈密封（图 15.2 - 11）的阀门：O 形圈损坏。

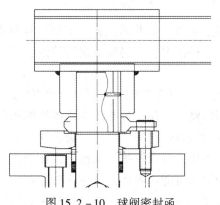
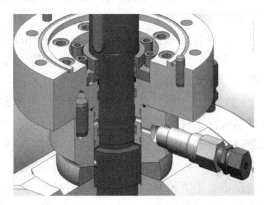

图 15.2 - 10　球阀密封函　　　　　图 15.2 - 11　带 O 形密封圈的阀杆密封

3. 故障处理

（1）拧紧填料压紧螺丝。此过程应控制拧紧的力度，建议每次拧紧 1/8 转，直到泄漏停止，压得过紧会引起阀门操作困难或无法操作。

（2）一般固定球球阀的阀杆采用多重密封，理论上可以在带压情况下取下阀门最顶部的压盖，对损坏的 O 形密封圈进行更换，实际操作中出于安全考虑，该操作应在阀腔压力泄放完毕情况下进行。

（3）可在阀杆处注入密封脂进行临时密封。密封脂加注应缓慢，当泄漏止住时就应停止加注。

十一、球阀内漏

案例 15 – 11：某油库球阀发生内漏。

1. 故障现象

（1）阀门全关情况下，阀门后端管线及容器压力发生变化。

（2）如无法通过阀门后端管线和容器判断，对于 DBB 功能阀门可通过排污功能检查阀门是否内漏。

（3）在关闭阀门前后存在压差情况下观察阀门是否存在过流声。

（4）通过阀门内漏专业检测仪器判断发生内漏。

2. 原因分析

（1）阀门限位不准。

（2）阀腔内存在固体杂质，导致阀座环卡住。

（3）普通球阀用于调节，可能因介质内坚硬固体杂质冲刷，造成阀座与球体密封受损。

3. 故障处理

（1）检查限位情况：对于电子限位可通过调整解决，对于机械限位问题可通过阀位观察孔检查是否全关到位或手动打开执行机构上端的开度指示盘，当阀门关闭时，看轴键是否和管线垂直，如不垂直，有偏差，可能是机械限位误差，此时需要调整齿轮箱机械限位螺钉使之达到全关。

（2）阀座区域或阀座与球体之间堆积的锈渣、泥沙、污物或固化的密封脂等杂质，可能导致阀座卡住不能自由浮动而发生内漏，对于这种情况，可对阀门进行清洗、注润滑脂和排污，操作方法与闸阀相同。

（3）如以上措施仍不能解决问题，说明球体和阀座密封副发生损伤（图 15.2 – 12），对具备维修条件、有修复价值的阀门，可组织解体修复工作。如暂时不具备维修条件，在因管道抢修等原因需要紧急密封时，可注入密封脂进行临时辅助密封（需要注意的是，加注密封脂是一种紧急情况下的临时密封手段，不能作为常规维护方法使用，在阀门正常使用情况下，千万不要向阀门注入密封脂，因为密封脂可能含固体颗粒或比较黏稠，它会堵塞注脂通道或将管道内的杂质吸附在启闭件、阀座等密封副附近，造成阀门在启闭过程中

图 15.2 – 12　球阀受损的阀座

杂质损伤密封副，降低阀门使用寿命）。难以通过修复解决或修复成本接近阀门价值的，宜进行整体更换，对于内漏较轻的阀门，可调整到对阀门严密性要求不高的次要工艺位置，降低压力等级使用。

十二、球阀齿轮箱故障

1. 故障现象

齿轮箱卡阻或齿轮箱上盖被冰顶起，导致阀门无法动作。

2. 原因分析

齿轮箱密封不严导致水从上部进入，润滑油（脂）变质，齿轮箱内机械部件锈蚀、损坏（图15.2-13）或内部积水受冻后齿轮箱被顶起。

3. 故障处理

检查齿轮箱，更换损坏部件和变质润滑油（脂），更换密封件或改造齿轮上部结构，增加其密封性，防止进水。

图 15.2-13　进水的球阀齿轮箱

第三节　阀门的其他维修操作

一、闸阀的拆装清洗

1. 准备工作

（1）按阀门所需规格选好扳手、螺钉旋具、撬杠加力杠、顶丝等工具。

（2）准备适量棉纱、洗涤剂，按阀门规格准备好阀门端面密封垫、填料、润滑油等。

2. 操作步骤

（1）操作阀门至全开位置。

（2）关闭该阀门所在管段的上下游截断阀，放空管段内介质。

（3）用扳手拆卸闸阀与管道连接的法兰螺栓，用吊索拴住闸阀的适当部位，用合适的起重设备吊起闸阀至检修场地。

（4）拆开中法兰，检查、清洗阀腔、闸板、阀杆头部、中法兰密封垫等。

（5）有破损的中法兰密封垫需重新更换，安装前在密封垫两面涂抹一层黄油。

（6）清洗完毕后，将阀杆套入闸板，将闸板导向槽与阀体导向筋对准，装入阀体，转动手轮，使中法兰靠拢对正，装入螺栓，对角紧固螺母。

（7）调试完毕，按阀门相应试验规程进行压力试验。

（8）收拾工具、打扫现场。

3. 技术要求

（1）拆装时，严禁碰撞闸板和阀座密封面，并注意闸板的安装面方向，可在拆出前做好标记。

（2）所有零部件应彻底清洗干净。

（3）各个零件应尽可能保证按原状装入，并调整到合理位置。

二、更换法兰垫片

1. 准备工作

（1）材料：黄油、棉纱、检漏液、密封垫片。

（2）工具：扳手、螺钉旋具。

2. 操作步骤

（1）操作阀门至全开位置。

（2）关闭该阀门所在管段的上下游截断阀，放空管段内介质。

（3）卸下法兰连接螺栓，拆下阀门或移去泄漏端管段。清除密封面上废旧的密封垫。

（4）选择合适的垫片，两面均匀涂抹一层黄油。

（5）将密封垫片垫于两法兰之间的密封面上，对准两法兰中心和螺栓孔中心，装入螺栓，拧上螺母，均匀用力分多次对角拧紧螺母。螺栓伸出螺母长度2~3个螺距为宜。法兰垫片安装完毕后，应经过工作压力试压，无泄漏为合格。

3. 技术要求

（1）应小心操作，防止损坏法兰盘。

（2）完工后，应对工具进行清洁、维护。

4. 垫片安装五个要点

（1）选得对：法兰、螺栓、垫片的形式、材料、尺寸应根据操作条件和法兰面的结构形式选配适当。

（2）查得细：安装前应仔细检查法兰、螺栓、螺母、垫片的质量，应没有毛刺、凹凸不平、裂纹等缺陷。仔细检查法兰、管子安装情况，应无偏口、错口、错孔等现象。

（3）洗得净：法兰密封面必须清洗干净，螺栓垫片不得粘有杂质、油污等。

（4）装得正：垫片应与管子或管件同心。

（5）上得匀：安装螺栓、螺母应用力均匀，分多次对称拧紧。

思考题

1. 阀门填料如何选择?
2. 阀门填料如何检查?
3. 填料安装前应对阀杆进行哪些检查?
4. 阀杆的矫直有哪些方法?
5. 闸阀阀门内漏如何处理?
6. 阀门填料漏油的处理步骤是什么?
7. 中开面漏油如何处理?
8. 球阀操作困难或无法操作阀门（外部原因）如何处理?
9. 操作困难或无法操作阀门（内部原因）如何处理?
10. 球阀齿轮箱被顶起的原因是什么？如何处理?

第十六章 电动执行机构

近年来，随着微电子技术和过程控制技术的快速发展，电动执行机构的控制技术也获得了飞速提升，内嵌微处理器控制单元，同时具有人机交互界面、运行数据记录、参数组态、故障自诊断和保护、数字通信接口等功能的智能型电动执行机构已经在国内各行业普遍使用。

第一节 电动执行机构概述

电动执行机构，又称电动执行器、电装、电动头，是一种自动控制领域的常用机电一体化设备（器件），是自动化仪表终端的三大组成部分中的执行设备。电动执行机构以电能为动力，接受标准信号，通过将这些信号转变成相对应的机械位移（转角、直线或多转）来改变操作变量（阀门、风门、挡板开度等），以达到对被调参数（温度、压力、流量、液位等）进行调节的目的。

阀门电动执行机构相对气动、液动执行机构而言，主要有三点优势：一是以电为动力源，使得设备安装简便、维护方便、重量轻、体积小，无需特殊的气源和蓄能器等装置，失去电源电时，也可保持原执行位置；二是可远距离传输信号，电缆比气体管道和液体管道敷设方便，且便于线路检查；三是与计算机连接方便简洁，更适合采用电子信息新技术。

目前国内原油管输企业使用较多的智能型电动执行机构有：Rotork IQ 系列、Limitorque MX 系列、常州施耐德 SND 系列、扬州恒春 CKD 系列等（图 16.1 – 1）。

Rotork IQ系列   Limitorque MX系列

常州施耐德SND系列   扬州恒春CKD系列

图 16.1 – 1 不同品牌及系列电动执行机构外观

第二节 电动执行机构分类及参数

一、电动执行机构分类

（一）按输出运动方式分类（最常用的分类方法）

（1）部分回转（角行程）电动执行机构：电动执行机构输出轴的转动小于一圈，即小于360°，通常为90°，就能实现阀门的启闭过程控制。此类电动执行机构适用于蝶阀、球阀、旋塞阀等。

（2）多回转电动执行机构：电动执行机构输出轴的转动大于一圈，即大于360°，一般需多圈才能实现阀门的启闭过程控制。此类电动执行机构适用于闸阀、截止阀等。

（3）直行程电动执行机构：电动执行机构输出轴的运动为直线运动式，不是转动形式。此类电动执行机构适用于单座调节阀、双座调节阀等。

（二）按环境条件分类

按环境条件可分为普通型、户外型、隔爆型、高温高速型、核电型等。

（三）按电气控制分类

按电气控制可分为普通型、整体型、智能型等。

（四）按控制模式分类

按控制模式一般分为开关型和调节型两大类。

二、电动执行机构参数

在电动执行机构的选型和使用中，以下技术参数是必不可少的：

（1）公称转矩：表明电动装置输出的转矩大小的标识，为便于电动装置设计、制造、选用、流通、使用和维护而统一规定的转矩值，其数值与工作转矩有关。在实际应用中，公称转矩可以理解成老标准中的额定转矩。

（2）工作力矩：工作力矩是选择电动执行机构的最主要参数之一，电动执行机构输出力矩应为阀门操作最大力矩（根据阀门传动效率、口径、流通的介质及压力来确定）的1.2~1.5倍，工作转矩应不大于公称转矩。

（3）公称推力：电动装置输出轴驱动阀杆螺母产生的轴向力大小的标识。

（4）工作推力：阀门开启、关闭所需要的推力值，工作推力应不大于公称推力。

（5）堵转转矩：电动装置负载不断增大，使电动机堵转时的转矩。

（6）阀杆直径：对多回转类明杆阀门，电动执行机构空心输出轴的内径必须大于明杆阀门的阀杆外径。对部分回转阀门以及多回转调节阀门中的暗杆阀门，虽不用考虑阀杆直径的通过问题，但在选配时亦应充分考虑阀杆直径与键槽的连接尺寸，使组装后能正常工作。

（7）输出转速：单位时间内电动装置输出轴的转圈数。阀门的启闭速度若过快，易产生水击现象。因此，应根据不同使用条件，选择恰当的启闭速度。

第三节　电动执行机构的结构及组成

电动执行机构根据其内部组成可分为机械传动单元、电气单元和控制单元。

一、电动执行机构机械传动单元

图 16.3 – 1 是某种电动执行机构的机械传动单元示意图，可以看出该电动执行机构机械传动单元主要由电机、联轴机构、蜗轮、蜗杆、输出主轴、离合器、手轮、手动切换装置、锥齿轮、反馈轴等组成。电动运行时电机的旋转通过联轴机构直接带动蜗杆转动，蜗杆带动蜗轮转动，再通过离合器带动输出轴转动。手动运行时将切换装置手柄拨在手动位置，支承件将离合挡块提升，离合挡块支承在蜗轮外沿，脱开蜗轮与手轮连接，转动手轮驱动输出轴转动。

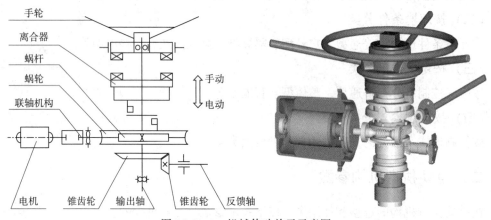

图 16.3 – 1　机械传动单元示意图

电动执行机构内部主传动机构通常采用圆柱齿轮、行星齿轮、蜗杆蜗轮、谐波传动等传动方式。其中蜗杆蜗轮传动应用较为广泛，蜗杆蜗轮传动的优点是结构紧凑，传动平稳，速比高。其最大特点是实现电动装置的转矩控制较为简便，缺点是传动效率低。蜗杆蜗轮的料质和机械加工工艺对其传动效率和电动装置的寿命均有较大的影响，蜗杆通常采用 40Cr，齿形表面热处理后进行磨加工，蜗轮通常采用锡青铜和铝青铜。

当阀门启闭所需的力矩较大时，电动执行机构一般还配套齿轮箱（减速箱）使用。齿轮箱是利用齿轮的轮齿相互啮合传递动力和运动的机械传动装置。较常用的有圆锥齿轮传动（伞齿轮）齿轮箱和交错轴螺旋齿轮（涡轮蜗杆）传动齿轮箱。齿轮箱在较大型阀门中均有较多应用，通过省力齿轮将阀门较大的推力和扭矩转化为可操作的较小扭矩，与电动执行机构配套使用实现阀门的开关操作。圆锥齿轮传动齿轮箱具有传动比恒定，工作平稳性高，结构紧凑，传动效率高，维护简便等优点，多用于闸阀、截止阀等。球阀、蝶阀和旋塞阀通常采用蜗轮驱动。蜗轮蜗杆传动装置是用于两轴交叉成 90°的减速齿轮装置，用来传递两交错轴之间的运动和动力。

在电动执行机构及其配套齿轮箱机械传动过程中，润滑起着重要作用，润滑油（脂）在相对运动的传动件接触表面形成润滑膜，将直接接触的表面分隔开来，变干摩擦为润滑剂分子间的内摩擦，达到减少摩擦，降低磨损，延长机械设备使用寿命的目的。不同电动执行机构厂家使用的润滑油（脂）品牌不一样，如 Limitorque 电动执行机构采用的为 EXXON TERESSTIC SHP320，Rotork 电动执行机构采用的为美孚 SAE80EP 工业齿轮油。在电动执行机构使用的过程中需要注意润滑油的密封，在出现润滑油渗漏的情况下需及时更换密封件并补充润滑油，另外，与电动执行机构配套使用的齿轮箱也需定期观察其内部润滑脂的情况，处于室外的电动执行机构应配套防水型齿轮箱。

二、电动执行机构电气单元

电动执行机构最基本的功能就是既能够按顺时针方向转动，也能够按逆时针方向转动。这是通过改变电动执行机构电机的转动方向来实现的。电动执行机构电机的电源由三相配电开关提供，这种电源为三相 380V 交流电，原理如图 16.3 - 2 所示，A、B、C 是交流电源的三相，1、2、3 是电动执行机构的电机接线端子。现场接线时，A、B、C 与 1、2、3 的连接顺序是随机的，执行机构内部的电源模块或者相序识别模块能够自动识别任意连接顺序，并通过内部逻辑适应该顺序。三相电进入电动执行器内部后，电动执行器内部的电源模块将根据指令调整电机给电相序，从而实现可控的正转和反转。

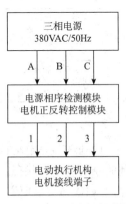

图 16.3 - 2 电源原理图

电动执行机构使用的电机为高力矩低惯量电机，与一般的电动机相比电动执行机构电机在牺牲一部分效率的前提下，提高了电机的堵转转矩，以此来满足阀门在开阀和关阀时的短时大转矩要求。在输油系统应用中，阀门电动执行机构内电机使用较多的为鼠笼式感应电机，一般要求电机应在 380V、50Hz、3 相交流电源下连续运行，电源电压允许波动为 ±10%，频率允许波动 ±5%，且短期电压下降达 20% 仍能正常运行，为保证电机的正常运行，电机定子线圈或变压线圈上通常应配置不少于 2 点的温度检测装置。电机应该是整体封闭的，具有 "F" 级绝缘，并且电机轴与蜗杆是相互独立的，以便于快速更换。

电源模块：电源模块中包含了电机驱动部件用的交流接触器和固态继电器、用于电机正反转控制的相序检测调整模块、为微处理器和人机界面等单元供电的交流转直流电源模块，可接收主板控制信号控制电机启动停止动作，控制电机正反向动作，将 AC 380V 电源电压转换成主板使用电压 DC 24V、12V、5V 并向主板供电，向主板提供电压采集信号，向主板提供 AC 380V 电源相序信号。

三、电动执行机构控制单元

电动执行机构控制单元接受输入电信号，控制电机启动、停止和旋转方向，输出相应运行状态信号，并在机械传动过程中检测力矩、温度、阀位状态变化。控制单元主要包括：微处理器、阀位控制模块、力矩检测模块、操作旋钮、人机界面等（图 16.3 - 3）。

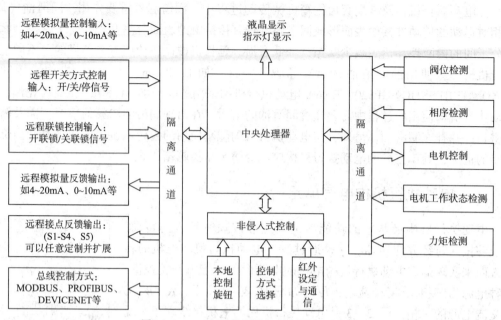

图 16.3 - 3   电动执行机构控制单元示意图

微处理器是电动执行机构的控制核心，所有的输入信号的采集、控制逻辑的运算、控制命令的输出和状态报警信号的反馈都要通过它来完成。微处理器的主要功能有：和人机界面（HMI）的通信、电子行程和电子力矩的采集、三相电源相序鉴别和缺相检测结果的判断、电机过热的判断、接收输出信号、控制电机正反转运行。

（一）人机界面

人机界面是人机对话的窗口，用户可以通过人机界面对执行机构进行现场操作、参数设置和状态监控。

（二）操作旋钮

电动执行机构上面一般有两个操作旋钮，一个用于控制电动执行机构开、关；一个用于控制电动执行机构状态：现场、就地、停止。操作旋钮均采用磁近式开关，可以在外部机构不穿孔的情况下实现开关操作，可有效抵抗外部电磁干扰，从而使环境湿度、灰尘等对开关操作无大影响，可靠性高，所以非常适合电动执行机构，既缩小了空间，又使外壳防护等级和隔爆的设计更加简单。

（三）阀位控制模块

电动装置的行程控制机构可以准确控制阀门的开启或关闭位置，主要是靠阀位控制模块来定位，阀位控制模块除了控制停止位置外，还可以用来提供阀位的开关量信号。阀位控制模块又称行程控制器，使用较多的有两种：一种是采用绝对编码技术使得执行机构在全行程的任何一个位置对应的行程值为唯一值，使阀门定位更加精确，并且在断电的状态下，手动操作执行机构仍能保持数据与实际行程的一致性，因此具有断电记忆功能。常见的电动执行机构有：Limitorque 电动执行机构、常州施耐德电动执行机构。另一种是增量式电子行程控制器，通过霍尔元件产生脉冲，以累积脉冲来确定位置的行程控制器。它的优点是结构简单，成本低廉；缺点是不具备断电记忆功能，必须用电池来记忆行程，常见的电动执行机构有：Rotork 电动执行机构、扬州恒春电动执行机构。

（四）力矩检测模块

电动装置在操作过程中，当操作转矩达到规定值时，转矩限制机构动作，使电动装置停止工作。转矩限制机构还可以在电动装置出现过转矩故障时，起到保护作用。不同执行机构力矩检测的方式不同，如 Rotork 电动执行机构采用压力传感器测量力矩系统，该系统是从人们熟悉的类似压力传感器这样的过程测量技术研制而成的。在带有负荷的情况下，用安装在力矩传感器内的压敏电阻传感器，使电机蜗杆推力的反作用力直接转换成输出力矩比例的电信号，可获得准确的、可重复的力矩测量值。Limitorque 电动执行机构利用电动机的转速再加上电压和温度的变量对力矩进行测量，不需要使用任何与电动机械力矩开关相关联的额外装置。

第四节　电动执行机构的控制

一、电动执行机构的控制方式

电动执行机构控制方式主要有传统硬接线控制及现场总线环网控制两种控制方式。

（一）传统硬接线控制

传统硬接线控制是控制系统使用 4～20mA 模拟信号或开关量信号对阀门电动执行机构进行点对点开关控制和状态显示的控制方法，如果需要显示阀位，需要加装阀位变送器。图 16.4－1 是阀门电动执行机构传统硬接线控制图。

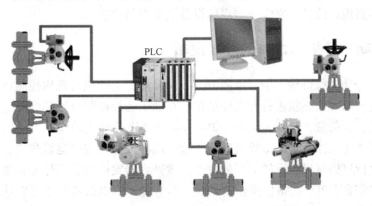

图 16.4－1　阀门电动执行机构传统硬接线控制图

硬接线方式的特点是：点对点控制，信号传输中转环节少，对现场信号的反应快速，但是需要配置 I/O 卡件、机柜，敷设大量的控制电缆，施工复杂，成本高，对于安全性要求很高。参与 ESD 联锁保护的电动执行机构通常选用硬接线控制。

（二）现场总线环网控制

现场总线环网控制以数字通信替代了传统 4 ~ 20mA 模拟信号及普通开关量信号，其最大特点就是只要通过阀门控制器和两根通信线就可以获得执行机构的所有状态、阀位和报警诊断信息，并能控制执行机构的运行，和硬接线控制相比大大降低了 I/O 卡件配置、电缆布线和维护成本。图 16.4 – 2 是阀门电动执行机构现场总线环网控制图。

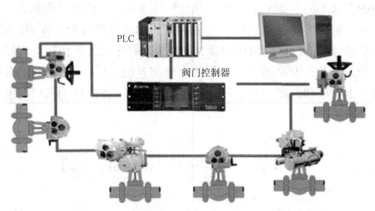

图 16.4 – 2 阀门电动执行机构现场中心环网控制图

电动执行机构一般通过阀门控制器与 PLC 系统连接，阀门总线控制器一般与现场电动执行机构通信方式采用 RS485 的 Modbus RTU 协议，接线方式可以采用串联或者并联的方式（由现场电动执行机构的特性决定），阀门总线控制器跟 PLC 系统连接可采用 RS485/RS232 串行通信方式或采用 TCP/IP 通信方式，通信协议为 Modbus RTU 或 Modbus TCP/IP。阀门总线控制器通过总线来读取现场阀门的状态、下发开关命令，同时总线控制器把阀门的状态和命令信息存储到 mudbus 寄存器地址中，PLC 系统通过 mudbus 协议的通信方式，读写这些寄存器地址信息，来实现对现场设备的监视与控制。

二、电动执行机构本体的控制逻辑

以某品牌电动执行机构为例，由图 16.4 – 3 可知，电动执行机构控制在处于现场控制位置时可通过现场开关旋钮进行开关停动作，在处于远控控制位置时可通过接受 PLC 系统输出的模拟量、开关量、总线 Modbus、Profibus 信号进行开关动作。电动执行机构接收到的外部输入信号进入控制单元微处理器后，微处理器按照相应的运算规则，得出运算结果后发出电动执行机构电机正反转运行的命令，微处理器发出状态信号并在现场液晶显示屏（人机界面）或通过 PLC 在站控操作站画面上得到显示，电机通过正反转使电动执行机构做出相应的动作。

图 16.4 – 4 为电动执行机构现场旋钮开关逻辑示意图，现场旋钮开关阀门时，需确认电动执行机构状态旋钮处于就地位置，且其人机界面上无过扭矩、电源缺项、电机过热等报错信息。阀门在开关过程中现场液晶显示屏（人机界面）可以显示对应的阀位变化，若在开关过程中出现报错信息，则电动执行机构会停止运行并显示故障信息。

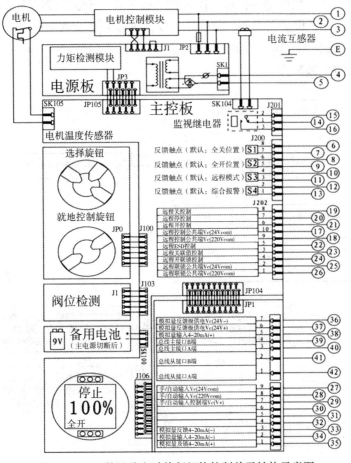

图 16.4 - 3 某品牌电动执行机构控制单元结构示意图

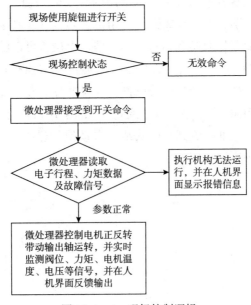

图 16.4 - 4 现场控制逻辑

图 16.4 – 5 为硬接线电动执行机构控制逻辑示意图，其信号传输通过 PLC 系统的 DO、DI、AI 模块进行，DO 模块发出开、关控制信号，DI 模块接受阀门的全开、全关、综合故障、现场/就地信号，AI 模块接受阀位反馈信号。可以看出硬接线传输模式需要的控制点数较多，通信传输电缆较多。

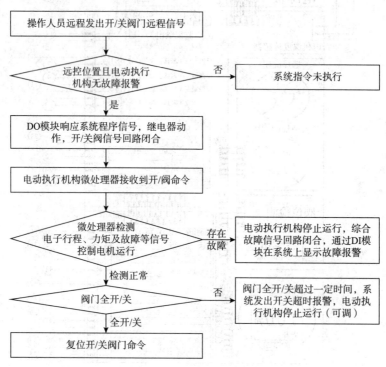

图 16.4 – 5　硬接线控制逻辑

图 16.4 – 6 为总线控制逻辑示意图，以常用的总线通信协议 Modbus 协议为例，通过 A、B 两根线以 RS485 差分半双工形式输出，用户通过简单的参数设定（如：设备地址、通信参数）后，上位机就可以直接和执行机构通信。上位机可以给执行机构指定的内部字（位）赋值来控制执行机构的开、关运行，也可以通过读取执行机构指定的内部字（位）来获取执行机构的状态，如：全开、全关位置、故障报警信号、过力矩信号、远控方式状态等。阀门控制器作为 Modbus 主站，PLC 通过 Modbus TCP/IP 下发阀门控制器的通信地址，阀门控制器根据约定地址检测到对应从站（电动执行机构），根据约定地址内部数值控制电动执行机构执行响应的动作。

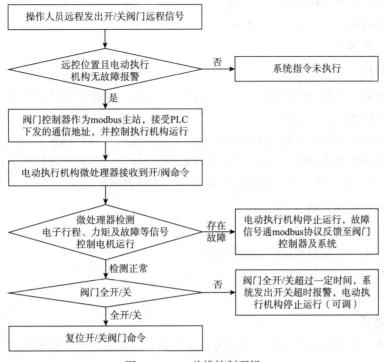

图 16.4 – 6 总线控制逻辑

第五节 电动执行机构典型故障案例分析及处理

案例 16 – 1： 某站场一台电动执行机构无法开关，远控报错，人机界面显示电源缺项。

1. 故障原因分析方法

（1）检查外部电源是否正常，排除配电系统和线路故障。

（2）更换同型号的电源板。

2. 故障处理

（1）执行机构三相电源某一相电源缺相，维修人员用万用表进行检测，发现 380V 三相电在接线端子处都正常输入。

（2）维修人员判断为电动执行机构内部电源板相关的电路元器件损坏，由于电路元器件都集成在电源板上，所以需更换相同型号电源板。

（3）断开电动执行机构 380V 电源供给，更换电源板，恢复 380V 供电后查看人机界面电源缺相报警已消失。

案例 16 – 2： 某站场一台阀门电动执行机构开关期间，出现开关超时报警。

1. 故障原因分析方法

（1）手动/电动切换装置锁死，电机空转。

（2）外部有阻碍执行机构正常运行的因素（如阀门被卡住）。

（3）电机控制单元接触不良或损坏。

（4）位置检测单元与信号反馈轴脱开。

（5）位置检测单元故障。

2. 故障处理

（1）维修人员对执行机构现场电动开关活动，发现电动执行机构输出轴转动，并且阀门开关位置随着电动执行机构运行变化。

（2）电动执行机构人机界面上的阀位变化不正常显示，初步判断为编码器故障。

（3）更换编码器重新设定开关行程后，测试阀门开关，开关超时报警消失。

案例 16 – 3：某站场一台电动执行机构上电后人机界面不显示。

1. 故障原因分析方法

（1）三相电源失电。

（2）电源板上变压器原边侧保险丝熔断。

（3）电源板输出电压异常。

（4）显示板故障。

2. 故障处理

（1）维修人员排查外部电源，确认外部电源正常，排除配电系统和线路故障变化。

（2）维修人员对电源板进行检查，发现电源板上变压器原边侧保险丝熔断，更换保险后恢复正常。

案例 16 – 4：某站场一台电动执行机构显示电机过热报警。

1. 故障原因分析方法

（1）电机长时间连续运行，温度超过 130℃，温度开关自动断开。

（2）电机内部的温度开关损坏。

（3）主控板相关的电路元件损坏。

（4）显示板故障。

2. 故障处理

（1）维修人员首先排除电机长时间连续运行导致温度超高，然后对电机进行拆卸判断电机内部温度检测模块出现故障。

（2）由于电机内部温度检测模块安装于电机内部，整体更换电机后过热报警故障消失，电动执行机构工作正常。

案例 16 – 5：某站场多台电动执行机构显示过扭矩故障报警。

1. 故障原因分析方法

（1）力矩保护设定值偏小。

（2）主控板相关元器件损坏。

（3）有阻碍执行机构正常运行的因素（如阀门被卡住）。

2. 故障处理

（1）维修人员至现场人机界面处查看力矩设定值处于正常范围内。

（2）维修人员通过更换其主控板后，部分电动执行机构过扭矩故障报警消除，阀门开关恢复正常。

（3）另外有一些电动执行机构在使用手动开关时发现在某一开度手动开关需要很大的扭矩，初步判断阀门卡住造成，对阀门进行清洗排污之后，手动开关无卡阻，电动开关恢复正常。

（4）还有一些电动执行机构在使用手动开关时发现多次出现卡阻的现象，对阀门清洗后仍存在，通过对电动执行机构解体发现，执行机构内部润滑油渗漏，润滑油缺失，蜗轮蜗杆传动机构磨损严重，导致开关所需力矩增加，更换蜗轮蜗杆传动组件，加注润滑脂后恢复正常使用。

案例 16－6：某站场多台电动执行机构齿轮箱出现进水现象。

1. 故障原因分析方法

（1）检查齿轮箱各密封点，查看是否是密封点损坏。

（2）查看齿轮箱可能存在进水的位置，判断是否有未密封的位置。

2. 故障处理

（1）维修人员至现场对齿轮箱进行解体拆卸后发现齿轮箱各静密封点正常，但与阀杆连接的开度指示转盘处采用动密封，多数齿轮箱此处未采取防水措施，雨水会沿着此处渗入齿轮箱内部，造成润滑脂变质。

（2）维修人员通过加高齿轮箱与阀杆连接的开度，指示转盘可在一定程度上减少雨水的渗入。

（3）维修人员通过对齿轮箱转动部位的动密封进行重新设计，增加 O 形密封并定期进行检查更换后解决齿轮箱进水问题。

案例 16－7：某站场运行过程中，出站压力急剧下降，检查发现阀组区某电动阀门在远控状态下自动由全关变为全开状态。

1. 故障原因分析方法

（1）操作因素：该站场未与上级调度联网，排除上级调度远程操作可能；通过工业电视录像回放，确认值班人员在事发时间段均未操作站控电脑，阀组区现场也无人就地操作阀门。操作因素排除。

（2）站控系统因素：通过对参与该阀门控制系统的 CPU 模块、电源模块、网络通信模块、通信接口等硬件进行检查，均未出现异常，且该系统运行近 10 年来未发生其他问题，基本排除因站控系统故障引发阀门自启动的可能性。

（3）电动执行机构外围接线及供电因素：通过对信号通信线进行检查，发现通信线路良好、接线正确、线缆无破损，端口接线无松动；对动力电源系统及绝缘电阻进行检查，发现输入电压、执行机构与地绝缘端子同外壳间的绝缘电阻、动力电缆对地绝缘电阻等指标均处于正常范围内，可排除此因素。

（4）电动执行机构本体控制因素：通过电动阀门逻辑控制及工作顺序分析，电动执行机构微处理器可能的故障点为电路板和继电器，电路板控制线路短路或继电器老化触电自动闭合等可能引起电机的"开"动作，因为电路板没有保护，且没有数据记录储存，所以不能将以上可能性排除。电路板缺陷造成的小概率事件，只有通过电路图对比实际电路板进行逐项排除，由于无法得到电路图，只能做推断性分析，即使厂家给出电路图，电路板裸露状态，与空气直接接触，无筑胶保护，存在受外界条件影响使某一组线路短路或功能异常触发的可能。虽然经第三方检测机构测试正常，但这类故障一般为偶发、扰动性故障，可能的原因为接插件有缩针或解除不良情况，粉尘、铁屑、湿度造成短路，振动引起电流短路等。

综上所述，对该电动阀门故障进行综合分析判断，由于电动执行机构内部电路干扰引起继电器误动作（常闭变成常开）导致误动作的可能性最大。

2. 故障处理及保障措施

更换该阀门电动执行机构，日常使用时注意电动执行机构的防护，定期检查，确保密封，消除铁屑、粉尘等造成短路的可能性。同时建议厂商对内部控制板件进行筑胶处理，防止短路的发生。

案例 16-8：某站场运行过程中，某台阀门电动执行机构在现场就地状态下，由全开异常自动关闭。

1. 故障原因分析

（1）人为因素：事发时，该阀门电动执行机构操作旋钮处于现场就地位置，该阀门只能接受现场开关命令，远程开关指令应无效，值班人员无法通过 SCADA 系统远程操作该阀门，后经测试该阀门处于就地位置时，系统远程发出开关指令无效，通过工业电视监控录像回放确认，该阀门故障期间，无人通过站控系统对其进行远控操作，现场也无人对该阀门进行就地操作，故排除电动执行机构接受人为远程指令和现场指令导致阀门自动关闭的因素。

（2）外部供电及控制线路因素：通过组织人员对该阀门电动执行机构三相动力电缆进行检测，电缆绝缘符合要求；对电动执行机构控制线路检查，该电装通信方式为 MODBUS 现场总线，采用 RS485 接口，双绞线传输。现场检查通信线路良好，接线正确，线缆无破损，端口接线无松动、虚接现象，可排除通信线路问题。

（3）电动执行机构本体因素：事后组织技术人员对该阀门电动执行机构本体从一般外观及机械、安装位置、电气安装部分、内部设定参数、故障状态及其他接点输出、现场试验、外部接线及电压、内部数据导出等方面进行了全面检查，发现各项检查结果均正常。

在检查执行机构内部数据时发现，该电动执行机构实际收到了现场操作指令，并按指令正确执行了操作，该命令事实已记录在电动执行机构数据记录系统中，执行机构内部相应输出接点信号都有效地进行了输出，通过现场检查试验运行结果，判断执行机构内部逻辑运行正常，硬件执行正确。

通过故障复现发现电动执行机构异动时均满足两个条件：一是执行机构红色旋钮处于现场状态；二是执行机构黑色旋钮指示处于停止状态。执行机构收到关闭命令只有两个因素：一是人为因素（已排除）；二是干簧管磁控开关故障导致执行机构异动，该问题在其他单位曾经出现。

综上所述，故障基本判断为该阀门电动执行机构干簧管磁控开关关向误导通致使阀门异动关闭。通过现场检查和试验，进一步排除开关旋钮松动在其磁性作用下误导通以及磁控开关因震动影响误导通的因素，判断异动原因为磁控开关在使用过程中由于质量问题导致稳定性降低，处于不正常工作状态。

2. 故障处理及保障措施

对该阀门电动执行机构的人机界面板（磁控开关集成板件）进行了更新。日常使用中，应对执行机构进行定期检查和维护，注意电动执行机构的防护，对于使用年限较长（10 年以上）的电动执行机构建议定期测试并及时更新其内部易损电子元器件。

3. 干簧管磁控开关结构及原理

磁控开关是利用磁场信号来控制的一种线路开关器件。磁控开关又称为干簧管。干簧管的外壳一般是一根密封的玻璃管，在玻璃管中装有两个铁质的弹性簧片电极，玻璃管中充有某种惰性气体。平时玻璃管中的两个簧片是分开的，当有磁性物质靠近玻璃管时，在磁场磁力线的作用下，管内的两个簧片被磁化而互相吸引接触，使两个引脚所接的电路连通。外磁场消失后，两个簧片由本身的弹性而分开，线路就断开。

干簧管开关体积小、重量轻，从输入到输出有优良的绝缘性能，其开关元器件被气密式密封于一惰性气体气氛中，永远不会与外界环境接触，这样就大大减少了接点在开、闭过程中由于接点火花而引起的接点氧化和碳化，并防止外界有机蒸气和灰尘等杂质对接点的侵蚀，适用环境广、工作寿命长。但其难以承受高压或大电流，故障排查工序多。基于以上特点，再加上应用干簧管还可以在外部机构不穿孔的情况下实现开关操作，可有效地抗外部电磁干扰，对环境湿度，灰尘等无大影响，可靠性高，适合用于智能型非侵入式电动执行机构，既缩小了空间，又使外壳防护等级和隔爆的设计更加简单。

某品牌电动执行机构集成干簧管磁控开关的人机界面板见图 16.5 - 1。

图 16.5 - 1　某品牌电动执行机构集成干簧管磁控开关的人机界面板

干簧管结构图及干簧管磁控开关工作示意图见图 16.5 - 2。

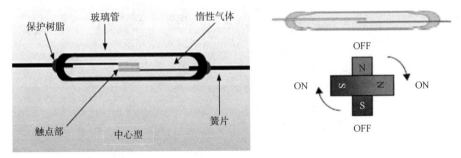

图 16.5 - 2　干簧管结构图及干簧管磁控开关工作示意图

电动执行机构常见问题、原因及处理方法见附表 4。

思考题

1. 电动执行机构相对于其他执行机构的优点有哪些？
2. 电动执行机构按运动方式分类可分为哪几类？
3. 电动执行机构在选型和使用中有哪些常用的技术参数？
4. 电动执行机构机械传动部分主要由哪些部件组成？
5. 电动执行机构的控制单元微处理器主要有什么功能？
6. 电动执行机构的通信方式有哪些？
7. 简单分析电动执行机构出现人机界面无显示故障的分析处理方法。

第十七章　电液联动执行机构

为保障输油管道的安全生产，保证发生火灾等事故时输油站场与外管道的紧急隔离，根据相关规范要求，原油管输企业在近几年新（改、扩）建项目中普遍选用电液联动执行机构与进、出站阀配套使用，以实现紧急关断功能。

第一节　电液联动执行机构概述

电液联动执行机构将电机、油泵、电液伺服阀（电磁阀）集成于一体，以液体传递动力，液体有不可压缩的特性，使电液联动执行机构相对于其他执行机构有很好的抗偏移能力，调节非常稳定，且响应速度快，电液执行机构配备蓄能器，在发生动力故障或无动力电时，一般至少可以进行两次全行程的开关操作，可保证紧急状况下阀门的快速启闭。

目前国内输油气管道使用较多的电液执行机构有Rexa 电液联动执行机构、Fahlke 电液联动执行机构、Reineke 电液联动执行机构等。本章以 Fahlke 电液联动执行机构为例（图 17.1 –1）来对电液联动执行机构进行系统地讲解。

图 17.1 – 1　电液联动执行机构实物图

第二节　电液联动执行机构的结构组成

Fahlke 电液联动执行机构主要由安全阀、压力表、电磁阀、储能罐、手动泵、拨叉机构、滑块、电控单元、ESD 阀等部件组成（见图 17.2 – 1、表 17.2 – 1），通过上述部件完成各项控制功能及安全保护功能。

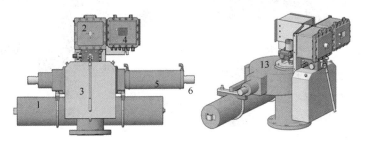

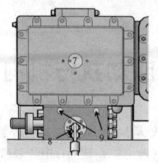

图 17.2 - 1　电联动执行机构结构图

表 17.2 - 1　电液联动执行机构主要部件及作用

序　号	部件名称	作　用
1	活塞蓄能器	用于液压的蓄能及保持
2	隔爆控制箱	动力电源及控制反馈信号的接入、输出、控制单元
3	油箱	液压油储存放置，密封
4	本地电控接线箱	电液执行机构人机显示界面、内部信号处理单元
5	液压驱动缸	通过液压驱动阀门开关机构
6	开关机械限位	机械限位
7	本地操作旋钮	可通过旋转旋钮本地对电动执行机构进行开关停操作
8	手动液压泵	可本地手动补充液压压力
9	开关电磁阀手柄	可通过电磁阀手柄控制开关油路使电动执行机构运转
10	本地开关指示	现场显示阀位开度
11	安全阀	防止液压压力超高
12	液压压力表	液压指示
13	传动机构	机械传动

电液联动执行机构内部机械传动参考结构如图 17.2 - 2 所示，电液联动执行机构液压缸内部由活塞分成开阀液压缸和关阀液压缸，开阀液压缸和关阀液压缸由于内部液压压力不同，液压压差推动活塞带动滑块，滑块带动拨叉，拨叉与传动轴一体通过联轴器传递扭矩带动阀门开关。

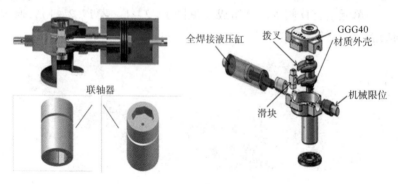

图 17.2 – 2　电液联动执行机构机械传动参考结构图

电液联动执行机构可根据使用需要选配 ESD 功能，目前输油站场的进、出站电液联动执行机构选配有 ESD 功能，以实现事故状态下站场与外管道的紧急切断和隔离，此类电液联动执行机构上带有 ESD 电磁阀（见图 17.2 – 3）及相关配套元件和管路。带 ESD 功能电液联动执行机构根据 GB/T 50770《石油化工安全仪表系统设计规范》、SY/T 6966《输油气管道工程安全仪表系统设计规范》等标准中规定的"安全仪表系统应设计成故障安全型"的相关要求，其 ESD 关断控制阀采用 24VDC 长期励磁型电磁阀，平时带

图 17.2 – 3　电液联动执行机构 ESD 电磁阀

电，失 24VDC 电 ESD 动作。因此，ESD 电液联动执行机构使用中存在的较大风险是 ESD 电磁阀 24VDC 意外失电（电缆短路、掉线等）情况下引发 ESD 动作对输油生产造成影响。为提升 ESD 阀的运行可靠性，降低其误关断概率，行业惯用做法是采用冗余电磁阀"与"逻辑控制，同时 ESD 电磁阀供电采用双 24VDC 电源供电且 24VDC 电源由双 UPS 独立供电的方式。

第三节　电液联动执行机构控制功能

一、储能动作过程

液压泵通过电动液压泵运行将油箱中的液压油经过滤器打入蓄能器及高压管路中，液路中设有安全阀及单向阀、压力表等配件。液压泵的运行由执行机构内部自动控制，当系统工作压力到设定的高压值时切断电源液压泵停止运行，当系统工作压力低于设定的低压值时接通电源，驱动液压泵给蓄能器补压，直到高压值停止。执行机构配有手动泵，也可通过手动泵蓄能或开关阀，如图 17.3 – 1 所示。不同品牌或不同型号的电液联动执行机构设定的工作压力区间也不尽相同，应根据设备说明书确定。

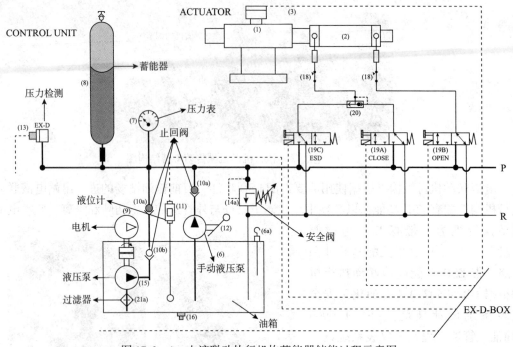

图 17.3 - 1　电液联动执行机构蓄能器储能过程示意图

二、关阀动作过程

当关电磁阀得电，高压油通过关电磁阀、梭阀及调速阀进入驱动缸，推动拨叉机构实现关阀，低压油通过开电磁阀回流到油箱中，如图 17.3 - 2 所示。

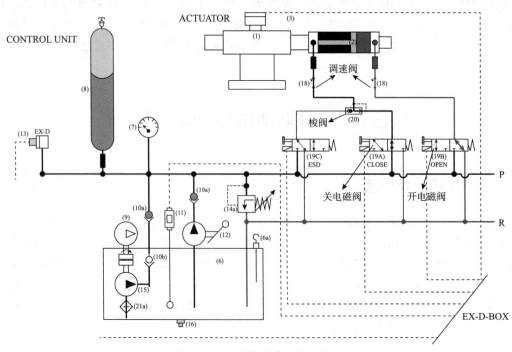

图 17.3 - 2　关阀动作油路示意图

三、开阀动作过程

当开电磁阀得电，高压油通过开电磁阀、调速阀进入驱动缸，推动拨叉机构实现开阀，低压油通过关电磁阀回流到油箱中，如图 17.3 - 3 所示。

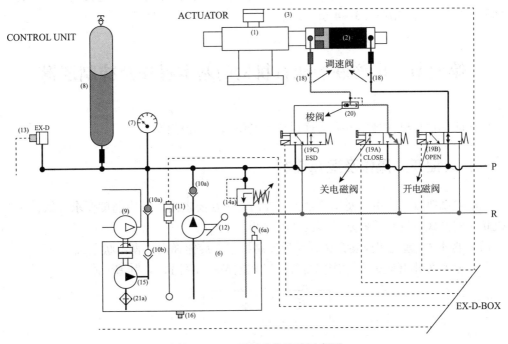

图 17.3 - 3 开阀动作油路示意图

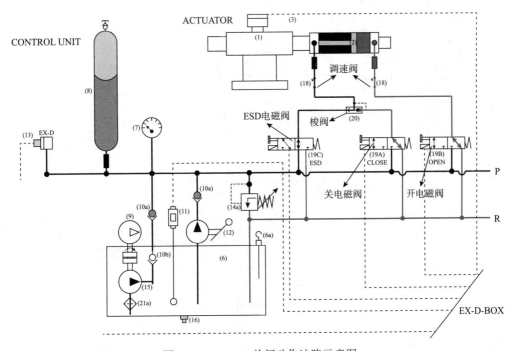

图 17.3 - 4 ESD 关阀动作油路示意图

四、ESD 关阀动作过程

ESD 电磁阀按照长期励磁设计，断电关阀，当 ESD 电磁阀断电后，高压油通过 ESD 电磁阀、梭阀及调速阀进入驱动缸，推动拨叉机构实现关阀，低压油通过调速阀、开电磁阀回流到油箱中，如图 17.3 – 4 所示。

第四节　电液联动执行机构的基本操作及控制逻辑

电液联动执行机构操作可分为远程控制操作和本地控制操作。

一、远控开关操作及逻辑控制

电液联动执行机构由于使用数量少，控制安全性要求高，反应速度要求灵敏，一般采用硬接线的方式进行开关控制及阀位开度检测。

（1）将本地/远程切换旋钮调到远程控制状态（旋钮弹出在自由状态）。

（2）远程发出开阀命令，阀门打开，其控制逻辑如图 17.4 – 1 所示。

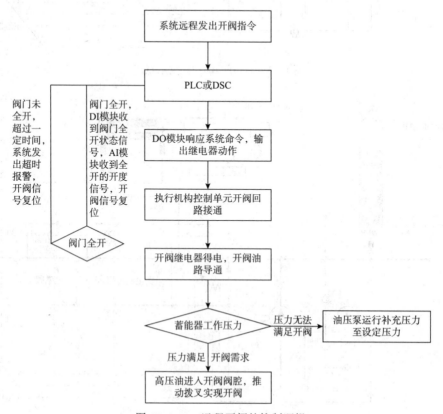

图 17.4 – 1　远程开阀的控制逻辑

（3）远程发出关阀命令，阀门关闭，其控制逻辑如图 17.4 - 2 所示。

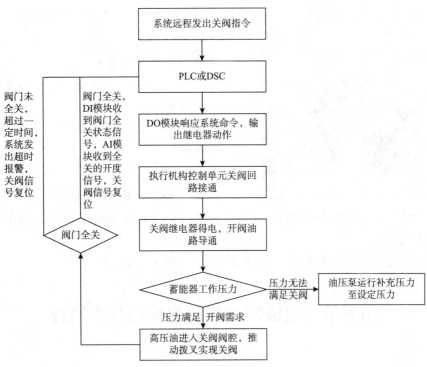

图 17.4 - 2　远程关阀的控制逻辑

（4）开到位、关到位，报警反馈信号通过硬接线反馈。

注意：如果电液联动执行机构具有 ESD 失电关阀功能，必须在 ESD 电磁阀得电的情况下才可正常远程开关。针对 ESD 电磁阀意外失电导致阀门误关断的风险考虑和改进措施已经在本章第二节列出。

二、本地开关操作

（一）本地手动泵开、关阀操作

开阀：抬起开电磁阀手动柄，同时手动泵打压。

关阀：抬起关电磁阀手动柄，同时手动泵打压。

开、关电磁阀手动柄位置见图 17.4 - 3。

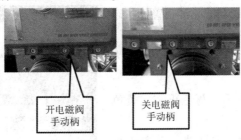

图 17.4 - 3　开、关电磁阀手动柄位置

（二）本地电控操作

操作前先确认现场供电电源、控制电源、ESD 电磁阀、液压系统压力值等，本地电控操作有本地旋钮、本地电磁阀手动柄两种操作方式。

图 17.4 - 4　开、关阀本地旋钮状态

1. 本地旋钮开关阀

开阀：拧下本地旋钮保护帽，将本地旋钮转到三点位置按下锁定。

关阀：拧下本地旋钮保护帽，将本地旋钮转到九点位置按下锁定。

开、关阀本地旋钮状态见图 17.4 - 4。

2. 本地操作电磁阀手动柄开关阀

开阀：抬起开电磁阀手动柄（图 17.4 - 3），同时手动泵打压。

关阀：抬起关电磁阀手动柄（图 17.4 - 3），同时手动泵打压。

第五节　电液联动执行机构的日常检查

一、日常检查内容

（1）检查执行器各连接点有无泄漏液压油情况；
（2）检查各液压管、截止阀是否完好，有无泄漏、震动、腐蚀；
（3）检查所有连接有无松动；
（4）检查各指示仪表工作是否正常，准确度是否在允许范围内；
（5）定期检查电控单元是否严密关闭，应严格防止其进水；
（6）保证执行机构表面清洁；
（7）检查液压系统工作压力是否在设备说明书要求的正常范围内；
（8）检查现场屏幕各显示状态是否正常。

二、现场液晶屏报警及状态显示

如图 17.5 - 1 所示，现场液晶屏报警及状态显示如下（针对具体设备，应以说明书为准）：

供电电源故障：指示灯灰色正常，黄色为报故障；

泵运行超时报警：指示灯灰色正常，黄色为报故障；

油位低报警：指示灯灰色正常，黄色为报故障；

图 17.5 - 1　现场液晶屏幕显示示意图

本地/远程：绿色为远程状态；

关到位、开到位：绿色为开到位、关到位；

ESD复位：未复位指示灯为白色，复位后指示灯为灰色。

第六节　电液联动执行机构的维护

一、电液联动阀油箱注油维护

执行机构需要适当的液压油，以保证其功能。油的种类可以在铭牌或说明书中查看。所需要的油量取决于执行机构的类型和液压缸的大小。

注油方法（可通过漏斗或手动泵两种方法）：

（1）通过漏斗注油：将注油口堵头卸下，用小于10mm孔接头的漏斗，插入孔中进行注油。

（2）通过手动泵注油：将注油管插入注油口，用手动泵进行注油操作，注油后恢复原状。

油箱结构见图17.6-1。

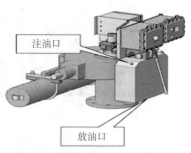

图17.6-1　油箱结构图

二、电液联动执行机构开、关到位反馈信号维护

（1）开到位信号：当开到位后，触板触动限位开关弹簧片，输出开到位信号，可调节触板位置来调节信号。

（2）关到位信号：当关到位后，触板触动限位开关弹簧片，输出关到位信号，可调节触板位置来调节信号。

限位接线控制示意图见图17.6-2。

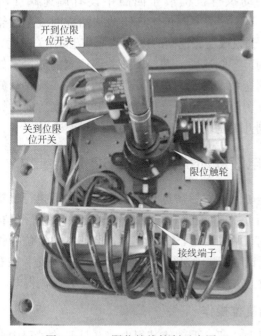

图17.6-2　限位接线控制示意图

三、电液联动执行机构机械限位维护

（1）将限位保护帽（图17.6-3）拧下，调整调节螺杆位置，如开/关未到位，将调节螺杆往外旋出到合适位置。如开/关过了，将调节螺杆往内旋入到合适位置。

（2）调整好后将保护帽拧紧。

注意：调节限位必须在无液压压力时进行。调节机械限位时要先将远程限位开关器脱开，机械限位调整完毕后，再进行远程限位开关设置，否则将会对远程限位开关造成损坏。

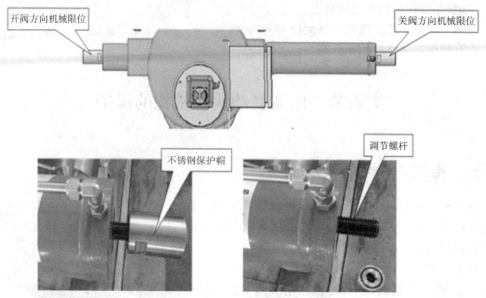

开阀方向机械限位　　　　　　　　　　　　　关阀方向机械限位

不锈钢保护帽　　　　　　　　　　　调节螺杆

图 17.6 - 3　机械限位结构图

关调速阀

开调速阀

图 17.6 - 4　调速阀

四、电液联动执行机构开关速度维护

电液联动执行机构液压回路中设有调速阀（图 17.6 - 4），开、关调节阀位于液压油从油缸回流至油箱的油路中。通过改变调速阀的设定实现阀门的开关速度。

如需调节开阀速度，需要调整关调速阀的流量。如需调节关阀速度，需要调整开调速阀的流量。顺时针旋转调速阀开关是调小流量，延长阀门开关速度。逆时针旋转调速阀开关是调大流量，减小阀门开关速度。

五、电液联动执行机构 ESD 功能维护

ESD 电磁阀触发后需进行复位，复位之后执行机构才可以进行正常开关操作。Fahlke 电液联动执行机构 ESD 电磁阀有两种类型，功能相同，但其本的复位操作有区别。无论电液联动执行机构处于远程还是就地，在有 ESD 功能时，执行机构能够操作的前提是使 ESD 阀得电。

（一）第一种 ESD 阀（图 17.6 - 5）的复位操作

（1）如远程 24V 未供电，可按下 ESD 阀手动柄，手动使其得电，并且开关过程中要持续得电。

（2）ESD 阀断电后需要手动复位，ESD 电磁阀得电后，拔一下红色按钮即可手动复位。

（3）判断 ESD 阀是否得电：得电情况下，手动操作柄（或推杆）会被推下，为按不动状态。

（二）第二种 ESD 阀的复位操作

图 17.6 – 6 所示 ESD 电磁阀需在电控单元操作屏上复位，如未复位则无法开阀。ESD 复位操作如图 17.6 – 7 所示。

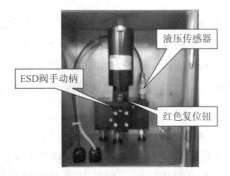

图 17.6 – 5　第一种 ESD 阀　　　　　　图 17.6 – 6　第二种 ESD 电磁阀

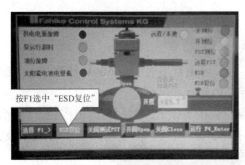

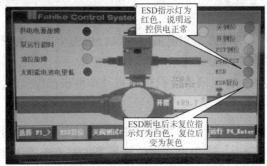

图 17.6 – 7　第二种 ESD 阀的操作屏复位操作示意图

第七节　电液联动执行机构典型故障案例分析与处理

案例 17 – 1： 某站场一台电液执行机构液压系统压力无法升压到工作压力点。

1. 故障原因分析

（1）首先看本地液压压力表的压力值，如未到高压点，查看电机是否在运行（电机启动后靠近电控箱可听到声音），正常情况下电机应该启动补压到高压点后自动停止。

（2）如电机不启动，检查电压、油位、超时是否有报警（其中任何一个报警都会停止电机运行），旋钮是否在 6 点位置按下锁定。如有报警，按正确方法消除各报警，并确认本地旋钮在弹出状态后，看电机是否启动，如仍不启动可能是内部电器件损坏，需更换损坏的电器件。

（3）如果电机可以启动，正常情况下液压表压力会很快升到蓄能器氮气压力值，然后慢慢上升到高压点，此过程大约需要 25~30min。注意观察液压表示值是否上升，在阀门没有动作且确认 ESD 得电的情况下，如果经过一段时间仍未上升，说明内部油路或液压件出现问题，需进一步确认故障硬件并更换，如可以上升到高压点并自动停止且无报警，说明系统打压恢复正常。

2. 故障处理

根据上述原因分析，维修人员对电液联动执行机构进行检查，发现电液联动执行机构人机界面不存在报警，本地旋钮在弹出状态，但电机仍不运转，判断其内部电机控制电器件损坏，对损坏元器件更换后恢复正常。

案例 17-2：某站场一台电液执行机构远程及本地报电压故障。

1. 故障原因分析

（1）首先检查动力 220V 电源供电是否正常，可用万用表交流 500V 档测量 1、2 号接线端子。经测量有电，说明电液执行机构电控箱内部存在问题。

（2）断开动力电，将本地操作旋钮在 6 点位置按下锁定，然后打开电控箱，看 16A 和 3A 的断路器是否跳闸，如跳闸将其推上去，拧紧电控箱盖，供上动力电后看电压报警是否正常。如未跳闸，说明内部电器件出现问题。

2. 故障处理

根据上述原因分析，维修人员对电液联动执行机构动力供电进行检查，发现动力电未正常供给，进行排查检修后恢复供电，报警消失。

案例 17-3：某站场一台电液执行机构远程及本地报油位故障。

1. 故障原因分析

（1）首先检查电液联动执行机构是否存在电压报警，如有报警需先消除电压报警。

（2）确认无电压报警后，若仍出现油位低报警，需检查确认有无液压油外漏情况，并通过油箱测尺检查液压油位是否在正常范围内。

（3）如油位正常，可判断为油箱内浮子开关或继电器出现故障；如油位低于正常值，可向油箱内注油至正常值，观察使用情况。若很快又出现油位低报警，在没有外漏的情况下，则很可能为蓄能器氮气泄漏故障。

2. 故障处理

根据上述原因分析，维修人员对电液联动执行机构检查发现电液联动执行机构液压油管路存在渗漏点，造成液压油油箱内液位低，正常产生报警，对渗漏点进行紧固并补充液压油后，报警消失，电液联动执行机构恢复正常。

案例 17 – 4：某站场一台电液执行机构远程及本地显示泵超时报警。

1. 故障原因分析

出现泵超时报警直接原因为计时器超过了设定时间，导致超时报警，造成原因可能是：

（1）电机一直运行，但压力不上升。

（2）油位低报警后，未到高压点而电机停止运行。

（3）未到高压点，报电压故障，电机停止运行。

（4）泵超时复位可通过断开动力电再供上或本地旋钮 6 点位置按下再弹出实现。

2. 故障处理

根据上述原因分析，维修人员发现该报警是之前电机故障时出现的报警，一直未进行复位，本地旋钮 6 点位置按下再弹出后，报警消失。

案例 17 – 5：某站场一台电液联动执行机构远程控制无法开阀。

1. 故障原因分析

（1）首先检查本地旋钮是否在弹出（远程）状态。

（2）检查 ESD 阀是否得电并复位。

（3）检查液压系统压力是否在正常工作范围。

（4）拧下本地开、关电磁阀保护帽，发出开或关阀命令后，查看开或关阀手动柄是否被自动抬起，如未被抬起说明电磁阀未得电，导致无法开、关阀门。打开接线盒，发出开或关阀命令后，用万用表直流 200V 档测量命令正、负极，看是否有 24V 直流电压，如没有，说明命令未到达，可能是内部控制电路存在问题。

2. 故障处理

根据上述原因分析，维修人员发现电液联动执行机构 ESD 阀处于失电状态，未及时复位，得电复位之后，电液联动执行机构恢复正常。

案例 17 – 6：某站场两台电液执行机构无法开阀。

1. 故障原因分析

（1）检查 ESD 阀是否得电及复位成功。

（2）检查液压系统压力是否在正常工作范围。

（3）检查本地旋钮是否处于正确的位置。

（4）检查油路是否正常，有可能是油路中某个组件故障。

（5）检查电液联动执行机构与阀门连接是否正常。

2. 故障处理

根据上述原因分析，维修人员发现其中一台电液联动执行机构压力、旋钮都处于正常状态，但其油路存在问题，低压油路中液压油无法流回至油箱中，经检查发现油路中快速泄压阀出现问题导致此故障的原因，更换该配件后恢复正常。另外一台电液联动执行机构通过观察油路及拨叉运转发现其运行都处于正常状态，通过拆卸发现电液联动执行机构与阀门的联轴器出现问题，导致此故障的原因：由于阀杆出轴高度不够导致联轴器与电液联动执行机构装配不到位，造成联轴器与电液联动执行机构连接部位磨损严重，无法正常进行传动。

电液联动执行机构常见问题、原因及处理方法见附表 5。

思考题

1. 电液联动执行机构对比其他执行机构的优点有哪些?
2. 电液联动执行机构开、关的油路在运行期间如何运转?
3. 电液联动执行机构 ESD 阀的复位如何操作?

附　录

附表 1　阀门（固定球球阀）清洗液、密封脂注入量参考表

阀门尺寸/in	每个阀座注入量/cm³	每台阀门注入量/cm³
2	25	50
3	35	65
4	50	100
6	65	130
8	80	160
10	90	180
12	135	270
14	155	310
16	170	335
18	265	525
20	295	585
22	330	655
24	350	695
26	395	785
28	400	800
30	445	890
34	495	990
36	620	1240
40	960	1920
42	995	1990

注：当制造商对清洗液、密封脂用量有特殊要求时，应按照厂家要求执行。

附表 2　阀门常见故障、原因及处理方法

常见故障	原　因	预防措施及排除方法
闸　阀		
阀门无法开启	传动部位卡阻、磨损、锈蚀	保持转动部位旋转灵活、润滑良好、清洁
	单闸板卡死在阀体内	关闭力适当，不要使用长杠杆扳手
	暗杆闸阀内阀杆螺母失效	内阀杆螺母不宜用于腐蚀性大的介质
	阀杆长期处于关闭状态下锈死	应在条件允许时活动开关闸阀
	阀杆受热后顶死闸板	关闭的闸阀在升温的情况下，应间隔一定时间，将手轮倒转少许
阀门关闭不严	密封面掉线	更换楔式双闸板间顶心调整垫为厚垫，平行双闸板加厚或更换顶锥（楔块），单闸板应更换或重新堆焊密封面
	导轨扭曲、偏斜	组装前注意检查导轨，密封面应着色检查
	密封面擦伤、异物卡住	不宜在含磨粒介质中使用闸阀，必要时阀前设置过滤器，发现关闭不严时，应该反复关闭并留有适当开度，利用介质冲走异物
	传动部位卡阻、磨损、锈蚀	传动部位旋转灵活、润滑良好、清洁
旋塞阀		
密封面泄漏	密封面中混入磨粒，擦伤密封面	阀门应处于全开或全关位置，操作时应利用介质冲洗阀内和密封面上的脏物
	调整不当或调整部件松动损坏；紧定式的压紧螺母松动；填料式调节螺钉顶死塞子；自封式弹簧顶紧力过小或失效等	正确调整旋塞阀调节零件，以旋转轻便而密封不漏为准
	自封式油路堵塞或缺油	定期检查和疏通油路，按时加油
	压盖压得过紧	压紧压盖时，注意活动一下阀杆，检查是否压得过紧
阀杆旋转不灵活	密封面压得过紧，紧定式螺母拧得过紧，自封式预紧弹簧压得过紧	适当调整密封面的压紧力
	润滑条件变坏	填料装配时应涂些许石墨，油封式定时定量加油
球　阀		
阀门关闭不严	阀门开关不到位	操作阀门至全关位置，或检查调整限位
	用作节流损坏了密封面	非调节型阀门不允许作节流用
	阀座与阀体不密封，O形圈等密封件损坏	更换密封件
	杂质污染阀座	清洗阀座
	焊渣等固体杂质造成密封面划伤	修复密封面
	阀门长期不活动，造成阀座与球体抱死，在开关阀门时造成密封损伤	定期活动和保养阀门，检查更换损坏的密封件

常见故障	原 因	预防措施及排除方法
截止阀和节流阀		
密封面泄漏	密封面冲蚀、磨损	防止介质反向流动，介质流向应与阀体箭头一致；阀门关闭时应关严，防止有细缝时冲蚀密封面；必要时设置过滤装置，关闭力适中，以免压坏密封面
	平面密封面沉积脏物	关闭前留适当开度冲刷几次后再关严阀门
	衬里密封面损坏、老化	定期检查和更换，关闭力适中，以免压伤密封面
节流不准	标尺不对零位，标尺丢失	标尺应该对零位，松动后应该及时拧紧
	节流锥冲蚀严重	操作应该正确，流向不允许反向，正确选用节流阀和节流锥材质
性能失效	阀瓣、节流锥脱落	应解体检查，腐蚀性大的介质应该避免选用碾压、钢丝连接关闭件的结构
	阀杆、阀杆螺母滑丝、损坏	小口径阀门的操作力要小，开关不要超过死点
止回阀		
旋启式摇杆机构损坏	阀前阀后压力接近或波动大，使阀瓣反复拍打而损坏阀瓣和其他零件	操作压力应平稳，操作压力不稳定的工况，应该选用铸钢阀瓣和钢质摇杆
	摇杆机构装配不正，产生阀瓣掉上掉下现象	使用前应着色检查密封面密合情况
	预紧弹簧失效	检查和更换
介质倒流	止回机构不灵或损坏	检查零件加工质量，安装或装配应正确，阀盖应逢中不歪斜；阀瓣与导向套间隙适中，应该考虑温度变化和磨粒侵入对阀瓣升降的影响
	密封面损坏、老化	正确选用密封面材料
	密封面长期不关闭，沾附脏物，不能很好密合	含杂质多的介质，应在阀前设过滤器或排污管
阀门通用件：填料		
预紧力过小	装填时填料过少，或因填料逐渐磨损、老化和装配不当而减少了预紧力	按规定填装足够的填料，按时更换过期填料，正确装配填料，防止上紧下松，多圈缠绕等缺陷
	压套搁浅。压套因歪斜或直径过大压在填料函上面	装填料前，将压套放入填料函内检查一下它们的配合间隙是否符合要求，装配时应正确，防止压套偏斜，防止填料露在外面，检查压套端面是否压在填料函内
	无预紧间隙	填料压紧后，压套压入填料函深度为其高度的 $1/4 \sim 1/3$ 为宜，并且压套螺母和压盖螺栓的螺纹应该有相应预紧高度
	螺纹抗进。由于乱牙、锈蚀、杂质浸入，使螺纹拧紧时受阻，疑似压紧了填料，实未压紧	经常检查和清扫螺栓、螺母，拧紧螺栓、螺母时，应该涂敷少许的石墨粉或松锈剂

常见故障	原 因	预防措施及排除方法
阀门通用件：填料		
填料失效	选用不当，填料不适工况	按照工况条件选用填料，要充分考虑温度与压力间的制约关系
	组装不当。不正确搭配填料，安装不正，搭头不合，上紧下松，甚至少装填料	按技术要求组装填料。事先预制填料，一圈一圈错开搭头并分别拧紧。防止多层缠绕，一次压紧等现象
	填料超期服役，使填料磨损、老化、波纹管破损而失效	严格按照周期和技术要求更换填料
	填料质量差。如填料松散、毛头、干涸、断头、杂质多等缺陷	使用前要认真检查填料规格、型号、厂家、出厂时间、质地好坏，不符合要求的填料不能使用
阀门通用件：垫片		
紧固件失灵	紧固件因振动而松弛	做好设备和管道的防振工作；加强巡回检查和日常保养工作
	腐蚀损坏	做好防腐工作，涂好防锈油
	用力不当	拧动螺栓时应事先检查，涂以一定松锈剂或石墨，注意螺纹旋向，用力应均匀，切忌用力过猛过大
垫片失效	质量差。存在垫片老化、不平、脱皮、粗糙等缺陷	严格按技术要求检验垫片质量，不用过期和不合格垫片
	选用不当。垫片不适于工况	按照工况条件选用垫片，充分考虑温度与压力间的制约关系
	安装不当。垫片装偏，压伤；垫片过小或过大	严格按规定制作安装垫片，装好垫片，并试压合格
	垫片老化和损坏	按时更换垫片。垫片初漏应及时处理，以防垫片冲翻
阀门通用件：阀杆		
阀杆操作不灵活	填料压得过紧，抱死阀杆	压盖压紧填料应该适中，压紧一下压盖后，应该旋转一下阀杆，试一下填料压紧程度
	阀杆弯曲	发现阀杆弯曲时，及时校正
	阀杆与阀杆螺母上的梯形螺纹润滑条件差，积满脏物和灰尘	应经常清洗梯形螺纹处，并进行润滑
	操作不良、用力过大，使阀杆及其配合件过早损坏和变形	正确操作法门，关闭力适中，禁止滥用长杠杆扳手，阀门全开或全关后，应倒转少许
	阀杆与传动装置连接处松脱或损坏	阀杆与手轮等传动装置连接正确、牢固，发现松动现象及时修复
	阀杆被顶死或被关闭件卡死	正确操作阀杆，阀门全开或全关后应该倒转少许。常开或常闭式阀门应定期活动，以免锈死

附表3　减速机构常见故障、原因及处理方法

故障现象	发生原因	排除方法
传动箱漏油	1. 结合面密封垫片或密封圈损坏 2. 底部丝堵松动 3. 润滑油过多，运转中形成或过高的搅拌热，导致油从结合面或油封处渗漏	1. 更换密封垫片或密封圈 2. 旋紧丝堵 3. 按规定加油，切勿过多
阀门开关不到位	传动箱机械限位螺栓调整不到位	调整限位螺栓
传动箱异响或卡涩	1. 润滑脂变质 2. 蜗杆轴承损坏 3. 蜗轮损坏 4. 连接套齿轮损坏 5. 蜗轮蜗杆齿轮啮合不良，蜗轮轴向窜位	1. 更换润滑脂 2. 需要更换新轴承 3. 更换损坏的蜗轮 4. 更换连接套齿轮 5. 重新调整蜗轮蜗杆
传动箱涡轮齿轮损坏	1. 负载过大，力矩控制器动作 2. 阀杆润滑不良 3. 阀门内有杂质，卡涩 4. 阀门阀杆螺纹处有杂质，扭矩增大 5. 阀门盘根填料压得太紧，扭矩增大 6. 蜗杆变形造成啮合不良	1. 提高力矩控制器的设定值 2. 清洗阀杆，涂润滑脂 3. 检查阀门 4. 若手动费力，则应解体检查 5. 调整填料压盖 6. 校正或更换
星型齿轮损坏	1. 阀杆润滑不良，阻力增大 2. 阀门内有杂质，卡涩 3. 阀门阀杆螺纹处有杂质，扭矩增大 4. 阀门盘根填料压得太紧，扭矩增大 5. 阀门长期不运行，致使盘根干结抱死	1. 清洗阀杆，涂润滑脂 2. 检查阀门 3. 若手动费力，则应解体检查 4. 调整填料压盖 5. 手动开关阀门两至三个行程，对长期不用的阀门要定期活动
传动箱进水	1. 开度指示盘密封垫片损坏 2. 没有及时排水	1. 更换密封垫片 2. 定期从观察孔放水

附表4　电动执行机构常见故障、原因及处理方法

故障现象	发生原因	排除方法
电机不能启动	1. 电源不通或电压过低 2. 按键失灵 3. 操作回路不通 4. 行程或力矩控制器开关动作	1. 接通电源或检查电源 2. 修理或更换按键 3. 排除回路故障 4. 解除动作开关
输出轴旋向与规定要求相反	电机电源相序不对	三相中任意对调二相
电机过热，运转不正常，有连续嗡嗡声	1. 运行时间过长 2. 热敏保护元件损坏，导致过热报警 3. 电动执行机构与阀门选配不当 4. 电机二相运转	1. 停止试车，待电机冷却 2. 需要更换新的热敏元件 3. 复核配套情况 4. 检查供电回路
运行中电机停转	1. 负载过大，力矩控制器动作 2. 阀杆润滑不良 3. 阀门内有杂质 4. 阀门阀杆螺纹处有杂质 5. 阀门盘根填料压得太紧	1. 提高力矩控制器的设定值 2. 清洗阀杆，涂润滑脂 3. 检查阀门 4. 若手动费力，则应解体检查 5. 调整填料压盖

故障现象	发生原因	排除方法
阀门到位电机不停转，阀位指示灯不亮	1. 行程或力矩控制器失灵 2. 行程控制器调整不当 3. 电源相序不对 4. 外部电源开关或接触器故障	1. 检查行程或力矩控制器 2. 重新调整行程控制器 3. 手动至中间位置，重新接线 4. 检查排除
现场开度指针不动	1. 指针紧固螺钉松动 2. 传递开度指示的齿轮组装配不当或松动	1. 检查紧固螺钉 2. 检查齿轮传动情况
电机运转但阀门不动	1. 离合器损坏 2. 阀杆螺母螺纹磨损	1. 解体更换 2. 更换阀杆螺母
远方开度发信失控	远方开度电位器故障	清洗或更换电位器
手轮操作无法离合	离合困难	打开外盖，维修离合部件或更换组件。

附表5　电液联动执行机构常见故障、原因及处理方法

故障现象	发生原因	排除方法
执行机构运行不稳定或爬升	执行机构缺油或液压缸内有气体	反复开关阀门排出气体，填充液压油
执行机构动作过慢	1. 使用不正确的液压油 2. 系统管路堵塞 3. 过滤器滤网有污物 4. 调试不当 5. 速度控制阀开度小 6. 阀门或执行机构扭矩过大	1. 更换正确液压油 2. 检查过滤元件及管件，排出杂物 3. 调节调速阀开度 4. 清洗阀门或执行机构
执行机构不动作	1. 系统工作压力低或阀门扭矩过大 2. 阀门卡阻 3. 调速阀没有打开 4. 气路堵塞	1. 检查系统压力，用手动泵操作测试 2. 润滑阀门 3. 调速阀开到合适开度
手动泵操作不动作	1. 缺液压油 2. 手动泵故障 3. 液路切换阀不正确 4. 执行机构内漏	1. 检查油位 2. 排查手动泵 3. 保证开、关手动泵切换阀位置正确 4. 检查执行机构
管路漏油现象	1. 卡套接头损坏 2. 卡套螺母没有拧紧	1. 泄压后，更换卡套接头 2. 泄压后，拧紧卡套螺母
远控阀门不动作	1. 远控命令接线错误 2. 远控命令配电输出有问题 3. 系统编程有问题 4. 无蓄能压力或电源故障	1. 检查控制电缆连接 2. 检查是否有24VDC电压输出 3. 检查编程系统 4. 供电建立系统工作压力

参考文献

［1］张展.阀门的设计与应用.北京：机械工业出版社，2015.

［2］GB/T 12221—2005，金属阀门 结构长度［S］.

［3］陆培文，孙晓霞，杨炯良编著.阀门选用手册.北京：机械工业出版社，2001.

［4］GB/T 21465—2008，阀门 术语［S］.

［5］JB/T 308，阀门型号编制方法［S］.

［6］张清双，尹玉杰，明赐东主编.阀门手册——选型.北京：化学工业出版社，2012.

［7］张汉林，张清双，胡远银主编.阀门手册——使用与维修.北京：化学工业出版社，2012.

［8］JB/T 7747—2010，针形截止阀［S］.

［9］JB/T 8473—2014，仪表阀组［S］.

［10］黄春芳编著.石油管道输送技术.北京：中国石化出版社，2008.

［11］GB/T 24923—2010，普通型阀门电动装置技术条件［S］.